全国职业院校课程改革/融合媒体教材

职业学校对口升学考试、高职单招考试复习指导用书

信息技术基础与应用

（下册）

主　编　王　华　吴光成　张雪峰

副主编　肖祥林　任　毅　唐国强　罗建文

主　审　薛大龙

电子工业出版社

Publishing House of Electronics Industry

北京·BEIJING

内 容 简 介

本书主要针对新时期中等、高等职业技术学校信息技术公共基础必修课程教育教学改革的要求，参照教育部最新颁布的专业教学标准、信息技术相关考试大纲编写而成。本书突出基础性、操作性、实用性和新颖性，注重对学生信息素养的提升和信息技术实践能力、创新能力和自学能力的培养。全书共分为 11 个模块，由上、下两册组成，上册的主要内容包括认识信息世界、计算机基础与应用、操作系统基础与应用、文字处理基础与应用、电子表格处理基础与应用、演示文稿基础与应用、计算机网络基础与应用、信息安全基础与应用；下册的主要内容包括数据库基础与应用、现代信息技术概述、常用工具软件使用等。为了加强训练和巩固学习，本书的第 1 部分和第 2 部分分别提供了应知题库和应会题库。

本书内容全面、体例新颖、实用性强，既可以作为中等、高等职业技术学校信息技术公共基础课的教材，也可作为信息技术相关专业升学考试、计算机等级考试和信息技术爱好者学习的参考用书。

图书在版编目（CIP）数据

信息技术基础与应用. 下册 / 王华，吴光成，张雪峰主编.-- 北京：电子工业出版社，2021.5
ISBN 978-7-121-41180-9

Ⅰ. ①信… Ⅱ. ①王… ②吴… ③张… Ⅲ. ①电子计算机－职业教育－教材 Ⅳ. ①TP3

中国版本图书馆 CIP 数据核字(2021)第 093793 号

责任编辑：　马洪涛
印　　刷：　中国电影出版社印刷厂
装　　订：　中国电影出版社印刷厂
出版发行：　电子工业出版社
　　　　　　北京市海淀区万寿路 173 信箱　邮编：100036
开　　本：　787×1092　1/16　印张：21.5　字数：523 千字
版　　次：　2021 年 5 月第 1 版
印　　次：　2022 年 2 月第 4 次印刷
定　　价：　59.80 元

Preface 前 言

当今正处在一个信息爆炸的时代，信息技术已成为重要的生产力，推动着信息化进程的不断加快。信息技术正以前所未有的速度渗透到各个领域并深刻改变着人们的学习、生活和工作方式，成为经济社会发展的强劲引擎。与此同时，信息素养也已悄然成为评价和衡量个人素质和竞争力的重要指标，越来越受到用人单位的高度重视。良好的信息素养、基本的信息技术应用能力已成为现代人学习、生活、工作的基本条件。

信息技术作为职业院校的公共基础必修课程，不仅要满足提升信息素养、培养信息技术应用能力、服务学生终身学习的要求，还要为后续信息技术相关课程的学习奠定基础；同时还要适应"互联网+职业教育"的新要求，以推动大数据、人工智能、虚拟现实等现代信息技术在教学中的广泛应用。

本书主要针对新时期中等、高等职业技术学校信息技术公共基础必修课程在"教师、教材、教法"改革方面的要求，参照教育部最新颁布的专业教学标准、信息技术相关考试大纲编写而成。本书遵循职业教育教学规律和特点，突出基础性、操作性、实用性和新颖性。注重对学生信息素养的提升和信息技术实践能力、创新能力和自学能力的培养，并将相关新技术、新标准纳入教材内容。

全书共分为 11 个模块，由上、下两册组成。上册包括模块 1～8，下册包括模块 9～11，以及配套的应知题库和应会题库。在教学过程中教师可以根据各专业人才的培养方案和教学的实际情况对教学内容进行选择，模块 1 和模块 2 主要介绍信息的基础知识、计算机基础知识；模块 3 主要介绍操作系统的基础知识、Windows 10 操作系统的应用；模块 4～6主要介绍 Word 2016、Excel 2016、PowerPoint 2016 的应用；模块 7 和模块 8 主要介绍计算机网络和信息安全的基础知识与应用；模块 9 主要介绍数据库的基础知识、Access 2016 数据库的基本操作；模块 10 主要介绍云计算、大数据、人工智能、物联网、虚拟现实等现代

信息技术的基础知识；模块 11 主要介绍计压缩与解压缩、图形图像处理、视频剪辑、PDF
文档编辑、网络文件传输等常用工具软件的使用。在下册的后半部分还专门提供了针对各
类考试和教学使用的大量题库，便于读者加强训练、巩固提高。

参与本书编写工作的都是长期从事信息技术公共基础课程教学的优秀教师，上册由王
华、肖祥林、任毅担任主编，张雪峰、唐国强、吴光成担任副主编；下册由王华、吴光成、
张雪峰担任主编，肖祥林、任毅、唐国强、罗建文担任副主编。书中模块 1 由王华编写，
模块 2 和模块 3 由张雪峰编写，模块 4～6 由肖祥林、唐国强编写，模块 7～8 由任毅、吴
光成编写，模块 9～10 由吴光成编写，模块 11 由唐国强编写，全书由王华负责统稿，薛大
龙主审。

本书在编写过程中参考了大量文献和网上资料，在此向作者表示衷心感谢。由于编者
学识水平所限，因此书中难免有疏漏和不妥之处，敬请广大读者不吝赐教，批评指正。

编　者

2020 年 6 月

Contents 目 录

模块 9

数据库基础与应用

☆ 任务 9.1　数据库基础知识 ☆

9.1.1　学习要点

学习要点如下。

◆ 数据管理、数据库、数据库管理系统及数据库系统的基本概念。

◆ 实体、实体之间的关系。

◆ 表、字段、记录、关键字。

◆ 选择、连接、投影 3 种关系运算。

9.1.2　知识准备

每学期考试之后，都需要使用数据库记录每个同学的考试成绩，并做分段、排序等操作。目前，许多单位的业务发展也离不开数据库，如银行、证券市场、飞机订票、火车订票、超市、购物网站等。如果支持这些业务的数据库出现故障，那么相关的业务将无法正常运营。

9.1.2.1　数据管理技术的发展历程

数据管理是指分类、组织、编码、存储、检索和维护数据，它是数据处理的核心问题。数据管理技术的发展经历了人工管理、文件系统、数据库 3 个阶段。

1. 人工管理阶段

人工管理阶段主要是在 20 世纪 50 年代中期以前，其应用背景如表 9-1 所示。

表 9-1　人工管理阶段的应用背景

背　景	特　点
应用需求	计算机主要用于科学计算
硬件水平	缺少存储设备
软件水平	无操作系统
处理方式	批处理

　　人工管理阶段的主要特点是难以保存数据，数据需要应用程序管理。并且没有文件概念、数据面向程序，该阶段应用程序与数据之间的对应关系如图 9-1 所示。

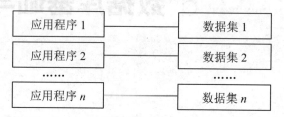

图 9-1　人工管理阶段应用程序与数据之间的对应关系

2．文件系统阶段

　　文件系统阶段主要是在 20 世纪 50 年代后期至 60 年代中后期，其应用背景如表 9-2 所示。

表 9-2　文件系统阶段的应用背景

背　景	特　点
应用需求	计算机已大量用于管理（数据处理）
硬件水平	出现了磁盘、磁鼓等
软件水平	有文件系统（专门管理外存的数据管理软件）
处理方式	联机实时处理、批处理

　　文件系统的主要特点是可以长期保存并管理数据、数据可重复使用、文件组织多样化（如索引文件、链接文件）、数据的存取基本以记录为单位；其不足是数据共享性差且冗余度大、文件之间缺乏联系。该阶段应用程序与数据之间的对应关系如图 9-2 所示。

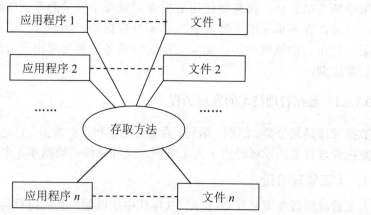

图 9-2　文件系统阶段应用程序与数据之间的对应关系

3．数据库阶段

数据库阶段为 20 世纪 60 年代后期至今，计算机已经应用于社会的各个领域，此阶段的特点是数据结构化、数据共享、数据冗余度小、数据独立性高，以及数据的统一控制。该阶段应用程序与数据之间的对应关系如图 9-3 所示。

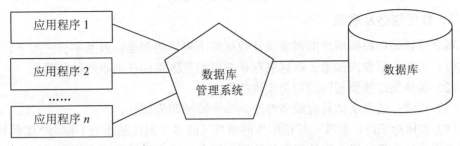

图 9-3　数据库阶段应用程序与数据之间的对应关系

9.1.2.2　数据库的基本概念

1．数据和信息

数据是一种符号，是人们认识、记录和描述现实世界中各种事物的工具。它包括数字、声音、图像、视频、汉字、英文和各种符号等，在使用之前必须加工和处理。

信息是数据经过加工和处理之后使用的状态，是人们使用和交流的一种媒介。

数据和信息是两种不同的概念，数据只有经过加工和处理之后才能称为"信息"，而信息在人们认识和感知世界的过程中以数据形式出现。

2．数据库、数据库管理系统和数据库系统

数据库即长期存储在计算机内、有组织且统一管理的相关数据的集合。

数据库管理系统是数据库系统中专门用来管理数据的软件，位于用户和操作系统之间。

数据库系统是实现有组织且动态存储大量关联数据，以方便多用户访问的计算机硬件、软件和数据资源组成的系统，包括数据库、操作系统、数据库管理系统、数据库应用系统、数据库管理员和用户。

数据库、操作系统、数据库管理系统与用户的关系如图 9-4 所示。

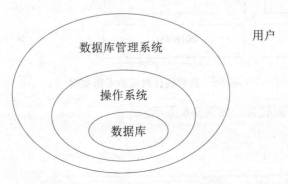

图 9-4　数据库、操作系统、数据库管理系统与用户的关系

需要注意的是数据库、数据库管理系统和数据库系统是 3 个不同的概念，各自关注的重点如下。

（1）数据库强调的是数据。

（2）数据库管理系统强调的是系统软件。

（3）数据库系统强调的是数据库的整个运行系统。

3. 数据描述及联系

概念设计是指根据用户的需求设计数据库所表达的概念，其基本含义如下。

（1）实体：事物的抽象，即客观存在并可相互区别的任何事物的统称。

（2）实体集：性质相同的同类实体的集合。

（3）属性：通常实体具有很多特性，每一特性即为属性。

（4）实体标识符：能唯一标识实体的属性（或多个属性的组合）称为"实体标识符"。

逻辑设计是指从概念设计得到的数据库概念出发来设计数据库的逻辑结构，即实现数据存取的表达方式和方法，其基本含义如下。

（1）字段：标记实体属性的命名单位称为"字段"或"数据项"，它是可以命名的最小信息单位。

（2）记录：字段的有序集合称为"记录"，一般用一个记录描述一个实体。

（3）文件：同类记录的集合称为"文件"。

（4）关键码：能唯一标识文件中每个记录的字段，简称"键"。

逻辑设计对应的术语实例如图 9-5 所示。

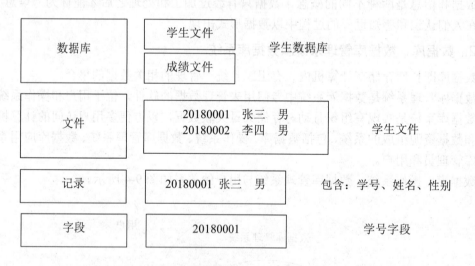

图 9-5　逻辑设计对应的术语实例

联系是指文件之间的联系，如图 9-6 所示。

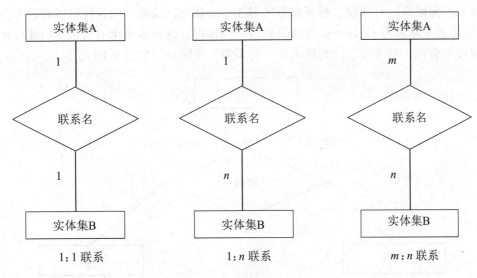

图 9-6　文件之间的联系

（1）一对一联系（1:1）：若实体集 A 中的每个实体至多和实体集 B 中的一个实体有联系，则 A 与 B 具有一对一联系；反过来亦此。例如，班级与班长之间的联系。即一个班级只有一个班长，一个班长只在一个班中任职，如图 9-7 所示。

（2）一对多联系（1:n）：如果实体集 A 中的每一个实体和实体集 B 中的多个实体有联系，而实体集 B 中的每个实体至多只和实体集 A 中一个实体有联系，则 A 与 B 是一对多的联系。例如，班级与学生之间的联系。即一个班级中有若干名学生，每个学生只在一个班级中学习，如图 9-8 所示。

（3）多对多联系（m:n）：若实体集 A 中的每一个实体和实体集 B 中的多个实体有联系，而实体集 B 中的每个实体也可以与实体集 A 中的多个实体有联系，则实体集 A 与实体集 B 有多对多的联系。例如，课程与学生之间的联系。即一门课程同时有若干个学生选修，一个学生可以同时选修多门课程，如图 9-9 所示。

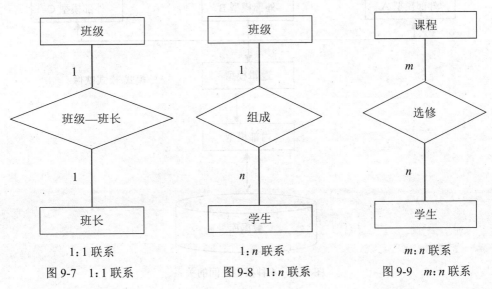

图 9-7　1:1 联系　　　　图 9-8　1:n 联系　　　　图 9-9　m:n 联系

（4）三元联系：有课程、教师与参考书 3 个实体集，如果一门课程可以有若干位教师讲授、使用若干本参考书、每一位教师只讲授一门课程且每一本参考书只供 门课程使用，那么课程与教师、参考书之间的联系是一对多的三元联系，如图 9-10 所示。

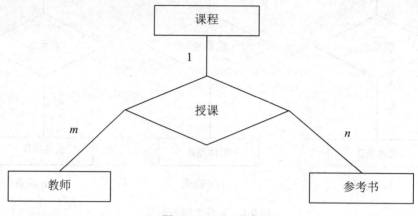

图 9-10　三元联系

9.1.2.3　数据模型

1. 数据库的 3 级组织结构

从现实世界的信息到数据库存储的数据，以及用户使用的数据是一个逐步抽象的过程。

20 世纪 70 年代，美国国家标准化协会根据数据抽象的级别定义了 4 种模型。即概念模型、逻辑模型、外部模型和数据库（内部模型），它们之间的关系如图 9-11 所示。

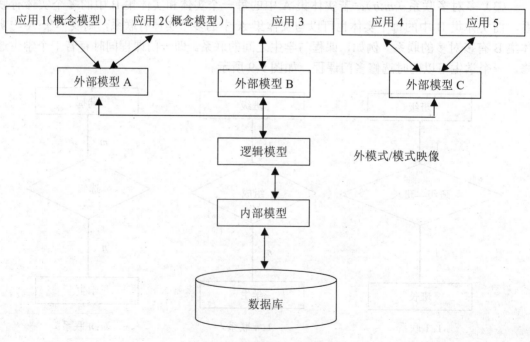

图 9-11　4 种模型之间的关系

4 种模型的抽象过程为概念模型→逻辑模型→外部模型→内部模型。

（1）概念模型：用来表达用户需求的数据库全局逻辑结构的模型。

（2）逻辑模型：用来表达计算机实现需求的数据库全局逻辑结构的模型。

（3）外部模型：用来表达用户使用需求的数据库局部逻辑结构的模型。

（4）内部模型：用来表达数据库物理结构的模型，它描述数据在磁盘中的存储方式、存取设备和存取方法。

在用户与数据库之间，数据库的数据结构分成为 3 个层次，即外部模型、逻辑模型、内部模型。这 3 个层次都要用数据库定义语言来定义。定义之后就有了专门的术语，称为"模式"，即内模式、逻辑模式、外模式。

（1）内模式。

数据最终是要存储在硬盘介质中并表示为一个或多个文件，这些文件有特定的物理结构和存储方式，其描述如下。

- 是顺序文件还是随机文件？
- 索引按照什么方式组织？
- 数据是否经过加密？是否经过压缩？

上述数据物理结构和存储方式的描述被称为"内模式"，也称为"物理模式"或"存储模式"。一个数据库只有一个内模式，它是数据库内部的表示方法。

（2）逻辑模式。

如果让用户记住内模式中的问题并按照相应的方式来访问，显然是不可想象的；否则数据库管理系统也就失去了它的价值。

逻辑模式描述了数据库中全体数据的逻辑结构和特征，例如，在 SQL Server 中用户能看到的是一张张的数据表、数据视图、数据快照等，而不是直接访问存储在硬盘中的数据文件。

一个数据库只有一个逻辑模式，它以某一种数据模型为基础。

（3）外模式。

有了模式，用户可以排除数据存储细节的干扰，而以一种逻辑的方式访问数据，但是还有如下问题要解决。

- 如何为多个用户划分权限？
- 不同用户看到的数据有何不同？
- 不同用户的结构、类型、长度、保密级别等的要求如何实现？

外模式是模式的子集，也称"子模式"或"用户模式"，它是用户能够看见和使用、局部、逻辑结构和特征的描述，并与某一应用有关的数据逻辑表示。一个数据库可以有多个外模式，不同用户的外模式的描述不同。

2．数据抽象过程

（1）根据用户需求设计数据库的概念模型。

（2）根据转换原则把概念模型转换为数据库的逻辑模型。

（3）根据用户的业务特点设计不同的外部模型给数据库开发人员使用。

（4）根据逻辑模型设计其内部模型。

下面说明概念模型和逻辑模型。

（1）概念模型。

概念模型普遍采用"实体-联系"模型，也称为"E-R 模型"。该模型用 E-R 图表示实体及其联系，其中的元素如下。

- 实体类型：用矩形表示，矩形框内写明实体集名。
- 属性：用椭圆形表示，并用无向边将其与相应的实体或联系连接起来。
- 联系：用菱形表示，菱形框内写明联系名，并用无向边分别与有关实体连接起来；同时在无向边旁标上联系的类型（1:1、1:n 或 $m:n$）

我们通过购物流程案例来讲解，商品（名称、价格、编号、库存）、商品类别（类别 ID）、订单（订单号、生成日期、总价格）、客户（客户名、电话、注册时间、地址）之间关系的 E-R 图如图 9-12 所示。

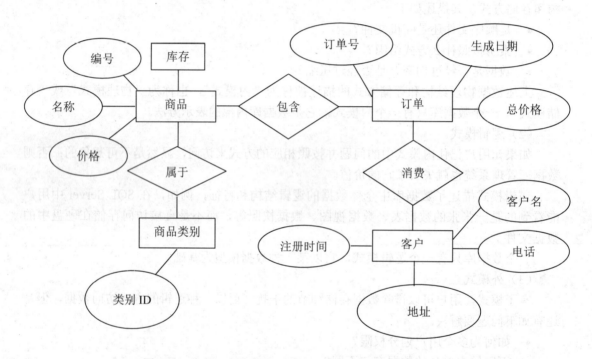

图 9-12　商品、商品类别、订单和客户之间关系的 E-R 图

通过 E-R 图可看出概念模型的特点如下。

- 表达的是数据库的整体逻辑结构。
- 从用户需求的观点出发为数据建模。
- 与硬件和软件无关。
- 是数据库设计人员与用户之间进行交流的工具。

（2）逻辑模型。

数据库的结构形式称为"数据模型"，由数据结构、数据操作和数据约束组成。它是数据库管理系统用来表示实体与实体之间联系的一种方法，一个具体的数据模型应能正确地反映数据之间存在的整体逻辑关系。

逻辑模型中的基本概念如下。

- 实体：客观存在并且可以区别的事物，如一位教师、一名学生等。
- 属性：实体的特性，如一位学生的属性包含学号、姓名、性别、年龄等。

数据库中的数据从整体上看是有结构的，也就是所谓的结构化。这种结构决定了数据及相互间的联系方式和数据库的设计方法，根据数据间不同的结构方式可将数据库分为如下 5 种模型。

（1）层次模型（Hierarchical Model）：总体结构为一个倒立的树形，在不同的数据之间只存在单纯的联系，如图 9-13 所示。

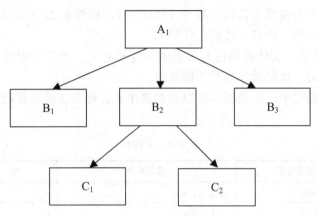

图 9-13　层次模型

层次模型的特点可以概括如下。

- 仅有一个节点，称为"根节点"。
- 除根节点外，其余节点有且仅有一个双亲节点。

（2）网状模型：总体结构呈网状，在两个数据中间允许存在两种或多种联系，如图 9-14 所示。

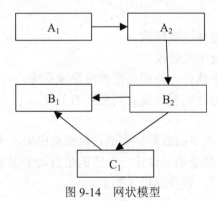

图 9-14　网状模型

网状模型的特点可以概括如下。

- 有一个以上的节点没有双亲节点。
- 允许一个节点有多个双亲节点。
- 允许节点间有复合链。

（3）关系模型：对象和属性之间的联系可以看作是二维表的形式，以学生表为例说明，如表 9-3 所示。

表 9-3　关系模型

学　号	姓　名	性　别	年　龄
<u>20180001</u>	张三	男	17
<u>20180002</u>	李四	男	16

学生表是一个二维关系表，其中的每一行称为"一个元组"，每一列称为"一个属性"。属性可以有多个。关系模型可以用关系名（属性名 1，属性名 2，…，属性名 n）表示。

例如，学生（学号，姓名，性别，年龄）。

"学生"是实体名，实体的属性与关系的属性相对应。加了下画线的是关键字，其属性是唯一的。即标志一条记录，而且不能重复。

在关系模型数据库中一个数据库可以包含多个表，每个二维表存放特定的信息，如表 9-4 和表 9-5 所示。

表 9-4　课程表

课程编号	课程名称	学　分
1301060001	信息技术基础	4
1301060002	程序设计基础	6

表 9-5　学生成绩表

学　号	课程编号	成　绩
<u>20180001</u>	1301060001	98
<u>20180002</u>	1301060002	95

关系模型的特点如下。

- 表达的是数据库的整体逻辑结构。
- 从数据库实现的角度出发建模。
- 独立于硬件，依赖于软件，特别是数据库管理系统。
- 是数据库设计人员与应用程序员之间交互的工具。

（4）外部模型。

外部模型是一种用户观点下的数据库局部逻辑结构模型，用于满足特定用户的数据要求。例如，在上面的关系模型基础上设计一个能满足查询学生课程成绩需要的外部模型。假定将其命名为"学生成绩"，该视图模式如下。

学生成绩（学号，姓名，课程名称，成绩）

外部模型的特点如下。

- 反映了用户使用数据库的观点，是针对用户需要的数据而设计的。
- 通常是逻辑模型的一个子集。
- 硬件独立且软件依赖。

（5）内部模型。

内部模型又称为"物理模型"，是数据库最低层的抽象。用于描述数据在磁盘中的存储方式、存取设备和存取方法，与硬件紧密相连。

9.1.2.4 数据库管理系统（DataBase Management System，DBMS）

DBMS 是一个可运行并且按照数据库方法存储、维护和向应用系统提供数据支持的系统，即数据库、硬件、软件和数据库系统管理员（DataBase Administrator，DBA）的集合体。

DBA 负责数据库系统的正常运行，并承担创建、监控和维护数据库结构的责任。

1. DBMS 的工作模式

如图 9-15 所示。

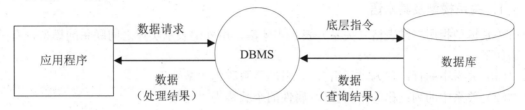

图 9-15 DBMS 的工作模式

（1）接收应用程序的数据请求。

（2）将用户的数据请求（高级指令）转换为其代码（底层指令）。

（3）实现要求的数据操作。

（4）从对数据库的操作中接收查询结果。

（5）对查询结果进行处理（格式转换）。

（6）将处理结果返回应用程序。

2. DBMS 的主要功能

（1）数据定义：DBMS 提供数据定义语言（Data Definition Language，DDL），供用户定义数据库的 3 级模式结构、两级映像，以及完整性和保密性等约束。DDL 主要用于建立、修改数据库的库结构，所描述的库结构仅仅给出了数据库的框架，该框架信息被存放在数据字典（Data Dictionary）中。

（2）数据操作：DBMS 提供数据操作语言（Data Manipulation Language，DML）供用户实现对数据的追加、删除、更新、查询等操作。

（3）数据库运行管理：包括多用户环境下的并发控制、安全性检查和存取限制控制、完整性检查和执行、运行日志的组织管理，以及事务的管理和自动恢复等，这些功能保证了数据库系统的正常运行。

（4）数据组织、存储与管理：DBMS 要分类组织、存储和管理各种数据，包括数据字典、用户数据、存取路径等，需确定以何种文件结构和存取方式在存储级上组织这些数据，以及如何实现数据之间的联系。数据组织和存储的基本目标是提高存储空间利用率，并选择合适的存取方法提高存取效率。

（5）数据库保护：数据库中数据的保护至关重要，DBMS 对数据库的保护通过 4 个方面来实现。即数据库安全性控制、数据库的并发控制、数据库的完整性控制和数据库的恢复，其他保护功能还有系统缓冲区的管理，以及数据存储的某些自适应调节机制等。

（6）数据库的维护：包括数据库的数据载入、转换、转储、重组、重构及性能监控等，这些功能分别由相应的应用程序来完成。

（7）通信：DBMS 具有与操作系统的联机处理、分时系统及远程作业输入的相关接口，负责处理数据的传送。网络环境下的数据库系统还应该包括 DBMS 与网络中其他软件系统的通信功能，以及数据库之间的互操作功能。

9.1.2.5　关系模型的基本概念

1．关系模型及其术语

关系模型指用二维表格（关系）表示实体集，用外键表示实体之间联系的模型，有关术语如下。

（1）关系中的行：称为"元组"，元组的个数称为"基数"。

（2）关系中的列：称为"属性"，属性的个数称为"元数"。

（3）属性的取值范围：称为"域"。

（4）描述：称为"关系模式"，如学生（学号、姓名、性别、出生日期）、课程（课程号、课程名、学分）、选修（学号、课程号、成绩）。

（5）候选键（也称"候选码"）：在关系中能唯一标识元组属性（或属性集）的键。

（6）主键（也称"主码"）：用户从候选码中选做标识元组属性（或属性集），一般称为"键"。

（7）外键（也称"外码"）：如果关系模式 R 中的属性 K 不是 R 的候选键，但它是其他关系模式的主键，那么 K 在 R 中称为"外键"。

例如，学生、课程和选修 3 个关系，它们的关系的描述如下：

学生（学号，姓名，性别，出生日期）

课程（课程号，课程名，学分）

选修（学号，课程号，成绩）

2．关系的性质

（1）关系中的每一个属性值都是不可分解的数据项，即不允许表中有表。均满足 1NF 要求（1NF 即 1 范式，指数据库表中的每一列都是不可分割的基本数据项，同一列中不能有多个值。即实体中的某个属性不能有多个值，或不能有重复的属性。1 范式遵从原子性，属性不可再分）。

（2）同一关系中不同的属性要给予不同的属性名。

（3）关系中没有重复的元组，即表中没有重复的记录。

（4）行的次序可以任意交换。

（5）列的次序可以任意交换。

3．关系模型的 3 类完整性规则

完整性是指数据的正确性和一致性，关系模型中的 3 类完整性规则如下。

（1）实体完整性规则：要求关系中的元组在组成主键的属性上不能出现空值，即不知道或无意义的值。如果出现空值，主键便失去了唯一标识记录的作用。

（2）参照完整性规则：与关系之间的联系有关，是指"不允许参照引用与当前关系相联系的另一个关系中不存在的元组"。例如，教师（编号、姓名、职称、课程号），课程（课程号、课程名、学时数）。

（3）用户定义的完整性：允许用户定义属性的数据类型、大小和取值范围，系统采用统一的方法进行检验实施。例如，学生的年龄限制数值为 19～35，定义之后 DBMS 将始终检验这个规则是否满足。

4．关系模型的优点

（1）采用单一的关系形式表示实体和联系，具有高度的简明性和精确性。

（2）逻辑结构和相应的操作完全独立于数据存储方式，具有高度的数据独立性。

（3）建立在比较坚实的数学基础上。

9.1.2.6　关系代数

关系数据操作语言建立在关系代数基础上，关系代数是以关系为运算对象的一组运算的集合。由于关系定义为属性个数相同的元组的集合，因此集合代数可以引入到关系代数中。

关系代数中的运算可分为传统的集合运算（并、交、差、笛卡儿积和除）和专门的关系运算（投影、选择和连接、自然连接）。

（1）投影运算。

选择指定的属性，形成一个可能含有重复行的表格，删除重复行形成新的关系。投影运算表示为" $\pi_A(R) = \{r.A \mid r \in R\}$ "，其中 R 是关系名，π 是投影运算符，A 是被投影的属性或属性集。例如，有学生关系（学号、姓名、性别、年龄）。选取学号和姓名两列构成新的关系 $\pi_{\text{学号, 姓名}}(\text{学生})$，其投影运算如图 9-16 所示。

学生关系					学号	姓名
学号	姓名	性别	年龄		20180001	张三
20180001	张三	男	18		20180002	李四
20180002	李四	男	19		20180003	王凤
20180003	王凤	女	20	$\pi_{\text{学号, 姓名}}(\text{学生})$	20180004	陈艳
20180004	陈艳	女	21		20180005	吴兴
20180005	吴兴	男	22		20180006	陈阳
20180006	陈阳	男	23		20180007	王五
20180007	王五	男	24			

图 9-16　投影运算

（2）选择运算。

选择运算是从指定的关系中选择某些元组形成一个新的关系，被选择的元组是用满足某个逻辑条件来指定的。选择运算表示为" $\sigma_F(R) = \{r \mid r \in R \wedge F\}$ "，其中 R 是关系名，σ 是选择运算符，F 是逻辑表达式。例如，有学生关系（学号、姓名、性别、年龄）。选取性

别为"男"的元组构成新的关系 $\sigma_{性别="男"}$（学生），其选择运算如图 9-17 所示。

学生关系

学号	姓名	性别	年龄
20180001	张三	男	18
20180002	李四	男	19
20180003	王凤	女	20
20180004	陈艳	女	21
20180005	吴兴	男	22
20180006	陈阳	男	23
20180007	王五	男	24

$\sigma_{性别="男"}$(学生)

学号	姓名	性别	年龄
20180001	张三	男	18
20180002	李四	男	19
20180005	吴兴	男	22
20180006	陈阳	男	23
20180007	王五	男	24

图 9-17 选择运算

从学生关系中选取性别为"男"的学号和姓名组成新的关系 $\pi_{学号,姓名}(\sigma_{性别="男"}(学生))$，其选择和投影联合运算如图 9-18 所示。

学生关系

学号	姓名	性别	年龄
20180001	张三	男	18
20180002	李四	男	19
20180003	王凤	女	20
20180004	陈艳	女	21
20180005	吴兴	男	22
20180006	陈阳	男	23
20180007	王五	男	24

$\pi_{学号,姓名}(\sigma_{性别="男"}(学生))$

学号	姓名
20180001	张三
20180002	李四
20180005	吴兴
20180006	陈阳
20180007	王五

图 9-18 选择和投影联合运算

（3）笛卡儿积运算。

设 R 和 S 是两个关系，如果 R 是 m 元关系，有 k 个元组且 S 是 n 元关系，有 1 个元组，则广义笛卡儿积 $R×S$ 是一个 $m+n$ 元关系、有 $k×1$ 个元组。广义笛卡儿积可以记作 " $R×S = \{\overline{rs}|r \in R, s \in S\}$ "。笛卡儿积运算如图 9-19 所示。

（4）θ 连接运算。

θ 连接从关系 R 和 S 的笛卡儿积中选取属性值满足某一 θ 操作的元组，记为" $R\underset{i\theta j}{|×|}S$ "，如图 9-20 所示。

R

A	B	C
a1	b1	c1
a1	b2	c1
a2	b2	c1

S

D	E	F
a1	b2	c2
a1	b3	c2

$R×S$

R.A	R.B	R.C	S.D	S.E	S.F
a1	b1	c1	a1	b2	c2
a1	b1	c1	a1	b3	c2
a1	b2	c1	a1	b2	c2
a1	b2	c1	a1	b3	c2
a2	b2	c1	a1	b2	c2
a2	b2	c1	a1	b3	c2

图 9-19 笛卡儿积运算

R

A	B	C
1	2	3
4	5	8
7	2	9

S

D	E	F
2	4	5
5	6	7

$R\underset{2=1}{|×|}S$

R.A	R.B	R.C	S.D	S.E	S.F
1	2	3	2	4	5
4	5	8	5	6	7
7	2	9	2	4	5

图 9-20 θ 连接运算

（5）F 连接运算。

F 连接运算是从关系 *R* 和 *S* 的笛卡儿积中选取属性间满足某一公式 F 的元组，如图 9-21 所示。

R				S		
A	B	C		D	E	F
1	2	1		2	4	5
4	5	8		5	6	7
7	2	9				

$R|×|S$
2=1^3≥1

R.A	R.B	R.C	S.D	S.E	S.F
4	5	8	5	6	7
7	2	9	2	4	5

图 9-21　F 连接运算

（6）自然连接运算。

在连接运算中最常用的是自然连接运算，它要求被连接的两个关系有若干相同的属性名。计算 *R*×*S*，设 *R* 和 *S* 的公共属性是 A1～AK，挑选 *R*×*S* 中满足 *R*.A1=*S*.A1 及 *R*.AK=*S*.AK 的所有元组并去掉重复的属性，如图 9-22 所示。

R				S		
A	B	C		B	C	D
a1	b1	c1		b1	c1	d1
a1	b2	c1		b2	c1	d2
a2	b2	c1		b1	c1	d3

$R×S$

A	B	C	D
a1	b1	c1	d1
a1	b1	c1	d3
a1	b2	c1	d2

图 9-22　自然连接运算

☆任务 9.2　常用数据库☆

9.2.1　学习要点

学习要点如下。

◆ 数据库分类。

◆ 常用关系型数据库。

◆ 常用非关系型数据库。

◆ 关系型数据库优势与不足。
◆ 非关系型数据库优势与不足。

9.2.2　知识准备

9.2.2.1　常用数据库概述

数据库通常分为层次式数据库、网状数据库和关系型数据库，不同的数据库基于不同的数据结构来联系和组织数据，在当今互联网中最常见的数据库模型主要是关系型数据库和非关系型数据库。

根据 2020 年 1 月 DB-Engines 数据库排名，截止 2020 年 1 月该网站实时统计了 350 种数据库的排名指数。其来源于 Google、Bing 和 Yandex 搜索引擎，以及 Stack Overflow、DBA Stack Exchange、LinkedIn、Twitter 等知名开发者社区和职场社交网络，排名前 20 的数据库如图 9-23 所示。

Rank			DBMS	Database Model	Score		
Jan 2020	Dec 2019	Jan 2019			Jan 2020	Dec 2019	Jan 2019
1.	1.	1.	Oracle ⊞	Relational, Multi-model ⓘ	1346.68	+0.29	+77.85
2.	2.	2.	MySQL ⊞	Relational, Multi-model ⓘ	1274.65	-1.01	+120.39
3.	3.	3.	Microsoft SQL Server ⊞	Relational, Multi-model ⓘ	1098.55	+2.35	+58.29
4.	4.	4.	PostgreSQL ⊞	Relational, Multi-model ⓘ	507.19	+3.82	+41.08
5.	5.	5.	MongoDB ⊞	Document, Multi-model ⓘ	426.97	+5.85	+39.78
6.	6.	6.	IBM Db2 ⊞	Relational, Multi-model ⓘ	168.70	-2.65	-11.15
7.	7.	↑8.	Elasticsearch ⊞	Search engine, Multi-model ⓘ	151.44	+1.19	+8.00
8.	8.	↓7.	Redis ⊞	Key-value, Multi-model ⓘ	148.75	+2.51	-0.27
9.	9.	9.	Microsoft Access	Relational	128.58	-0.89	-13.04
10.	↑11.	10.	SQLite ⊞	Relational	122.14	+1.78	-4.66
11.	↓10.	11.	Cassandra ⊞	Wide column	120.66	-0.04	-2.32
12.	12.	12.	Splunk	Search engine	88.67	-1.85	+7.25
13.	13.	13.	MariaDB ⊞	Relational, Multi-model ⓘ	87.45	+0.66	+8.63
14.	14.	↑15.	Hive ⊞	Relational	84.24	-1.81	+14.33
15.	15.	↓14.	Teradata ⊞	Relational, Multi-model ⓘ	78.29	-0.21	+2.10
16.	16.	↑20.	Amazon DynamoDB ⊞	Multi-model ⓘ	62.02	+0.39	+6.93
17.	17.	↓16.	Solr	Search engine	56.57	-0.65	-4.92
18.	↑19.	18.	FileMaker	Relational	55.11	-0.03	-2.05
19.	↑20.	19.	SAP HANA ⊞	Relational, Multi-model ⓘ	54.69	+0.52	-1.95
20.	↓18.	↑21.	SAP Adaptive Server	Relational	54.59	-0.96	-0.45

350 systems in ranking, January 2020

图 9-23　排名前 20 的数据库

9.2.2.2　常用关系型数据库产品

虽然网状数据库和层次式数据库已经很好地解决了数据的集中存储和共享问题，但是在数据库独立性和抽象级别上仍有很大不足。用户在存取这两种数据库时仍然需要明确数据的存储结构并指出存取路径，而关系型数据库可以较好地解决这些问题。

关系型数据库模型是把复杂的数据结构归结为简单的二元关系（二维表格形式），其中对数据的操作几乎全部建立在一个或多个关系表格中，通过对这些相互关联的表格进行分类、合并、连接或选取等运算来实现数据库的管理。

关系型数据库已诞生 40 多年，有许多成熟的产品，如 Oracle 和 MySQL。Oracle 在数据库领域上升到霸主地位，形成每年高达数百亿美元的庞大市场。2020 年 1 月 DB-Engines 统计的排名前 10 的关系型数据库如图 9-24 所示。

	Rank					Score		
☐ include secondary database models					139 systems in ranking, January 2020			
Jan 2020	Dec 2019	Jan 2019	DBMS	Database Model		Jan 2020	Dec 2019	Jan 2019
1.	1.	1.	Oracle ➕	Relational, Multi-model ℹ		1346.68	+0.29	+77.85
2.	2.	2.	MySQL ➕	Relational, Multi-model ℹ		1274.65	-1.01	+120.39
3.	3.	3.	Microsoft SQL Server ➕	Relational, Multi-model ℹ		1098.55	+2.35	+58.29
4.	4.	4.	PostgreSQL ➕	Relational, Multi-model ℹ		507.19	+3.82	+41.08
5.	5.	5.	IBM Db2 ➕	Relational, Multi-model ℹ		168.70	-2.65	-11.15
6.	6.	6.	Microsoft Access	Relational		128.58	-0.89	-13.04
7.	7.	7.	SQLite ➕	Relational		122.14	+1.78	-4.66
8.	8.	8.	MariaDB ➕	Relational, Multi-model ℹ		87.45	+0.66	+8.63
9.	9.	↑10.	Hive ➕	Relational		84.24	-1.81	+14.33
10.	10.	↓9.	Teradata ➕	Relational, Multi-model ℹ		78.29	-0.21	+2.10

图 9-24　排名前 10 的关系型数据库

（1）Oracle 数据库。

Oracle 数据库系统是美国 ORACLE（甲骨文）公司提供的以分布式数据库为核心的一组软件产品，是目前最流行的客户/服务器（Client/Server）或 B/S 体系结构的数据库之一，如 SilverStream 就是基于数据库的一种中间件。Oracle 数据库是目前世界上使用较为广泛的数据库管理系统，作为一个通用的数据库系统，它具有完整的数据管理功能；作为一个关系数据库，它是一个完备关系的产品；作为一个分布式数据库，它实现了分布式处理功能。

Oracle 数据库最新版本为 Oracle Database 19c。从 12c 版本开始，Oracle 便引入了一个新的多承租方架构，使用该架构可轻松部署和管理数据库云；此外，一些创新特性可最大限度地提高资源使用率和灵活性。例如，Oracle Multitenant 可快速整合多个数据库，而 Automatic Data Optimization 和 Heat Map 能以更高的密度压缩数据和对数据分层。这些独一无二的技术进步再加上在可用性、安全性和大数据支持方面的主要增强，使得 Oracle 12c 版成为私有云和公有云部署的理想平台。

（2）MySQL 数据库。

MySQL 是一种开放源代码的关系型数据库管理系统，使用最常用的数据库管理语言，即结构化查询语言（Structured Query Language，SQL）进行数据库管理。

MySQL 是开放源代码，因此任何人都可以在 General Public License 的许可下下载并根据个性化的需要对其进行修改。

MySQL 因为其良好的速度、可靠性和适应性而备受关注，大多数人都认为在不需要事务化处理的情况下 MySQL 是管理数据最好的选择。

（3）SQL Server 数据库。

SQL Server 是由微软公司开发的数据库管理系统，是 Web 上流行的用于存储数据的数据库，已广泛用于电子商务、银行、保险、电力等行业。目前最新版本是 SQL Server 2020，它在 Windows 上运行性能很稳定。但是该数据库的并行实施和共存模型并不成熟，很难处理日益增多的用户数和数据卷，伸缩性有限。SQL Server 提供了众多的 Web 和电子商务功能，如对 XML 和 Internet 标准的丰富支持。通过 Web 对数据进行轻松安全的访问，具有强大、灵活、基于 Web 和安全的应用程序管理等。而且由于其易操作性及友好的操作界面，所以深受广大用户的喜爱。

（4）Sybase 数据库。

Sybase 公司成立于 1984 年，名称"Sybase"取自"system"和"database"。其创始人之一 Bob Epstein 是 Ingres 大学版（与 System/R 同时期的关系数据库模型产品）的主要设计人员。公司的第 1 个关系数据库产品是 1987 年 5 月推出的 Sybase SQL Server 1.0。Sybase 首先提出 Client/Server 数据库体系结构的思想，并率先在 Sybase SQL Server 中实现。

选择数据库的首要原则是根据实际需要，并且考虑软件开发费用。MySQL 是一个免费的数据库系统，并具备了标准数据库的功能，建议选用。

9.2.2.3 非关系型数据库

非关系型数据库存储数据不需要固定的表结构，也不存在连接操作。在大数据存取上具备关系型数据库无法比拟的性能优势，其类型如下。

（1）键值（Key/Value）数据库。

键值数据库类似传统语言中使用的哈希表，可以通过 key 来添加、查询或删除数据库。因为使用 key 主键访问，所以会获得很高的性能及扩展性。

键值数据库主要使用一个哈希表，这个表中有一个特定的键和一个指针指向特定的数据。Key/Value 模型对于 IT 系统的优势在于简单、易部署、高并发，常用的键值数据库有 Memcached、Redis、MemcacheDB。2020 年 1 月 DB-Engines 统计的排名前 10 的键值数据库如图 9-25 所示。

□ include secondary database models				63 systems in ranking, January 2020			
Rank			**DBMS**	**Database Model**	**Score**		
Jan 2020	Dec 2019	Jan 2019			Jan 2020	Dec 2019	Jan 2019
1.	1.	1.	Redis ➕	Key-value, Multi-model ℹ️	148.75	+2.51	-0.27
2.	2.	2.	Amazon DynamoDB ➕	Multi-model ℹ️	62.02	+0.39	+6.93
3.	3.	⬆4.	Microsoft Azure Cosmos DB ➕	Multi-model ℹ️	31.51	+0.07	+7.12
4.	4.	⬇3.	Memcached	Key-value	25.11	+0.65	-4.43
5.	5.	5.	Hazelcast ➕	Key-value, Multi-model ℹ️	8.36	+0.34	-0.25
6.	6.		etcd	Key-value	7.30	+0.15	
7.	7.	7.	Aerospike ➕	Key-value	6.81	+0.60	+0.36
8.	8.	⬇6.	Ehcache	Key-value	6.69	+0.54	+0.22
9.	9.	⬇8.	Riak KV	Key-value	5.39	-0.11	-1.03
10.	⬆12.	⬆11.	ArangoDB ➕	Multi-model ℹ️	5.21	+0.33	+0.92

图 9-25 排名前 10 的键值数据库

（2）列存储（Column-oriented）数据库。

列存储数据库将数据存储在列簇中，一个列簇存储经常被一起查询的相关数据。例如，我们经常会查询某个人的姓名和年龄，而不是薪资。这种情况下姓名和年龄会被放到一个列簇中，薪资会被放到另一个列簇中。这种数据库通常用来应对分布式存储海量数据，常用的是 Cassandra、HBase。

（3）面向文档（Document-Oriented）数据库。

面向文档数据库的灵感来自于 Lotus Notes 办公软件，其数据模型是版本化的文档。半结构化文档以特定的格式存储，如 JSON。面向文档数据库可以看作是键值数据库的升级版，允许之间嵌套键值，而且比键值数据库的查询效率更高。

面向文档数据库会将数据以文档形式存储，每个文档都是自包含的数据单元，以及一系列数据项的集合。每个数据项都有一个名词与对应值，值既可以是简单的数据类型，如字符串、数字和日期等。也可以是复杂的类型，如有序列表和关联对象。数据存储的最小单位是文档，同一个表中存储的文档属性可以是不同的，数据可以使用 XML、JSON 或 JSONB 等多种形式存储。常用的面向文档数据库有 MongoDB、CouchDB。2020 年 1 月 DB-Engines 统计的排名前 10 的面向文档数据库如图 9-26 所示。

include secondary database models				47 systems in ranking, January 2020			
Rank			**DBMS**	**Database Model**	**Score**		
Jan 2020	Dec 2019	Jan 2019			Jan 2020	Dec 2019	Jan 2019
1.	1.	1.	MongoDB	Document, Multi-model	426.97	+5.85	+39.78
2.	2.	2.	Amazon DynamoDB	Multi-model	62.02	+0.39	+6.93
3.	3.	3.	Couchbase	Document, Multi-model	32.04	+0.55	-2.55
4.	4.	4.	Microsoft Azure Cosmos DB	Multi-model	31.51	+0.07	+7.12
5.	5.	5.	CouchDB	Document	18.37	+0.25	-0.95
6.	6.	6.	MarkLogic	Multi-model	12.36	-0.11	-1.90
7.	7.	7.	Firebase Realtime Database	Document	12.28	+0.46	+2.50
8.	8.	8.	Realm	Document	8.23	-0.04	+1.71
9.	9.	↑15.	Google Cloud Firestore	Document	5.66	-0.01	+2.05
10.	↑11.	↑11.	ArangoDB	Multi-model	5.21	+0.33	+0.92

图 9-26　排名前 10 的面向文档数据库

（4）图形数据库。

图形数据库允许以图的方式存储数据，实体会作为顶点，而实体之间的关系则会作为边。如有 Steve Jobs、Apple 和 Next 共 3 个实体，则会有两个"Founded by"的边将 Apple 和 Next 连接到 Steve Jobs。常用的图形数据库有 Neo4J、InforGrid，2020 年 1 月 DB-Engines 统计的排名前 10 的图形数据库如图 9-27 所示。

include secondary database models				33 systems in ranking, January 2020			
Rank			**DBMS**	**Database Model**	**Score**		
Jan 2020	Dec 2019	Jan 2019			Jan 2020	Dec 2019	Jan 2019
1.	1.	1.	Neo4j	Graph	51.66	+1.10	+4.86
2.	2.	2.	Microsoft Azure Cosmos DB	Multi-model	31.51	+0.07	+7.12
3.	↑4.	↑4.	ArangoDB	Multi-model	5.21	+0.33	+0.92
4.	↓3.	↓3.	OrientDB	Multi-model	5.11	+0.18	-0.63
5.	5.	5.	Virtuoso	Multi-model	2.65	+0.01	+0.00
6.	6.	6.	JanusGraph	Graph	1.77	+0.02	+0.51
7.	7.	7.	Amazon Neptune	Multi-model	1.73	+0.16	+0.67
8.	8.	↑10.	GraphDB	Multi-model	1.14	-0.01	+0.33
9.	↑11.	↑11.	Dgraph	Graph	1.04	+0.09	+0.39
10.	↓9.	↓8.	Giraph	Graph	1.02	-0.02	+0.02

图 9-27　排名前 10 的图形数据库

（5）时序数据库。

2017 年 2 月 Facebook 开源了 beringei 时序数据库，4 月基于 PostgreSQL 打造的时序

数据库 TimeScaleDB 也开源了。而早在 2016 年 7 月百度云在其天工物联网平台上发布了国内首个多租户的分布式时序数据库产品 TSDB，成为支持其发展制造、交通、能源、智慧城市等产业领域的核心产品，也成为百度战略发展产业物联网的标志性事件。时序数据库作为物联网方向一个非常重要的服务，业界的频频发声正说明各家企业已经迫不及待地拥抱物联网时代的到来。

时序数据是基于时间的一系列的数据，在有时间的坐标中将这些数据点连成线。向过去看可以做成多纬度报表，揭示其趋势性、规律性、异常性；向未来看可以做大数据分析、机器学习，实现预测和预警。

时序数据库是存放时序数据的数据库，并且需要支持时序数据的快速写入、持久化、多纬度的聚合查询等基本功能。

对比传统数据库仅仅记录数据的当前值，时序数据库则记录所有的历史数据，并且时序数据的查询也总是会带上时间作为过滤条件。常用的时序数据库有 InfluxDB，2020 年 1 月 DB-Engines 统计的排名前 10 的时序数据库如图 9-28 所示。

☐ include secondary database models					32 systems in ranking, January 2020			
Rank			**DBMS**	**Database Model**	**Score**			
Jan 2020	Dec 2019	Jan 2019			Jan 2020	Dec 2019	Jan 2019	
1.	1.	1.	InfluxDB ➕	Time Series	21.14	+0.81	+5.78	
2.	2.	2.	Kdb+ ➕	Time Series, Multi-model ℹ	5.50	+0.02	+0.29	
3.	3.	⬆5.	Prometheus	Time Series	4.08	+0.14	+1.74	
4.	4.	⬇3.	Graphite	Time Series	3.35	+0.00	+0.50	
5.	5.	⬇4.	RRDtool	Time Series	2.78	+0.04	+0.17	
6.	6.	6.	OpenTSDB	Time Series	1.97	-0.02	-0.16	
7.	⬆8.	⬆8.	TimescaleDB ➕	Time Series, Multi-model ℹ	1.92	+0.13	+1.14	
8.	⬇7.	⬇7.	Druid	Multi-model ℹ	1.87	+0.04	+0.46	
9.	9.	⬆12.	FaunaDB ➕	Multi-model ℹ	0.80	+0.11	+0.50	
10.	⬆11.	⬇9.	KairosDB	Time Series	0.56	0.00	+0.06	

图 9-28　排名前 10 的时序数据库

（6）搜索引擎数据库。

搜索引擎数据库最近比较受欢迎的包括 Solr 和 Elasticsearch 等，Solr 是 Apache 的一个开源项目，基于业界大名鼎鼎的 Java 开源搜索引擎 Lucene。在过去的 10 年里 Solr 发展壮大，拥有广泛的用户群体，它提供分布式索引、分片、副本集、负载均衡，以及自动故障转移和恢复功能。如果正确部署且良好管理，Solr 就能够成为一个高可靠、可扩展和高容错的搜索引擎；Elasticsearch 构建在 Apache Lucene 库之上，也是开源搜索引擎。通过 REST 和 schema-free 的 JSON 文档提供分布式、多租户全文搜索引擎，并且官方提供 Java、Groovy、PHP、Ruby、Perl、Python、.NET 和 JavaScript 客户端。目前 Elasticsearch 与 Logstash 和 Kibana 配合部署成日志采集和分析，简称"ELK"，它们都是开源软件。最近新增了一个 FileBeat，这是一个轻量级的日志收集处理工具（Agent）。其占用资源少，适合于在各个服务器中搜集日志后传输给 Logstash。

9.2.2.4　关系型数据库和非关系型数据库的比较

1．关系型数据库

关系型数据库指采用了关系模型来组织数据的数据库，一个关系型数据库是由二维表及其之间的联系所组成的一个数据组织。

关系型数据库的最大特点就是事务的一致性，传统的关系型数据库读/写操作都是事务处理型的，具有原子性（Atomicity）、一致性（Consistency）、隔离性（Isolation）和持久性（Durability）等特点。这些特点使得关系型数据库可以用于几乎所有对一致性有要求的系统中，如典型的银行系统，其优势如下。

（1）容易理解：二维表结构是非常贴近逻辑世界的一个概念，关系模型相对网状、层次等其他模型来说更容易理解。

（2）使用方便：通用的 SQL 语言使得操作关系型数据库非常方便。

（3）易于维护：丰富的完整性（实体完整性、参照完整性和用户定义的完整性）大大减低了数据冗余和数据不一致的概率。

关系型数据库的不足如下。

（1）数据读/写必须经过 SQL 解析，大数据和高并发下读写性能不足。对于传统关系型数据库来说，硬盘的频繁访问是一个很大的瓶颈。

（2）具有固定的表结构，因此扩展困难。

（3）多表的关联查询导致性能欠佳。

2．非关系型数据库

非关系型数据库不需要固定的表结构，通常也不存在连接操作。在大数据存取上具备关系型数据库无法比拟的性能优势，其特点如下。

（1）非结构化存储。

（2）基于多维关系模型。

（3）具备特有的使用场景。

非关系型数据库的优势如下。

（1）高并发和大数据下读/写能力较强（基于键值对，可以想象成表中的主键和值的对应关系。而且不需要经过 SQL 层的解析，所以性能非常高）。

（2）基本支持分布式，易于扩展，可伸缩（因为基于键值对，数据之间没有耦合性，所以非常容易水平扩展）。

（3）简单，弱结构化存储。

非关系型数据库的不足如下。

（1）事务处理支持较弱。

（2）通用性差。

（3）无完整性约束，复杂业务场景支持较差。

✿任务 9.3　创建数据库和表✿

9.3.1　任务要点

任务要点如下。

◆ Access 2016 的启动与退出。
◆ 新建和保存数据库。
◆ 创建表。
◆ 设置字段。
◆ 设置主键。
◆ 设置外键。
◆ 维护表结构。
◆ 创建索引。
◆ 创建查询。
◆ 创建关系。
◆ 排序筛选。

9.3.2　知识准备

9.3.2.1　Access 2016 基础

1. 启动

启动 Access 2016 有多种方法，常用的有 3 种，即使用"开始"菜单、快捷方式和已有的 Access 2016 数据库文件。

2. 退出

退出 Access 2016 的常用方法如下。

（1）在 Access 2016 窗口中选择"文件"→"退出"命令。
（2）单击 Access 2016 窗口标题栏右上角的"关闭"按钮。
（3）双击 Access 2016 窗口左上角的控制菜单图标或按 Alt+F4 组合键。

3. 用户界面

Access 2016 的用户界面如图 9-29 所示。

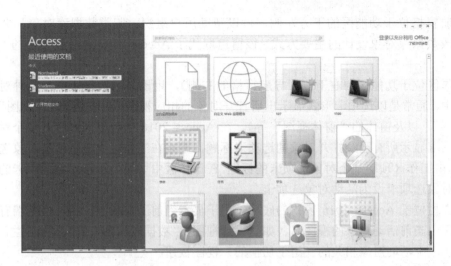

图 9-29　Access 2016 的用户界面

创建或打开数据库之后会出现包含功能区和导航窗口的 Access 2016 界面，如图 9-30 所示。

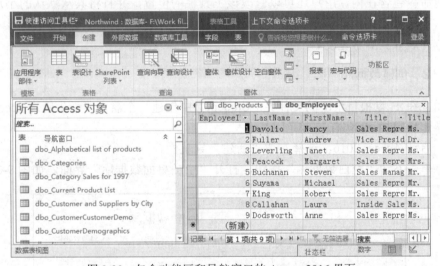

图 9-30　包含功能区和导航窗口的 Access 2016 界面

功能区将菜单栏、工具栏、任务窗格和其他用户界面组件显示的工具或命令集中在一个区域，大大方便了用户的操作。打开数据库后功能区在窗口的顶部（标题栏下），其中显示活动命令选项卡中的命令按钮及标题栏，只需双击标题即可显示与隐藏功能。

命令选项卡是功能区的组成部分，每个命令选项卡包含多个命令组，每个组中包含若干个命令按钮。有些组默认仅显示该组部分命令按钮，单击该组右下角的按钮即可显示该组的全部命令按钮。除了可切换显示"开始""创建""外部数据"或"数据库工具"等标准命令选项卡外，Access 2016 将根据操作对象当前的上下文，在功能区中添加一个或多个上下文命令选项卡。例如，在打开某个表后，在功能区中随之显示"表格工具"下该表的上下文命令选项卡。

导航窗格位于功能区的下方左侧，可以帮助用户组织、归类数据库对象，并且是打开或更改数据库对象设计的主要方式。该窗口取代了 Access 2007 之前版本中的"数据库窗口"。

工作区位于功能区的右下侧（导航窗格的右侧），用于显示数据库中的各种对象。在工作区中，通常是以选项卡形式显示出所打开对象的相应视图（如表的"设计视图"和"数据表视图"，以及窗体的"窗体视图"等）。在 Access 2016 中可以同时打开多个对象，在工作区顶端显示所有已经打开对象的选项卡标题，并且在工作区中显示活动对象选项卡的内容。单击工作区顶端某个对象选项卡的标题，在工作区中切换显示该对象选项卡的内容，即把该对象选项卡设为活动对象选项卡。

状态栏位于 Access 2016 窗口的底端，用于显示当前工作状态。状态栏左端有时会显示工作区中当前活动对象的视图名（如"设计视图""数据表视图"等），状态栏右端有几个与工作区中活动对象相关的（用于切换的）视图按钮。

快速访问工具栏的默认位置是在 Access 2016 窗口顶端标题栏中的左侧，用户只需单击其中的按钮即可访问命令，默认命令集有"保存""撤销"和"恢复"。用户单击快速访问工具栏右侧的下拉按钮，在下拉列表中选择相应命令可以自定义快速访问工具栏，将常用的其他命令包含在内。用户还可以修改该工具栏的位置，并且将其从默认的小尺寸改为大尺寸。小尺寸工具栏显示在功能区中命令选项卡的旁边，切换为大尺寸后将显示在功能区的下方并展开到屏幕宽度。

9.3.2.2　创建数据库

例如，在 F 盘根目录下的文件夹"Student"中创建一个名为"学生管理.accdb"的数据库，操作步骤如下。

（1）启动 Access 2016，选择左边"新建"导航栏。

（2）单击右边"空白数据库"按钮，打开"空白桌面数据库"界面，如图 9-31 所示。

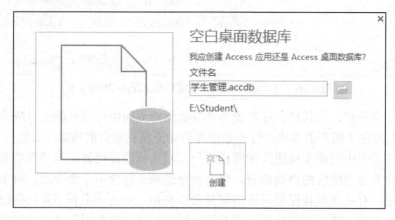

图 9-31　"空白桌面数据库"界面

（3）单击"文件夹"按钮，弹出"文件新建数据库"对话框，如图 9-32 所示。

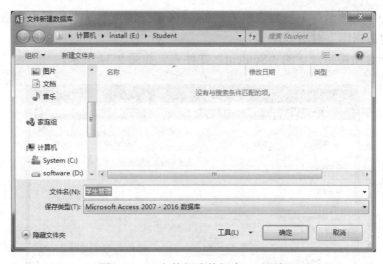

图 9-32　"文件新建数据库"对话框

（4）选择"F:\Student"文件夹，在"文件名"下拉列表框中输入"学生管理"。

（5）单击"确定"按钮，回到"空白桌面数据库"界面。

（6）单击"创建"按钮，成功创建数据库。

Access 2016 附带很多模板，也可以从 Office.com 下载更多模板。Access 2016 是预先设计的数据库，其中包括专业设计的表、窗体和报表，可为用户创建数据库提供极大便利。

例如，在 F 盘根目录下的文件夹"Student"中使用模板创建一个名为"资产跟踪.accdb"的数据库，操作步骤如下。

（1）启动 Access 2016，在显示的列表中选择"资产跟踪"选项，显示"资产跟踪"界面，如图 9-33 所示。

图 9-33　"资产跟踪"界面

（2）单击"文件名"下拉列表框右边的 图标（浏览到某个位置来存放数据库），弹出"文件新建数据库"对话框。

（3）选择 E 盘根目录下的"Student"文件夹，如图 9-34 所示。

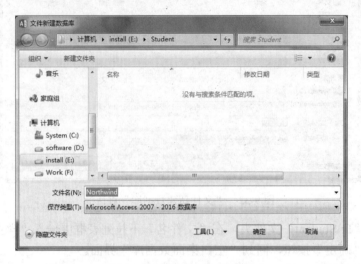

图 9-34　"Student"文件夹

（4）单击"确定"按钮，返回"资产跟踪"界面。

（5）单击"创建"按钮，Access 2016 在"E:\Student"文件夹中新建一个文件名为"资产跟踪"的数据库，并自动打开，如图 9-35 所示。

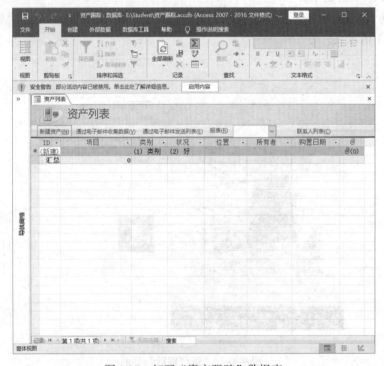

图 9-35　打开"资产跟踪"数据库

（6）单击"安全警告"提示栏中的"启用内容"按钮，打开"资产跟踪"数据库的窗口。

（7）双击左侧窗口的"资产:表"，打开"资产列表"，如图 9-36 所示。

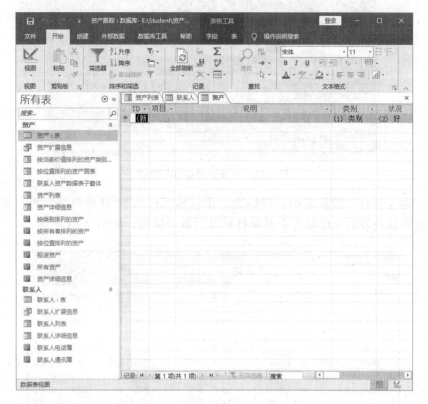

图 9-36　"资产列表"

9.3.2.3　数据库对象

Access 2016 数据库中包含表、查询、窗体、报表、宏、模块等 6 个对象，在导航窗格显示的分类对象列表（如"查询"对象列表）中双击某个对象，则该对象的相应视图（如"数据表视图"）就会显示在工作区的窗格中。

下面以本书提供的资源文件中"罗斯文贸易"数据库为例，简要介绍这些对象。

（1）表。

表指关系数据库中的二维表，它是 Access 2016 数据库中最基本的对象。表对象被称为"信息存储器"，是数据库的基础。Access 2016 数据库中的数据以表的形式保存。通常在建立了数据库之后，首要的任务就是建立其中的各个表。

例如，双击打开"罗斯文贸易"数据库，打开如图 9-37 所示的"登录对话框"界面。选择"王伟"员工，单击"登录"按钮。

图 9-37　"登录对话框"界面

在"罗斯文贸易"数据库中已建的表对象包括"订单""订单明细"等，双击左边导航窗格中表对象列表的"订单"表对象打开其数据表视图，如图 9-38 所示。

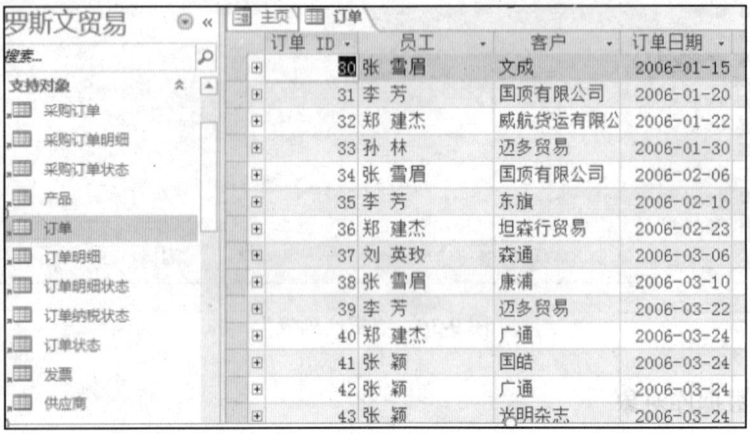

图 9-38　"订单"表对象的数据表视图

（2）查询。

查询对象实际上是执行一个查询命令，打开查询对象即可检索满足指定条件的数据库信息。实质上查询是一个 SQL 语句，用户可以利用 Access 2016 提供的命令工具以可视化的方式或直接编辑 SQL 语句的方式来建立查询对象。

例如，在"罗斯文贸易"数据库中已建的查询对象包括"按类别产品销售""按日期产品分类销售"等选项。双击左边导航窗格中查询对象列表的"按类别产品销售"选项，即可打开"按类别产品销售"查询对象的查询视图，如图 9-39 所示。

图 9-39 "按类别产品销售"查询对象的查询视图

（3）窗体。

窗体对象是用户和数据库之间的人机交互界面，在其中用户不但可以浏览数据，还可以执行其他操作。一个设计良好的窗体可以将表中的数据以更加友好的方式显示出来，从而方便用户浏览和编辑。也可以简化用户输入数据的操作，尽可能避免因人为操作不当而造成失误。

例如，在"罗斯文贸易"数据库中已建窗体对象包括"按类别产品销售图表""按员工产品销售图表"等。双击左边导航窗格中的窗体对象列表中的"按类别产品销售图表"窗体对象，即可打开其窗体视图，如图 9-40 所示。

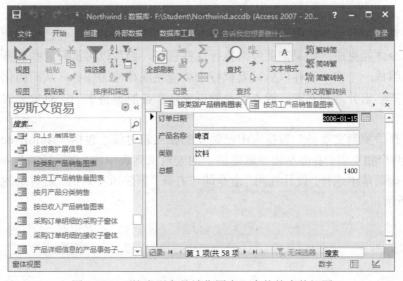

图 9-40 "按类别产品销售图表"窗体的窗体视图

（4）报表。

报表是数据管理中需要输出的内容，它是对表中的数据或查询内容执行分组、排序或统计等操作的结果。报表对象对大量的数据表数据进行综合处理，并把结果生成报表。

例如，在"罗斯文贸易"数据库中已建报表对象包括"按类别产品销售""按员工产品销售量"等报表。双击左边导航窗格中的报表对象列表中的"按类别产品销售"报表对象，即可打开其报表视图，如图9-41所示。

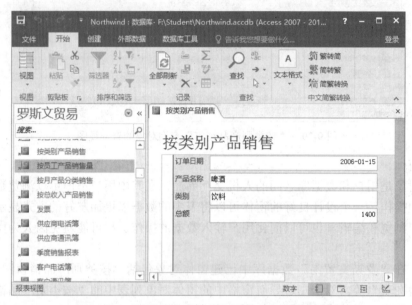

图9-41 "按类别产品销售"报表对象的报表视图

（5）宏。

宏是一系列操作命令的组合。在操作数据库时，有些任务需要经过繁琐的操作过程并执行多个命令才能完成。如果需要经常执行这些任务，则可以将执行这些任务的一系列命令记录下来组成一个宏。这样以后只要执行宏就能完成相应的任务，从而简化了操作，提高了工作效率。宏分为独立宏、嵌入宏及数据宏，在导航窗格中的宏对象列表中仅列出全部的独立宏。

例如，在"罗斯文贸易"数据库中已建立的独立宏对象，包括"AutoExec"和"删除所有数据"两个独立宏。右击左边导航窗格中的宏对象列表中的"删除所有数据"宏对象，在弹出的快捷菜单中选择"设计视图"命令即可打开"删除所有数据"宏对象的设计视图，如图9-42所示。

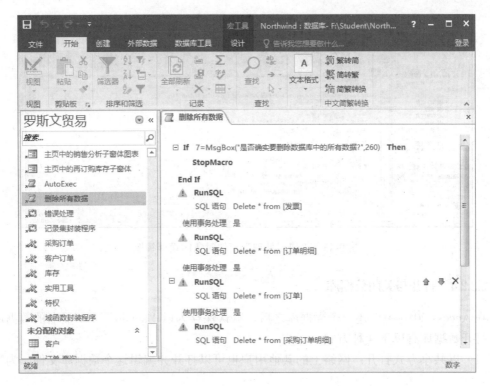

图 9-42　"删除所有数据"宏对象的设计视图

（6）模块。

在 Access 2016 中创建模块使用的是 VBA（Visual Basic For Application）语言，它是 Office 系列软件的内置编程语言，也是一种面向对象的可视化编程语言。模块是由 VBA 声明和过程组成的集合，说明如下。

- 声明部分用来声明变量或常量的数据类型。
- 过程是 VBA 代码的集合，其中包含一系列 VB 语句和方法，用来执行数据计算或操作。

在 Access 中有如下两种类型的模块。

- 类模块：可以用来定义新对象的模块，包含属性和方法的定义。
- 标准模块：指存储在数据库中的通用过程和常用过程。

通用过程是不与任何对象相关联的过程，只能由其他过程来调用；常用过程是指在数据库中的任何位置均可执行的过程。

例如，在"罗斯文贸易"数据库中已建模块对象包括"错误处理""采购订单"等。双击左边导航窗格中的模块对象列表中的"错误处理"模块对象，即可打开其设计视图，如图 9-43 所示。

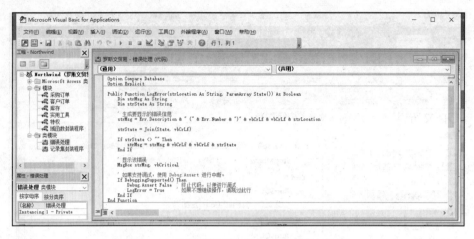

图 9-43 "错误处理"模块对象的设计视图

9.3.2.4 打开与关闭数据库

在 Access 2016 中创建一个数据库之后，默认保存为以"accdb"为扩展名的数据库文件。打开数据库有以下 4 种方式。

（1）以共享方式打开：网络上的其他用户也可以打开并编辑这个数据库文件，为默认方式。

（2）以只读方式打开：不可以修改该数据库文件。

（3）以独占方式打开：防止网络上的其他用户同时访问这个数据库文件。

（4）以独占只读方式打开：防止网络上的其他用户同时访问这个数据库文件，而且不允许修改。

打开一个已经存在的"营销项目.accdb"（见本书提供的资源文件）数据库的操作步骤如下。

（1）启动 Access 2016。

（2）在左侧的导航窗口中单击"打开"按钮，显示"打开"界面，如图 9-44 所示。

图 9-44 "打开"界面

（3）最近打开的文件会出现在列表中，如果没有，双击"这台电脑"图标，选择要打开的数据库文件的位置和文件名。

（4）单击"打开"按钮，弹出"打开"对话框。

（5）选择"营销项目"选项，单击"打开"按钮，以默认打开方式打开该数据库。

若要以其他方式打开该数据库，则单击"打开"按钮右端的下拉按钮。然后单击下拉列表框中的所需方式，4 种打开方式如图 9-45 所示。

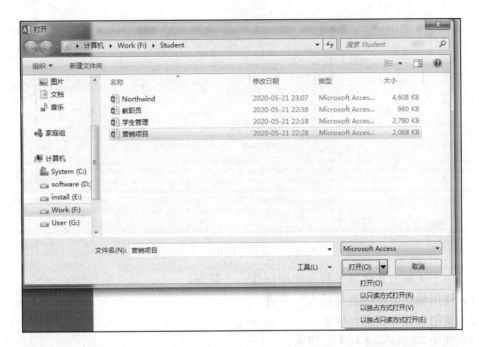

图 9-45　4 种打开方式

关闭数据库的两种常用方式如下。

（1）选择"文件"选项卡中的"关闭数据库"命令。

（2）单击 Access 2016 窗口右上角的"关闭"按钮，关闭当前数据库及 Access 2016。

9.2.3.5　表

表是数据库的核心，其中记录了数据库的全部数据。对象都以表中的数据为基础，没有表的数据库是没有意义的。所有表都基于数据库，创建一个表之前必须打开一个数据库，表示创建的表属于该数据库。

1.创建表

一个数据库可以包含多个表，表将数据组织成列和行的二维表形式。表由表结构和表内容组成，表结构是指表头中每个字段的字段名、字段类型和字段属性等；表内容是表体，即表中的记录。一般来说，创建表先创建表结构，包括构造表中各个字段、定义数据类型、设置字段属性、设置表的主键等，然后在表中输入数据。

在 Access 2016 窗口中打开某个数据库，如打开"学生管理"数据库。在"创建"选项卡的"表格"组中有 3 个按钮用于创建表，如图 9-46 所示。

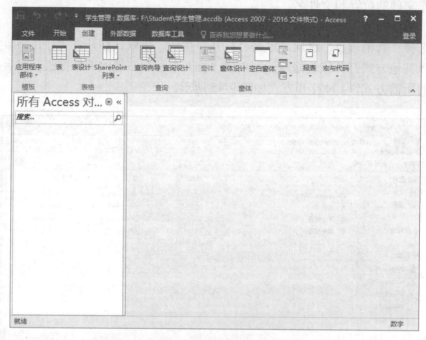

图 9-46　"表格"组中的 3 个按钮

通过以下 4 种方式可以在数据库中创建一个新表。

（1）使用数据表视图直接插入一个表。

（2）使用表设计视图创建表。

（3）使用 SharePoint 列表创建表。

（4）利用其他数据文件，如 Excel 工作簿、Word 文档、其他数据库等多种文件导入表或链接到表。

Access 2016 提供了利用 SharePoint 网站来创建表的方法，用户可以从该网站的 SharePoint 列表中导入表或者创建链接到该列表中的表，还可以使用预定义模板创建这个列表。

本节主要介绍如何使用数据表视图和表设计视图创建表。

（1）使用数据表视图创建表。

例如，在"学生管理"数据库中，使用数据表视图创建表的方法创建一个名为"学生"的表，操作步骤如下。

● 打开"学生管理"数据库，单击"创建"选项卡"表格"组中的"表"按钮。系统创建一个名为"表 1"的新表并以数据表视图打开，如图 9-47 所示。

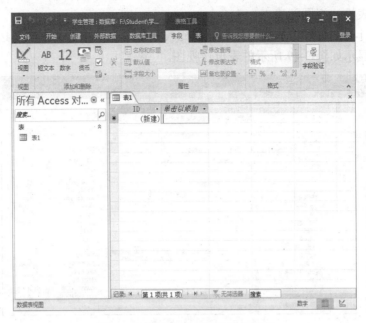

图 9-47　创建名为"表 1"的新表

• 打开"单击以添加"下拉列表框，选择需要添加字段的类型后输入字段名称，在"表格工具"的"字段"选项卡中设置"字段大小"。以此方法依次建立各个字段，图 9-48 所示为已建立各个字段的表。

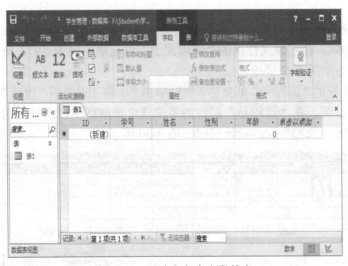

图 9-48　已建立各个字段的表

• 单击"快速访问"工具栏中的 按钮，弹出"另存为"对话框。
• 输入表的名称"学生"，单击"确定"按钮。

创建表结构后可以直接在字段名称下面的单元格中依次输入数据。

在数据表视图中可以在字段名处直接输入字段名，还可以对表中的数据执行添加、修改、删除和查找等操作。

（2）使用表设计视图创建表。

使用表设计视图可以更加灵活地创建表比较复杂的表，单击"创建"选项卡中的"表设计"按钮，显示如图9-49所示的表设计视图。

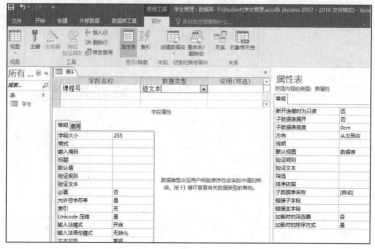

图9-49　表设计视图

其中中间为工作区，分为上下两部分，分别是字段输入区和字段属性区；右边部分是属性表，用于设置表的一些属性。

例如，在"学生管理"数据库中使用表设计视图创建一个名为"课程"的表，操作步骤如下。

* 在字段输入区第1行的"字段名称"单元格中键入"课程号"，在"数据类型"单元格中选择"文本"，在字段属性区的"字段大小"单元格中键入"9"，按此方法依次建立"课程名称""学分"等各个字段。

* 单击第1行的"课程号"单元格，然后单击"表格工具"下"设计"选项卡"工具"组中的"主键"按钮。在"课程号"左边的字段选定器框格中显示一个钥匙图标，表示该字段为主键，这时"课程"表的设计视图如图9-50所示。

图9-50　"课程"表设计视图

- 单击"关闭"按钮，弹出提示对话框。
- 单击"是"按钮，弹出"另存为"对话框。
- 键入表的名称"课程"，单击"确定"按钮，完成表的创建并关闭设计视图。此时导航窗格中添加了一个名为"课程"的表，如图 9-51 所示。

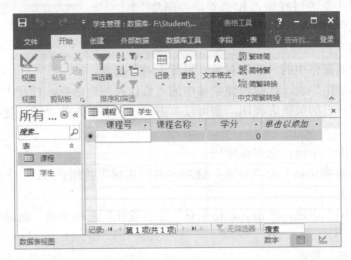

图 9-51　名为"课程"的表

2. 修改表的结构

在表设计视图中不仅可以方便地创建表，还可以对已建立的表进行修改。如果要修改表结构，应注意有两个可能会导致数据丢失的情况，一是当"字段大小"由较大范围改为较小范围时；二是当"字段类型"发生改变时。

例如，在创建表结构没有设置主键时，会自动创建一个名为"ID"的字段。当选中该字段列，单击"表格工具"下"字段"选项卡的"删除行"按钮删除主键，如图 9-52 所示。

图 9-52　删除主键

这时会弹出一个如图 9-53 所示的提示对话框。提示用户该列不能删除。这是因为在使用数据表视图创建表时，Access 2016 自动创建一个类型为自动编号的"ID"字段并默认为新表的主键。

下面对"学生"表进行修改和完善，并删除"ID"字段，设置主键为"学号"。

操作步骤如下。

图 9-53　提示对话框

（1）单击导航窗格中的"表"对象，展开表对象列表。

（2）右击"学生"表，选择快捷菜单中的"设计视图"命令，打开"学生"表的设计视图。如果已打开表的数据表视图，则可以单击状态栏右下方的"设计视图"按钮切换至设计视图。

（3）单击"ID"字段，选定该字段。

（4）单击"表格工具"中"设计"选项卡的"主键"按钮，"ID"字段的字段选定器上的钥匙图案消失。

（5）选定"ID"字段，单击"表格工具"中"设计"选项卡的"删除行"按钮，弹出提示对话框。

（6）单击"是"按钮。

（7）选定"学号"字段，单击"表格工具"中"设计"选项卡的"主键"按钮，"学号"的字段选定器显示一个钥匙图标。该字段被设置为主键，修改后的"学生"表的设计视图如图 9-54 所示。

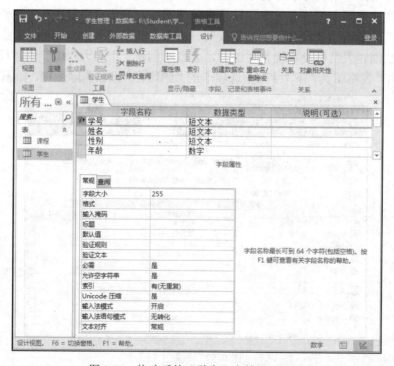

图 9-54　修改后的"学生"表的设计视图

（8）单击"保存"按钮。

（9）单击"关闭"按钮。

3. 字段的数据类型

Access 2016 提供了 12 种不同类型的字段用来存放不同类型的信息，如图 9-55 所示。

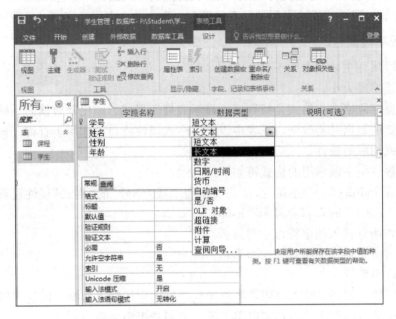

图 9-55　12 种不同类型的字段

（1）短文本：最大占用 255 个字符。

（2）长文本：最大占用 65 536 个字符。

（3）数字：根据占用的内存空间大小和数据存储方式的不同划分如下。

- 字节：占用 1 个字节。
- 整型：占用 2 个字节。
- 长整型：占用 4 个字节。
- 单精度型：占用 4 个字节，保留 7 位小数。
- 双精度型：占用 8 个字节，保留 15 位小数。
- 同步复制 ID（GUID）：固定占用 16 个字节，用于唯一标识一条记录。
- 小数：占用 12 个字节，保留 28 位小数。

（4）日期/时间：占用 8 个字节。

（5）货币：占用 8 个字节。

（6）自动编号：该类型字段不能更新，占用 4 个字节，用于"同步复制 ID"（GUID）时存储 16 个字节。

（7）是/否：不允许 Null 值，占用 1 个二进制位。

（8）OLE 对象：一种可用于在程序之间共享信息的程序集成技术，所有 Office 程序都支持 OLE，所以可通过链接和嵌入对象共享信息，最大占用 1 GB。

（9）超链接：用于存储超链接地址，可以是 UNC 路径或 URL，最多允许 64 000 个字符。

（10）查阅向导：让用户通过组合框或列表框选择来自其他表或值列表中的值，实际的字段类型和长度取决于数据的来源。

（11）附件：任何支持的文件类型，最大支持约 700 KB。

（12）计算：表达式或结果类型是双精度型，含小数，占用 8 字节，见数据类型说明。

4. 设置字段属性

设置字段属性主要包含以下几个方面。

（1）设置字段大小。

（2）设置字段格式，格式是指数据的显示或打印形式。即仅是数据的一种外部表现形式，内部存储的数据并不改变。在表中设置的格式属性将自动作用于查询、窗体或报表对象中的字段或相应的控件。

文本与备注型字段常用的格式符如下。

- @：每个@占据一个字符位，如将文本型字段"学号"的"格式"属性设置为@-@@@时。当输入"E001"时，将会显示"E-001"。
- <：将所有输入的字符以小写显示。
- >：将所有输入的字符以大写显示。

（3）设置小数位。

（4）设置输入掩码，输入掩码是指能起到控制向字段输入数据作用的字符。主要用于文本型和日期 / 时间型字段，也可以用于数字型和货币型字段。

常见的输入掩码字符如下。

- 0：数字（0~9，必选项，不允许使用加号和减号）。
- 9：数字或空格（非必选项，不允许使用加号和减号）。
- #：数字或空格（非必选项，空白将转换为空格，允许使用加号和减号）。
- L：字母（A~Z，必选项）。
- A：字母或数字（必选项）。

（5）设置标题，为字段名设置一个显示标题，目的是反映字段代表的意义，但并不改变表内部的字段名称。

（6）设置默认值，默认值是指增加记录时自动添加到字段的值，不能对"自动编号"和"OLE 对象"数据类型设置默认值。

（7）设置字段有效性规则与有效性文本：字段有效性规则可以用表达式来描述，其作用是在用户离开该字段时自动检查输入字段的值是否符合指定的规则。并在违反规则时通过弹出信息窗口显示"有效性文本"，提示用户应该怎样正确地输入数据。有效性规则也可作用于记录，记录的有效性规则不可以包括对表中的其他字段的引用。

（8）设置必填字段与允许空字符串。

- "必填字段"属性控制是否必须输入数据，如果设置为"是"，则必须输入该字段值，而且不能是 Null 值。

- "允许空字符串"属性决定是否允许长度为 0 的不包含任何字符的空字符串（该属性只能用于"文本""备注"或"超级链接"字段）。

使用这两个属性的不同组合可以控制对空白字段的处理。

空字符串表示一个确切的值，而 Null 值表示未知、不确定的值。输入 Null 值的方法是，直接按下 Enter 键；而输入空字符串的方法是键入不带空格的双引号（""）。

字段格式属性设置如图 9-56 所示。

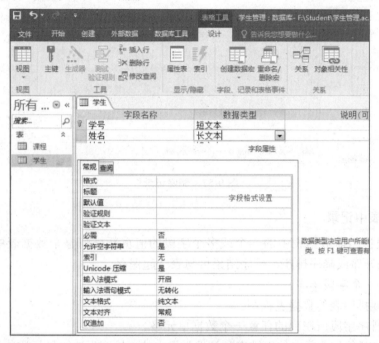

图 9-56　字段格式属性设置

5. 表的基本操作

（1）打开表。

打开表是指在数据库视图中打开表，操作步骤如下。

- 单击导航窗格中的数据库对象列表中的"表"。
- 在展开的表对象列表中双击要打开的表，或者右击要打开的表，在弹出的快捷菜单中选择"打开"命令。打开一个新选项卡显示该表的数据库视图，以二维表格的形式显示表中的数据。

（2）关闭表。

单击某个已打开表的"数据表视图"右上角的"关闭"按钮。

（3）在表中添加、修改或删除记录。

打开一个表后即可在数据表视图其中直接添加、修改或删除记录，注意被设置为主键的字段内容不可以重复，也不可以为空值。

单击单元格可以添加或修改记录。单击选定某个该记录，或通过拖动连续选择多个记录。然后单击"开始"选项卡的"删除"按钮或按 Delete 键可以删除记录，如图 9-57 所示。

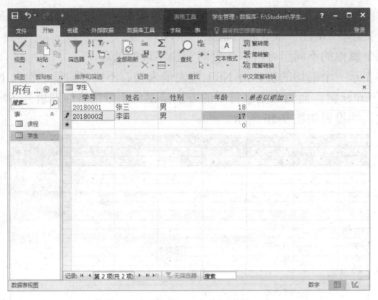

图 9-57　删除记录

6. 排序表中记录

排序是根据当前数据表中的一个或多个字段的值重新排列整个数据表中全部记录的顺序，可以按升序或降序排序，排序结果可与表一起保存。

（1）只按一个字段排序。

- 打开要排序表的数据表视图。
- 单击排序字段所在列的任意一个数据单元格。
- 单击"开始"选项卡的"排序和筛选"组中的"排序"按钮显示排序结果，还可以单击排序字段右侧的下拉箭头，打开下拉菜单。选择"升序"或"降序"命令，如图 9-58 所示。

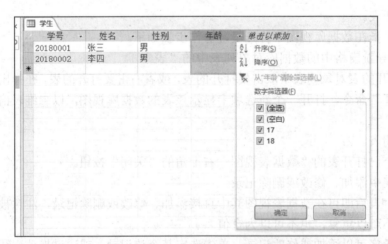

图 9-58　"升序"或"降序"命令

- 关闭该表的数据表视图时，可以选择是否将排序结果与表一起保存。

（2）按多个字段排序。

如果要对多个字段进行复杂排序，则要使用"高级筛选/排序"命令，操作步骤如下。

- 打开要排序表的数据表视图。
- 单击"开始"选项卡"排序和筛选"组中的"高级"按钮，在弹出的下拉列表框中选择如图 9-59 所示的"高级筛选/排序"命令。

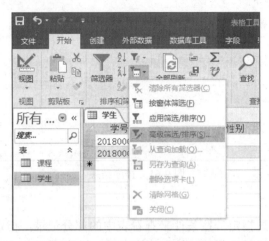

图 9-59　"高级筛选/排序"命令

打开一个排序筛选设计窗口，上方显示该表的字段列表；下方是设置排序和筛选条件的设计网格，如图 9-60 所示。

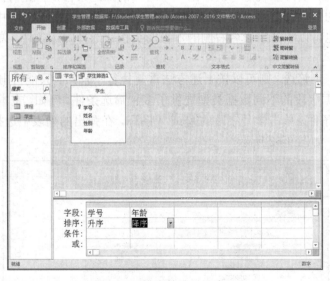

图 9-60　排序筛选设计窗口

- 在设计网格中"字段"行的单元格中从左到右依次选择要排序的字段，在"排序"行的单元格中选择"升序"或选择"降序"命令。
- 选择"排序和筛选"组中的"切换筛选"命令或单击"高级"按钮，在弹出的下拉列表框中选择"应用筛选/排序"命令，显示如图 9-61 所示的排序结果。

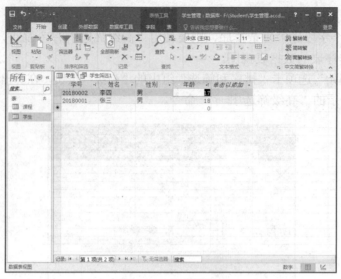

图 9-61 排序结果

7. 筛选表中记录

筛选操作是用户通过指定一些条件来查看表中的部分记录，指定的条件即为筛选条件。所有的筛选命令都可以通过选择"开始"选项卡的"排序/筛选"组中的"取消筛选"命令来取消筛选结果，恢复表的原来面貌。

（1）按选定内容筛选。

按选定内容筛选实际上就是每次给出一个对应的筛选条件，单击"开始"选项卡的"排序和筛选"组中的"选择"命令。在打开的下拉菜单中选择"等于"选中字段的值，即可得到筛选结果。也可以单击字段名右侧的下拉箭头按钮选择筛选条件，单击"确定"按钮得到筛选结果。

如果需要进一步筛选，则可以按上述方法重复执行，但每次只能给出一个条件；此外，"选择"命令还根据字段的不同数据类型提供了多种筛选条件。例如，文本类型还有"包含""不包含"等设置条件。单击学号字段的 ↓ 或 ▼ 图标，在弹出的列表中选择"文本筛选器"的筛选条件即可，如图 9-62 所示。

图 9-62 选择筛选条件

（2）高级筛选。

使用"高级筛选/排序"功能可以方便地执行较为复杂的筛选并可对结果进行排序，该功能允许用户在一个"筛选"窗口中同时给出筛选条件及排序要求来筛选记录。在"筛选"窗口中指定筛选条件时，同一"条件"行中的条件与条件之间是"And"（与）的关系，不同"条件"行之间的条件是"Or"（或）的关系。"高级筛选/排序"命令如图 9-63 所示。

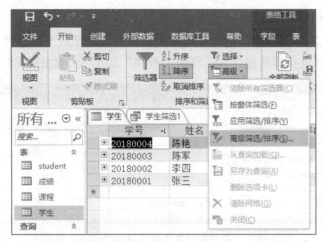

图 9-63　"高级筛选/排序"命令

"高级筛选/排序"窗口如图 9-64 所示。

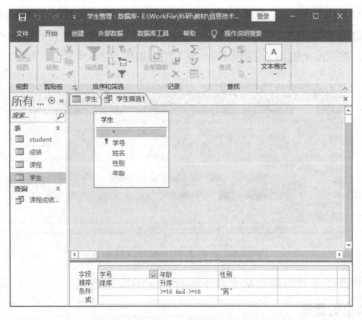

图 9-64　"高级筛选/排序"窗口

如果在"筛选"窗口中指定筛选条件时在某一单元格中输入一个值，则表示选定字段等于该值，相当于省略了"等于"运算符。需要指定大于或小于等比较运算符时，需要直接键入">"（大于）、"<"（小于）、">="（大于或等于）、"<="（小于或等于）或"<>"（不等于）比较运算符。

在指定"是/否"类型字段的条件时，需要在对应条件单元格中键入"True"或"False"。还可输入"-1"表示"True"，或者输入"0"表示"False"。

设置所有的排序与筛选条件后，单击"排序和筛选"组中的"切换筛选"命令或者单击"高级"按钮，在弹出的下拉菜单中选择"应用筛选/排序"命令显示排序和筛选结果。

8. 查找表中的数据

在"数据表视图"窗口中，把光标定位到所要查找的字段上，选择"开始"选项卡的"查找"命令显示"查找和替换"对话框的"查找"选项卡，如图 9-65 所示。

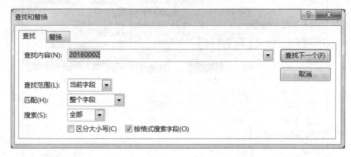

图 9-65　"查找和替换"对话框的"查找"选项卡

在"查找内容"下拉列表框中输入要查找的内容。

依次打开下方的各个下拉列表框，选择合适的查找范围与方式。然后单击"查找下一个"按钮，定位到离光标位置最近的一个记录，可逐次单击该按钮直至结束。

另外，在数据表视图的记录导航条后部的搜索栏中，输入要查找的内容，光标则定位到找到的位置。按 Enter 键可查找到下一个位置，如图 9-66 所示。

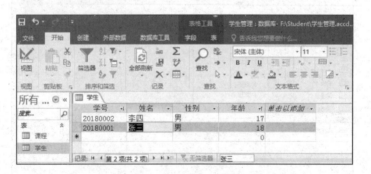

图 9-66　在搜索栏中执行查找操作

这种简单的查找是对当前表从上往下进行字段的匹配查找。

9. 替换表中的数据

替换表中数据的操作步骤如下。

（1）在数据表视图中把光标定位到所要替换的字段，单击"开始"选项卡"查找"组中的 按钮打开"查找和替换"对话框的"替换"选项卡，如图 9-67 所示。

图 9-67 "替换"选项卡

（2）在"查找内容"下拉列表框中输入要查找的内容，然后在"替换为"下拉列表框中输入要替换的内容。依次单击下方的各个下拉列表框，选择合适的查找范围与方式。

（3）如果要替换全部匹配条件者，单击"全部替换"按钮；如果一次替换一个或跳过某个匹配值，则单击"查找下一个"按钮后单击"替换"按钮。

10. 重命名表

（1）打开某个数据库，在导航窗口中单击"表"，展开表对象的列表。

（2）右击该列表中要重命名的表名，弹出快捷菜单。

（3）选择快捷菜单中的"重命名"命令，进入表名的编辑状态，输入新表名后按 Enter 键。

11. 删除表

（1）打开某个数据库，在导航窗格中单击"表"，展开表对象的列表。

（2）右击该列表中要删除的表名，弹出快捷菜单。

（3）选择快捷菜单中的"删除"命令，弹出"是否删除表"对话框，单击"是"按钮。

注意如果该表受到"实施参照完整性"约束，暂时不能删除时，系统会显示"只有删除了与其他表的关系之后才能删除该表"的提示框。

12. 复制表

复制表结构或将数据追加到已有表的操作步骤如下。

（1）打开某个数据库，在导航窗格中单击要复制其结构或数据的表。

（2）单击"开始"选项卡"剪贴板"组中的"复制"按钮。

（3）单击"开始"选项卡"剪贴板"组中的"粘贴"按钮，弹出"粘贴表方式"对话框，如图 9-68 所示。

图 9-68 "粘贴表方式"对话框

（4）在"表名称"文本框中输入随后要操作表的名称。

（5）若仅要粘贴表的结构，则选中"粘贴选项"下的"仅结构"单选按钮；若要粘贴表的结构和数据，则选中"结构和数据"单选按钮；若要将数据追加到已有的表中，则选中"将数据追加到已有的表"单选按钮（注意此时"表名称"文本框中已输入的表名称应该在表对象列表中存在）。

（6）单击"确定"按钮。

13. 设置主键和索引

主键是指能够唯一标识记录的某个字段或某几个字段的组合，为确保主键取值的唯一性，Access 2016 将防止在主键中输入任何重复值或 Null 值并且始终维护主键的唯一索引。在 Access 2016 中可以创建 3 种类型的主键，即自动编号主键、单字段主键和多字段主键。

多字段主键设置只需要同时选中多个字段，然后单击主键按钮或右击选择主键即可。设置主键如图 9-69 所示。

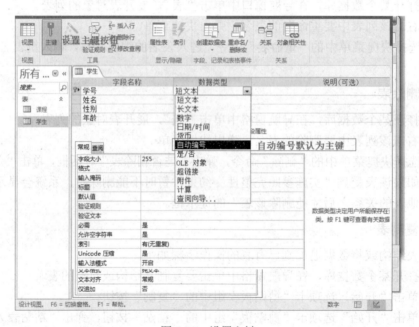

图 9-69　设置主键

索引是使记录有序化的另一种技术，它并不真正从物理上移动记录，而是在逻辑上维持要求的记录排列顺序。不论是排序还是索引，都是为了加快数据查找速度。Access 2016 已经为表中的主键字段自动设置了索引，附件、计算、备注型、OLE 型和逻辑型字段不能用来作为索引。有两种类型索引，即单字段索引和多字段索引，设置索引操作如图 9-70 所示。

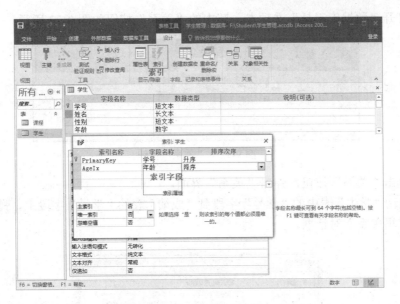

图 9-70　设置索引操作

14. 外键约束

外键约束是确保表中数据正确性的一种手段，经常与主键约束一起使用。它用来约束两个表中数据的一致性，即将一个表中的主键设置为另外一个表的外键。例如，"学生管理"数据库中已经有了"学生"表和"课程"表，它们之间现在没有关系。所以需要创建一个"成绩"表，如图 9-71 所示。

图 9-71　"成绩"表

"成绩"表中的"学号"和"课程号"是外键，分别取自"学生"表和"课程"表的课程号。而它们又各自是"学生"表和"课程"表的主键，这样"学生"表和"课程"表就与"成绩"表有了外键约束。设置外键约束的步骤如下。

（1）打开"数据库工具"选项卡，其中的"关系"按钮如图 9-72 所示。

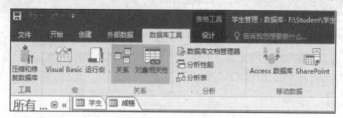

图 9-72 "关系"按钮

（2）单击"关系"按钮，弹出"关系"界面。

（3）拖动"学生"表中的"学号"字段到"成绩"表的"学号"字段上，弹出如图 9-73 所示的"编辑关系"对话框。

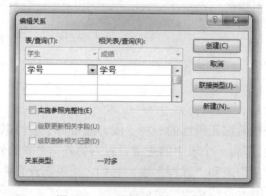

图 9-73 "编辑关系"对话框

（4）设置"学生"表与"成绩"表中相关联的字段，然后单击"创建"按钮。

（5）设置"学生"表、"课程"表与"成绩"表的关系，如图 9-74 所示。

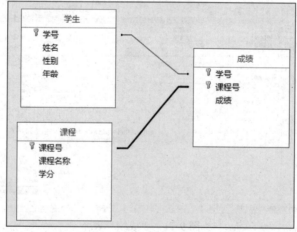

图 9-74 设置"学生"表、"课程"表与"成绩"表的关系

15. 查询

在 Access 2016 数据库中，表是存储数据的最基本的数据库对象，而查询则是对表中的数据进行检索、统计、分析、查看或更改的一个非常重要的对象。一个查询对象就是一个查询命令，即一个 SQL 命令，运行一个查询对象实质上就是执行其中的 SQL 命令。

表根据规范化的要求将数据进行了分割，而查询则是从不同的表中抽取数据组合成一个动态数据库，并以数据表视图的方式显示。查询结果是一个临时的动态数据表，当关闭查询的数据表视图时保存的是查询的结构，并不保存该查询结果的动态数据表。

表和查询都是查询的数据源，也是窗体、报表的数据源。

建立多表查询之前，一定要建立表与表之间的关系（外键约束）。

打开某个数据库，如"学生管理"数据库。在"创建"选项卡的"查询"组中有"查询向导"和"查询设计"两个按钮，均可用于创建查询。单击"查询向导"按钮，弹出"新建查询"对话框。其中显示 4 种创建查询的向导，分别是"简单查询向导""交叉表查询向导""查找重复项查询向导"和"查找不匹配项查询向导"。用户可根据需求选择并按向导提示完成操作，如图 9-75 所示。

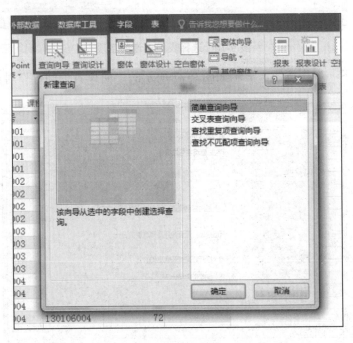

图 9-75　4 种创建查询的向导

（1）使用向导创建查询。

若要在"学生管理"数据库中为"学生"表创建一个名为"学生表 查询学号姓名"的查询，要求只显示"学号"和"姓名"，操作步骤如下。

● 打开"学生管理"数据库，单击"创建"选项卡中"查询"选项组中的"查询向导"按钮，弹出"新建查询"对话框。

● 选择"简单查询向导"选项，单击"确定"按钮，弹出"简单查询向导"对话框。

- 选择"表/查询"下拉列表框中的"表：学生表"选项，在"可用字段"列表框中依次选择"学号"和"姓名"字段后拖动至"选定字段"列表框中，如图 9-76 所示。

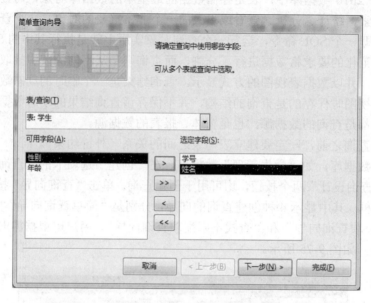

图 9-76 选择表和查询的字段

- 单击"下一步"按钮，显示如图 9-77 所示的"简单查询向导"对话框。

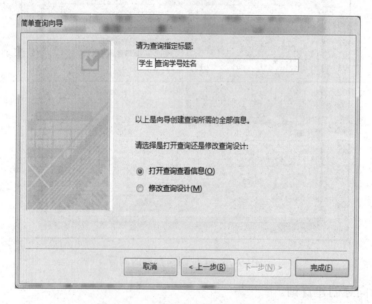

图 9-77 "简单查询向导"对话框

- 输入查询标题，并选择"打开查询查看信息"单选按钮。
- 单击"完成"按钮，以如图 9-78 所示的以数据表视图方式显示查询结果。

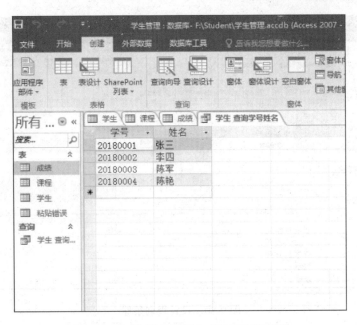

图 9-78　以数据表视图方式显示查询结果

（2）在设计视图中创建查询。

若要建立复杂的查询，则要借助于设计视图。使用设计视图创建查询不仅可以设计创建单个表或涉及多个表的查询，还可指定复杂的查询条件及排序的准则。

若要在"学生管理"数据库中利用设计视图创建一个名为"课程成绩在 90 分以上的学生"的查询，要求查询结果按学号升序排序并且显示的信息为"学号""姓名""课程名""成绩"字段，操作步骤如下。

- 打开"学生管理"数据库，单击"创建"选项卡的"查询"选项组中的"查询设计"按钮，弹出查询设计视图和"显示表"对话框。
- 在"表"选项卡中选择"学生""课程""成绩"选项。
- 单击"添加"按钮，将 3 个表添加到查询设计视图中，如图 9-79 所示。

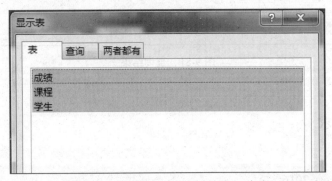

图 9-79　在查询设计视图中添加 3 个表

- 关闭"显示表"对话框，在"设计网格区"设置如图 9-80 所示的查询条件。

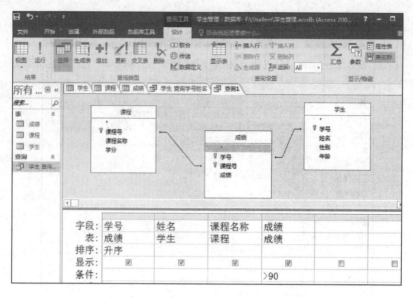

图 9-80　设置查询条件

- 关闭该查询设计视图，保存查询，名称为"课程成绩在 90 分以上的学生"。
- 在导航窗口中的查询对象列表中双击"课程成绩在 90 分以上的学生"选项，显示查询结果，如图 9-81 所示。

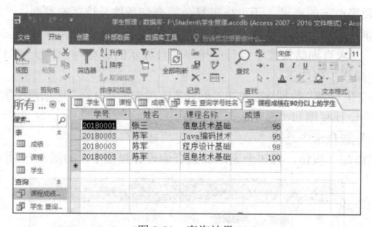

图 9-81　查询结果

9.3.3 任务要求

任务要求如下。

（1）启动 Access 2016。

（2）新建一个名为"学生管理"的空白数据库，并保存到 E:\Student 目录下。

（3）在"学生管理"数据库中分别创建"学生基本情况表"和"班级表"，表结构分别如表 9-6 和表 9-7 所示。

表 9-6　"学生基本情况表"结构

字 段 名	类 型	字段大小
学号	整型	
姓名	文本	20
性别	文本	2
年龄	整型	
进校日期	日期/时间	
班级编号	整型	

表 9-7　"班级表"结构

字 段 名	类 型	字段大小
班级编号	整型	
班级名称	文本	20
班级地点	文本	20

（4）设置"学生基本情况表"中的"学号"字段为主键，其验证规则为以"20"开头的 8 位数字。

（5）设置"学生基本情况表"中的"年龄"字段的验证规则为年龄大于等于 16 并且小于等于 25。

（6）设置"学生基本情况表"中的"性别"字段的验证规则为"男"或"女"，出错提示信息（验证文本）为"必须输入'男'或'女'"。

（7）设置"班级表"中"班级编号"字段为主键，其验证规则为以"20"开头的 6 位数字。

（8）为"学生基本情况表"中的"姓名"字段建立名为"Idx_姓名"的索引。

（9）设置"学生基本情况表"和"班级表"之间的关系。

（10）为"学生基本情况表""班级表"分别输入如表 9-8 和表 9-9 所示的数据。

表 9-8　"学生基本情况表"数据

学号	姓名	性别	年龄	进校日期	班级编号
20170101	张三	男	16	2017-09	201701
20180101	李四	男	17	2018-09	201801
20190101	陈艳	女	18	2019-09	201901
20200101	张凤	女	17	2020-09	202001
20170102	张阳	男	16	2017-09	201701
20180102	吴建	男	17	2018-09	201801
20190102	周山	女	18	2019-09	201901
20200102	李春	女	17	2020-09	202001

表 9-9　"班级表"数据

班级编号	班级名称	班级地点
20170101	软件技术 17 级 1 班	2115
20180101	软件技术 18 级 1 班	2117
20190101	软件技术 19 级 1 班	1105
20200101	软件技术 20 级 1 班	1109

（11）修改"班级表"结构，增加一个"辅导员"字段，类型为文本且长度为 20。

（12）删除"姓名"为"李春"的学生。

（13）将"学生基本情况表"中的数据按"学号"的升序排序。

（14）筛选学生年龄大于等于 17 岁的学生。

（15）创建一个名为"学生基本信息查询"的查询，显示的信息为学号、姓名、性别、年龄、进校日期和班级编号。

9.3.4 实现过程

实现过程如下。

（1）启动 Access 2016。

（2）单击左边导航窗口中的"新建"按钮，再单击右边的"空白数据库"选项。输入数据库名称为"学生管理"，选择保存的路径为"E:\Student"。

（3）单击"创建"按钮创建一个新的"学生管理"数据库，如图 9-82 所示。

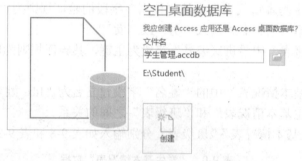

图 9-82　创建"学生管理"数据库

（4）创建好的数据库自动打开，默认创建"表 1"。切换"表 1"到设计视图，单击 保存按钮，保存表名为"学生基本情况表"，如图 9-83 所示。

（5）在设计视图中创建"学生基本情况表"的字段、类型、主键及验证，如图 9-84～图 9-86 所示。

图 9-83　创建数据库默认创建的表 1

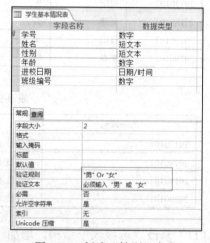

图 9-84　创建"性别"字段

图 9-85　创建"学号"字段　　　　　　　　　　图 9-86　创建"年龄"字段

（6）创建"班级表"。单击"表设计"按钮，创建"班级表"，其中的字段、类型、主键及验证如图 9-87 所示。

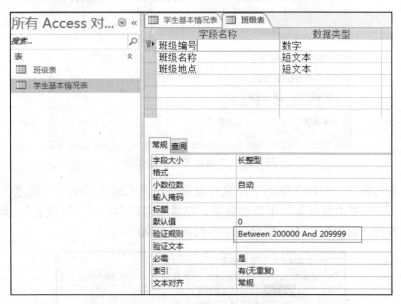

图 9-87　"班级表"中的字段、类型、主键及验证

（7）创建索引。在导航窗口中右击"学生基本情况表"选择"设计视图"命令。单击"设计"菜单中的"索引"按钮，为"姓名"字段创建索引，如图 9-88 所示。

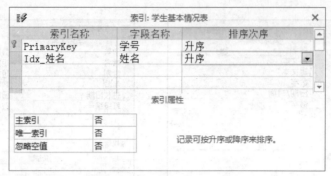

图 9-88　为"姓名"字段创建索引

（8）创建关系。选择数据库工具，单击"关系"按钮。在弹出的对话框中选择"学生基本情况表"和"班级表"，单击"添加"按钮。

在弹出的"编辑"关系界面中拖动"班级表"中的"班级编号"字段到"学生基本情况表"的"班级编号"字段上，这时弹出如图 9-89 所示的"编辑关系"对话框。

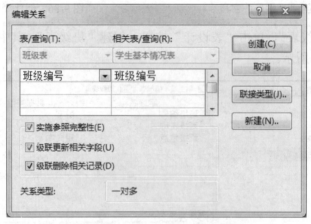

图 9-89　"编辑关系"对话框

对学生表与成绩表中相关联的字段进行设置，设置完成之后单击"创建"按钮。

（9）在"学生基本情况表"中添加数据。在导航窗口中双击"班级表"，参照表 9-9 中的数据，输入到"班级表"中，班级表中数据如图 9-90 所示。

图 9-90　班级表中数据

重复此步骤，向"学生基本情况表"中输入数据，如图 9-91 所示。

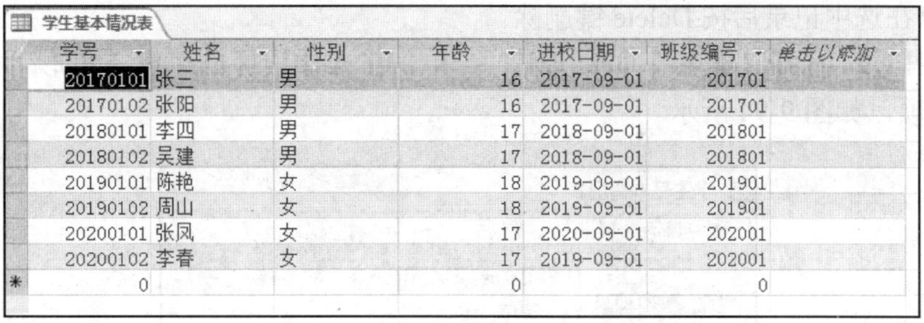

图 9-91　"学生基本情况表"中的数据

　　注意"学生基本情况表"与"班级表"是一对多关系，有外键约束，所以一定要先输入"班级表"中数据；否则会违返参照完整性规则。

　　（10）为修改表结构，进入"学生基本情况表"设计视图，添加"辅导员"字段，如图 9-92 所示。

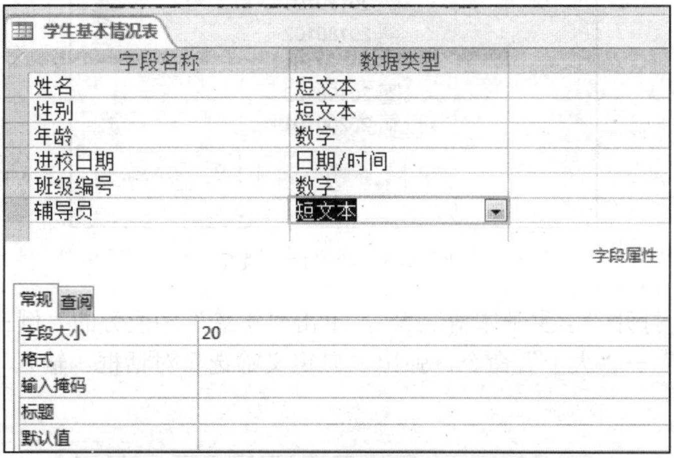

图 9-92　添加"辅导员"字段

　　（11）为删除记录，右击"学生基本情况表中"姓名为"李春"的记录。弹出快捷菜单。选择"删除记录"命令，如图 9-93 所示。

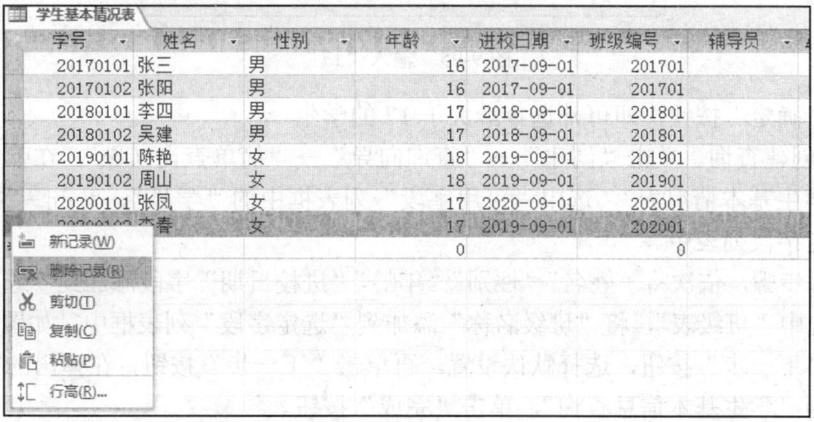

图 9-93　"删除记录"命令

也可以在选中记录后按 Delete 键删除。

（12）排序。打开"学生基本情况表"，单击学号字段旁的"倒三角形"按钮。选择"升序"选项，如图 9-94 所示。

图 9-94　"升序"选项

（13）筛选。打开"学生基本情况表"，单击"年龄"字段旁的"倒三角形"按钮。选择"数字筛选器"→"大于"命令，弹出"自定义筛选"对话框。输入"17"，如图 9-95 所示。

图 9-95　输入"17"

单击"确定"按钮，即可筛选年龄大于 17 的学生。

（14）创建查询。单击"创建"→"查询向导"→"简单查询向导"，在弹出的对话框中选择"学生基本情况表"，选中"可用字段"列表框中的"学号"。单击 > 按钮，将其添加到选定字段列表中。

重复此步骤，依次将"姓名""性别""年龄""进校日期"字段添加到"选定字段"列表框中。选中"班级表"，将"班级名称"添加到"选定字段"列表框中，如图 9-96 所示。

单击"下一步"按钮，选择默认设置。再单击"下一步"按钮，在弹出的窗口中输入查询名称为"学生基本信息查询"，单击"完成"按钮。

此时就完成了"学生基本信息查询"的创建，双击"学生基本信息查询"选项，查询结果如图 9-97 所示。

图 9-96　将"班级名称"添加到"选定字段"列表框中

图 9-97　查询结果

9.3.5　技能训练

创建一个"员工管理"数据库并完成以下设置。

（1）创建"部门表"，其中包括"部门编号"（自动编号）和"部门名称"（文本、长度为 50）两个字段；创建"员工表"，其中包括"员工编号"（整型）"姓名"（文本、长度为 20）"性别"（文本、长度为 2）"年龄"（整型）"入职日期"（日期/时间）"部门编号"字段。

（2）设置"员工表"中的"员工编号"字段为主键，其验证规则为以"20"开头的 6 位数字。

（3）设置"员工表"中的"年龄"字段的验证规则为年龄大于等于 20 并且小于等于 35。

（4）设置"员工表"中的"性别"字段的验证规则为"男"或"女"，出错提示信息（验证文本）为"必须输入'男'或'女'"。

（5）设置部门表中的"部门编号"字段为主键，其验证规则为以"10"开头的 4 位数字。

（6）为"员工表"中的"姓名"字段建立名为"Idx_姓名"的索引。

（7）设置"员工表"和"部门表"之间的关系。

（8）分别为"员工表"和"部门表"插入部分自拟数据。

（9）修改"员工表"结构，增加一个"职务编号"字段，类型为整型。

（10）删除"员工表"中"姓名"为"张三"的员工。

（11）将"员工表"中的数据按"员工编号"降序排序。

（12）筛选员工年龄大于等于 25 岁的学生。

（13）创建一个名为"员工基本信息查询"的查询，显示的信息为员工编号、姓名、性别、年龄、入职日期、部门名称。

✡ 任务 9.4　SQL 语句的使用 ✡

9.4.1　学习要点

学习要点如下。

◆ Select 语句的使用。

◆ Insert 语句的使用。

◆ Update 语句的使用。

◆ Delete 语句的使用。

9.4.2　知识准备

9.4.2.1　SQL 概述

SQL 前身是著名关系数据库管理系统原型（RDBMS）System R 所采用的 SEQUEL 语言。作为一种访问关系型数据库的标准语言，SQL 自问世以来得到了广泛的应用。不仅是著名的大型商用数据库产品 Oracle、DB2、Sybase、SQL Server 支持它，很多开源的数据库产品，如 PostgreSQL、MySQL 也支持它。甚至得到一些小型数据库产品的支持产品，如 Access。近些年蓬勃发展的 NoSQL 系统最初宣称不再需要 SQL，后来也不得不将 No SQL 修正为 Not Only SQL，支持基本的 SQL 功能。

蓝色巨人 IBM 对关系数据库及 SQL 语言的形成和规范化产生了重大的影响，第 1 个版本的 SQL 标准 SQL 86 就是基于 System R 系统的。Oracle 在 1979 年率先推出了支持 SQL 的商用产品，随着数据库技术和应用的发展，为不同 RDBMS 提供一致的语言成为一种现实的需要。

对 SQL 标准影响最大的机构是著名的数据库产品制造商，而具体的制定者则是一些非营利机构，如国际标准化组织 ISO、美国国家标准委员会 ANSI 等。各国通常会按照 ISO 和 ANSI 标准制定自己的国家标准。

SQL 发展的简要历史如下。

（1）1986 年，ANSI X3.135-1986，ISO/IEC 9075:1986，SQL-86。

（2）1989 年，ANSI X3.135-1989，ISO/IEC 9075:1989，SQL-89。

（3）1992 年，ANSI X3.135-1992，ISO/IEC 9075:1992，SQL-92（SQL2）。

（4）1999 年，ISO/IEC 9075:1999，SQL:1999（SQL3）。

（5）2003 年，ISO/IEC 9075:2003，SQL:2003。

（6）2008 年，ISO/IEC 9075:2008，SQL:2008。

（7）2011 年，ISO/IEC 9075:2011，SQL:2011。

9.4.2.2　Select 语句

1．基本语法

Select 语句主要用来查询数据，其基本语法格式如下。

```
SELECT [ALL | DISTINCT] <select_list> FROM {<table_source>} [,…n] WHERE
<search_condition>
```

参数说明如下。

（1）[ALL | DISTINCT]：默认为 ALL，代表全部。

（2）DISTINCT：去除重复记录。

（3）<select_list>：查询的字段列表，所有字段用*代替。

（4）{<table_source>} [,…n]：要查询的表名，多个表用"，"隔开。

（5）<search_condition>：查询的条件。

例如，查询"Northwind"数据库中"产品"表中的产品代码、产品名称、标准成本、列出价格等信息，该表中的数据如图 9-98 所示。 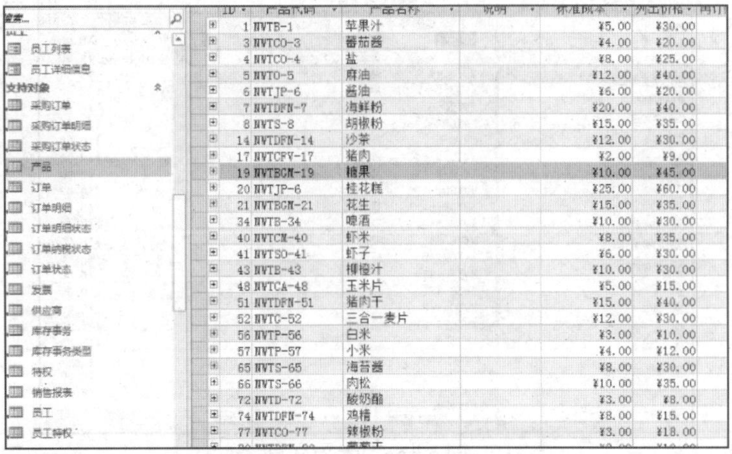

图 9-98　"产品"表中的数据

操作步骤如下。

（1）打开"Northwind"数据库。

（2）选择"创建"→"查询设计"命令，在弹出的"显示表"对话框中单击"关闭"按钮。

选择"设计"→"SQL 视图"命令，输入 SQL 语句，如图 9-99 所示。

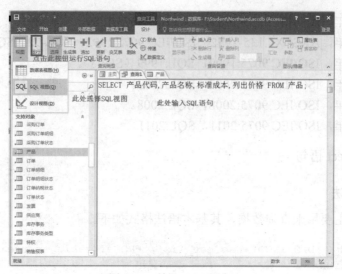

图 9-99　输入 SQL 语句

（3）输入如下 SQL 语句：

SELECT 产品代码,产品名称,标准成本,列出价格 FROM 产品;

（4）单击"运行"按钮，查询结果如图 9-100 所示。

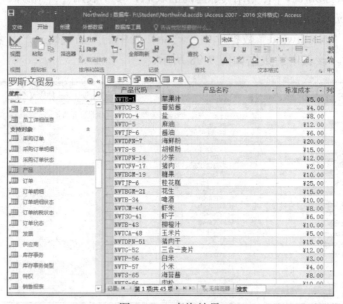

图 9-100　查询结果

2．WHERE 子句

WHERE 子句用来在查询中限制显示记录的条件，它实际上是一个表达式，如何构造表达式检索满足条件的记录是关键问题。表达式是由运算符、常量、函数等若干部分组成的有意义的算式，单个常量、数值、字段或函数可以看成是表达式的特例。

9.4.2.3　运算符及特殊符号

在 Access 2016 中，根据运算符的性质可分为算术、比较和逻辑运算符；另外还有一些在表达式中起特殊作用的符号，如字符串运算符、通配符和定界符等，一个表达式可以包含不同的运算符。

（1）算术运算符。

算术运算符主要用来执行数学运算，返回的结果是与之对应的数字，如表 9-10 所示。

表 9-10　算术运算符

运 算 符	功　　能	范　　例	结　　果
+	两个运算相加	2+3	5
−	两个运算相减	Date()−30（Date()为 2020/05/22）	2020/04/22
×	两个运算相乘	8*4	32
/	一个运算被另一个运算除	17/2	10.5
\	整数除法（结果只含整数，没有小数）	17\2	8
Mod	返回被整除后的余数	17 Mod 2	1
^	指数	10^2	100

（2）字符串运算符。

字符串运算符主要用于连接两个字符串，其运算符是&和＋，返回的结果是字符串。

● &用来强制两个表达式作为一个字符串连接。

例如，"Hello"&"World"结果为"HelloWorld"；"Cheek"&48&"abce"结果为"Cheek48abce"，运算符将数值 48 强制转换成字符串"48"，然后连接。

● ＋连接两个字符串，要求两端的类型必须一致。

例如，"Hello"＋"World"的结果为"HelloWorld"，此种情况与&运算符的功能相同，而"Cheek"＋48＋"abce"，系统会给出出错信息"类型不匹配"。为了避免与算术运算符"＋"号混淆，一般用"&"号进行两个字符串的连接，而尽量不使用"＋"号。

（3）比较运算符。

比较运算符主要用来执行大、小、等于和不等于的比较，返回的结果是布尔类型的值（True 或 False，−1 或 0），如表 9-11 所示。

表 9-11　比较运算符

运 算 符	功　　能	范　　例	含　　义
=	等于	="张三"	等于"张三"
<	小小	<80	小于 80
>	大于	>50	大于 50
<=	小于等于	<=93	小于等于 93
>=	大于等于	>=43	大于等于 43
<>	不等于	<>"男"	不等于"男"

（4）逻辑运算符。

逻辑运算符主要用来执行与、或、非的判断，返回的结果是布尔类型的值（True 或 False，−1 或 0），如表 9-12 所示。

表 9-12　逻辑运算符

运 算 符	功　　能	范　　例	含　　义
And	逻辑与	"党员" And "女"	是女生党员
Or	逻辑或	"党员" Or "女"	是党员或女生
Not	逻辑非	Not "党员"	非党员

（5）其他运算符。

其他运算符如表 9-13 所示。

表 9-13　其他运算符

运 算 符	功　　能	范　　例	含　　义
Between	判断一个值是否在一个指定值范围中	Between 1 And 10	1～10 之间（包含 1 和 10）
In	判断一个值是否在集合中	In（"党员"，"女"）	是党员或女生
Is	与 Null 一起使用，判断一个值是 Null 或 Not Null	Is Null Is Not Null	判断该值是否为空 判断该值是否不为空
Like	判断一个字符串是否进行模糊匹配，需要与通配符 "*" 或 "?" 配合使用	Like "b*" Like "2018????"	以 b 开头的字符串 以 2018 开头且后 4 位任意的字符串

说明如下。

● Between…And…。

指定值的范围在…到…之间，如在 "Northwind" 数据库中查询 "产品" 表中 "标准成本" 在 15～20 之间的产品，可以设定条件为：

标准成本 Between 15 And 20

该条件与以下语句等价：

标准成本≥15 And 标准成本≤20

完整的查询语句如下。

```
SELECT * FROM 产品 WHERE 标准成本 Between 15 And 20
```

查询结果如图 9-101 所示。

图 9-101　查询结果

- In。

指定值属于列表中所列出的值，如在"Northwind"数据库中查询"产品"表中"产品名称"为"苹果汁""蕃茄酱""桂花糕"的产品，可以设定条件如下。

```
产品名称 IN ("苹果汁","蕃茄酱","桂花糕")
```

该条件与以下语句等价。

```
产品名称 ="苹果汁" OR 产品名称="蕃茄酱" OR 产品名称="桂花糕"
```

完整的查询语句如下。

```
SELECT * FROM 产品 WHERE 产品名称 IN ("苹果汁","蕃茄酱","桂花糕")
```

查询结果如图 9-102 所示。

供应商 ID	ID	产品代码	产品名称	说明	标准成本
为全	1	NWTB-1	苹果汁		¥5.00
金美	3	NWTCO-3	蕃茄酱		¥4.00
康富食品，德昌	20	NWTJP-6	桂花糕		¥25.00
*	####				¥0.00

图 9-102　查询结果

- Is。

指定所在字段中是否包含数据，Is Null 表示查找该字段中没有数据的记录；Is Not Null 表示查找该字段中有数据的记录。

- Like。

查找相匹配的文字，用通配符来设定文字的匹配条件。其中"？"代表任意一个字符，"*"代表任意连续字符，"#"代表任意一个数字位，[0-9]代表数字位，[a-z]代表字母位。

例如，在"Northwind"数据库中查询"产品"表中"产品名称"以"片"结尾的产品，可以设定条件如下。

```
产品名称 LIKE "*片"
```

完整的查询语句如下。

```
SELECT * FROM 产品 WHERE 产品名称 LIKE "*片"
```

查询结果如图 9-103 所示。

供应商 ID	ID	产品代码	产品名称	说明	标准成本
金美	48	NWTCA-48	玉米片		¥5.00
佳佳乐	52	NWTG-52	三合一麦片		¥12.00
佳佳乐	82	NWTC-82	麦片		¥1.00
菊花	83	NWTCS-83	土豆片		¥0.50

图 9-103　查询结果

再如，在"Northwind"数据库中查询"产品"表中"产品名称"以"片"结尾的产品，并且长度为 3，可以设定条件如下。

```
产品名称  LIKE  "？？片"
```

完整的查询语句如下。

```
SELECT * FROM 产品 WHERE 产品名称  LIKE  "？？片"
```

查询结果如图 9-104 所示。

供应商 ID	▾	ID	▾	产品代码	▾	产品名称	▾	说明	▾	标准成本
金姜	▾		48	NWTCA-48		玉米片				¥5
菊花			83	NWTCS-83		土豆片				¥0
*		(新建)								¥0

图 9-104　查询结果

9.4.2.4　常用函数

1. 数值函数。

（1）绝对值函数。
- 格式：ABS(<数值表达式>)。
- 功能：求数值表达式值的绝对值。
- 举例：ABS(-7)返回 7。

（2）取整函数。
- 格式：INT(<数值表达式>)。
- 功能：取数值表达式值的整数部分值。
- 举例：INT(7.5)返回 7。

2. 字符函数

（1）空字符串函数。
- 格式：SPACE(<数值表达式>)。
- 功能：返回由数值表达式的值确定的空格个数组成的字符串。
- 举例：SPACE(8)返回 8 个空格。

（2）截取左子串函数。
- 格式：LEFT(<字符串表达式>，<数值表达式>)。
- 功能：从字符型表达式左边的第 1 个字符开始截取子串。

若数值型表达式的值大于 0 且小于等于字符串的长度，则子串的长度与数值型表达式值相同。例如，LEFT（"我是中国人"，2)返回"我是"。

若数值型表达式的值大于字符串的长度，则给出整个字符串。例如，LEFT（"我是中国人"，8)返回"我是中国人"。

若数值型的表达式小于或等于 0，则给出一个空字符串。

（3）截取右子串函数。
- 格式：RIGHT(<字符串表达式>，<数值表达式>)。
- 功能：从字符串表达式的最右端的第 1 个字符开始，截取数值表达式值对应数量的字符。

- 举例：RIGHT("我是中国人"，3)返回"中国人"。

（4）测试字符串长度函数。

- 格式：LEN(<字符串表达式>)。
- 功能：返回字符串表达式的字符个数。
- 举例：LEN("我是中国人")返回"5"。

（5）删除前导和尾随空格函数。

格式及功能如下。

- LTRIM(<字符串表达式>)，删除字符串表达式的前导空格。
- RTRIM(<字符串表达式>)，删除字符串表达式的尾随空格。
- TRIM(<字符串表达式>)，删除字符串表达式的前导和尾随空格。

举例如下。

- LEN(SPACE(3)+ " 我是中国人 " +SPACE(3))返回"11"。
- LEN(LTRIM(SPACE(3)+ " 我是中国人 " +SPACE(3)))返回"8"。
- LEN(RTRIM(SPACE(3)+ " 我是中国人 " +SPACE(3)))返回"8"。
- LEN(TRIM(SPACE(3)+ " 我是中国人 " +SPACE(3)))返回"5"。

（6）截取子串函数。

- 格式：MID(<字符串表达式>，[<$n1$>,<$n2$>])。
- 功能：从字符串表达式的左端第 $n1$ 个字符开始截取 $n2$ 个字符作为返回的子字符串。
- 举例：MID("我是中国人"，3，2)返回"中国"。

3. 时间日期函数

（1）系统日期函数。

- 格式：DATE()。
- 功能：返回当前系统日期。
- 举例：DATE()返回"2020-05-22"。

（2）系统时间函数。

- 格式：TIME()。
- 功能：返回当前系统时间。
- 举例：TIME()返回"14:30:30"。

（3）年函数。

- 格式：YEAR(<日期表达式>)。
- 功能：返回年的 4 位整数。
- 举例：YEAR(DATE())返回"2020"。

（4）月函数。

- 格式：MONTH(<日期表达式>)。
- 功能：返回 1～12 之间的整数，表示一年的某月。
- 举例：MONTH(DATE())返回"5"。

（5）日函数。

- 格式：DAY(<日期表达式>)。
- 功能：返回值为 1～31 之间的整数，表示日期中的某一天。
- 举例：DAY(DATE())返回"22"。

（6）系统日期和时间函数。

- 格式：NOW()。
- 功能：返回当前机器系统的日期和时间。
- 举例：NOW()返回"2020-05-22 14:31:22"。

4. 统计函数

（1）求和函数。

- 格式：SUM (<数值型表达式>)。
- 功能：返回字段中值的总和。
- 举例：对"Northwind"数据库中"产品"表中"目标水平"求和的 SQL 语句如下。

```
SELECT SUM(目标水平) AS 目标水平求和 FROM 产品
```

（2）求平均函数。

- 格式：AVG(<数值型表达式>)。
- 功能：求数值类型字段的平均值。
- 举例：对"Northwind"数据库中"产品"表中"目标水平"求平均的 SQL 语句如下。

```
SELECT AVG(目标水平) AS 目标水平求平均 FROM 产品
```

（3）统计记录个数函数。

- 格式：COUNT(<字符串表达式>)。
- 功能：统计记录个数。
- 说明：字符串表达式可以是一个字段名（数值类型），或者含有数值型字段的表达式。当用格式 COUNT(*)时，将统计所有记录的个数，包括 Null 值字段的记录。
- 举例：统计"Northwind"数据库中"产品"表中记录条数的 SQL 语句如下。

```
SELECT COUNT(产品名称) AS 记录数 FROM 产品
```

（4）求最大和最小值函数。

- 格式：MAX(<字符串表达式>)。

  MIN(<字符串表达式>)。
- 功能：返回一组指定字段中的最大和最小值。
- 说明：字符串表达式可以是一个字段名（数字类型），或者含有数字型字段的表达式。
- 举例：查询"Northwind"数据库中"产品"表中"目标水平"最大值或最小值的 SQL 语句如下。

```
SELECT MAX(目标水平) AS 目标水平最大值 FROM 产品
SELECT MIN(目标水平) AS 目标水平最小值 FROM 产品
```

9.4.2.5 使用举例

打开“Northwind”数据库，完成以下查询。

（1）在“员工”表中查询职务为“销售经理”记录，SQL 语句如下。

```
SELECT * FROM 员工 WHERE 职务="销售经理"
```

查询结果如图 9-105 所示。

主页 | 查询1 | 采购订单 | 供应商 | 员工 | 订单

	ID	公司	姓氏	名字	电子邮件地址	职务	业务电话	住宅
	5	罗斯文贸易	赵	军	steven@northwindtra	销售经理	(010) 12365	(010
*	（新建）							

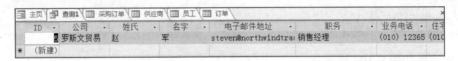

图 9-105　查询结果

（2）在“员工”表中查询“电子邮件地址”第 2 个字母是 a 的所有记录，SQL 语句如下。

```
SELECT * FROM 员工 WHERE 电子邮箱地址 LIKE "?a*"
```

查询结果如图 9-106 所示。

主页 | 查询1 | 采购订单 | 供应商 | 员工 | 订单

ID	公司	姓氏	名字	电子邮件地址	职务
1	罗斯文贸易	张	颖	nancy@northwindtrad	销售代表
3	罗斯文贸易	李	芳	jan@northwindtraders	销售代表
4	罗斯文贸易	郑	建杰	mariya@northwindtra	销售代表
8	罗斯文贸易	刘	英玫	laura@northwindtrade	销售协调

图 9-106　查询结果

（3）在“订单”表中查询发货城市为“南京”并且发货日期为 2006 年 1 月的记录，SQL 语句如下。

```
SELECT * FROM 订单 WHERE (发货城市="南京") AND (MONTH(发货日期)=1 AND YEAR(发货日期)=2006)
```

查询结果如图 9-107 所示。

订单	员工	客户	订单日期	发货日期	运货商
30	张 雪眉	文成	2006-01-15	2006-01-22	一包裹
31	李 芳	国顶有限公司	2006-01-20	2006-01-22	急速快递
33	孙 林	迈多贸易	2006-01-30	2006-01-31	联邦货运

图 9-107　查询结果

9.4.2.6 Group By、Having、Order By 子句

Group By 子句是用来进行分组查询的，要与聚合函数搭配使用。例如，统计“Northwind”数据库中“采购订单表”中每个供应商供货的次数可以使用 Group By 子句来完成，SQL

语句如下。

```
SELECT [供应商 ID],count([供应商 ID]) AS 数量
FROM 采购订单
Group By [供应商 ID]
```

查询结果如图 9-108 所示。

Having 子句用来在分组时控制条件，要与 Group By 搭配使用。例如，统计 "Northwind" 数据库中采购订单表中供应商供货次数大于等于 3 的记录，SQL 语句如下。

```
SELECT [供应商 ID],count([供应商 ID]) AS 数量
FROM 采购订单
Group By [供应商 ID]
Having count([供应商 ID])>=3
```

查询结果如图 9-109 所示。

图 9-108　查询结果　　　　　　图 9-109　查询结果

Order By 子句用来排序查询结果，ASC 代表升序，DESC 代表降序。例如，统计 "Northwind" 数据库中 "采购订单" 表中每个供应商供货的次数并按统计次数降序排列，SQL 语句如下。

```
SELECT [供应商 ID],count([供应商 ID]) AS 数量
FROM 采购订单
Group By [供应商 ID]
Order By count([供应商 ID]) DESC
```

9.4.2.7　子查询

子查询将复杂查询分解为一些有关列的逻辑步骤，结果基于其他查询结果，常见的用法是将其作为一个派生表或作为表达式。

1. 使用子查询作为派生表

（1）在查询中作为一个结果集以表的形式体现。

（2）在 FROM 子句中作为一个表出现。

（3）和查询的其他部分一起优化。

例如，将 "Northwind" 数据库中 "员工" 表的姓氏和名字组合成一个字段进行查询，

SQL 语句如下。

```
SELECT * FROM (SELECT 姓氏+" "+名字 as 姓名 FROM 员工)
```

查询结果如图 9-110 所示。

图 9-110　查询结果

2. 使用子查询作为表达式

（1）子查询被作为一个值或表达式处理。

（2）在查询中执行一次。

例如，打开"Northwind"数据库。计算"订单"表中订单日期与发货日期的间隔天数和平均间隔天数，并显示订单日期、发货日期、间隔天数和平均间隔天数，SQL 语句如下。

```
SELECT 订单日期,发货日期,发货日期-订单日期 as 间隔天数,
(SELECT AVG(发货日期-订单日期) from 订单) as 平均间隔天数
FROM 订单
```

查询结果如图 9-111 所示。

订单日期	发货日期	间隔天数	平均间隔天数
2006-01-15	2006-01-22	7	.897435897435897
2006-01-20	2006-01-22	2	.897435897435897
2006-01-22	2006-01-22	0	.897435897435897
2006-01-30	2006-01-31	1	.897435897435897
2006-02-06	2006-02-07	1	.897435897435897
2006-02-10	2006-02-12	2	.897435897435897
2006-02-23	2006-02-25	2	.897435897435897
2006-03-06	2006-03-09	3	.897435897435897
2006-03-10	2006-03-11	1	.897435897435897
2006-03-22	2006-03-24	2	.897435897435897
2006-03-24	2006-03-24	0	.897435897435897
2006-03-24			.897435897435897
2006-03-24	2006-04-07	14	.897435897435897
2006-03-24			.897435897435897
2006-03-24			.897435897435897
2006-04-07	2006-04-07	0	.897435897435897
2006-04-05	2006-04-05	0	.897435897435897
2006-04-08	2006-04-08	0	.897435897435897
2006-04-05	2006-04-05	0	.897435897435897

图 9-111　查询结果

9.4.2.7　Create、Insert、Update、Delete 语句

1．Create 语句

Create 语句主要用来创建表、索引等对象。

（1）创建表。

基本语法如下。

```
Create [TEMPORARY] TABLE table (field1 type [(size)] [NOT NULL] [WITH
COMPRESSION | WITH COMP] [index1] [, field2 type [(size)] [NOT NULL] [index2]
[, ...]] [, CONSTRAINT multifieldindex [, ...]])
```

参数说明如表 9-14 所示。

表 9-14　参数说明

参　　数	说　　明
table	要创建的表名称
field1, field2	字段或要在新表中创建的字段的名称，必须至少创建一个字段
type	新表中字段的数据类型
size	以字符数为单位的字段大小（仅限于文本字段和二进制字段）
index1, index2	定义单字段索引的 CONSTRAINT 子句
multifieldindex	定义多字段索引的 CONSTRAINT 子句

例如，创建的 student 表包含 "sno"（学号，整型）、"sname"（姓名，文本），SQL 语句如下。

```
Create table student(sno int primary key,sname text(20))
```

（2）创建索引。

基本语法如下。

```
Create [ UNIQUE ] INDEX index
ON table (field [ASC|DESC][, field [ASC|DESC], ...])
[WITH { PRIMARY | DISALLOW NULL | IGNORE NULL }]
```

参数说明如表 9-15 所示。

表 9-15　参数说明

参　　数	说　　明
index	要创建的索引名称
table	将包含索引的现有表的名称
field	要建立索引的字段名称，要创建单字段索引，在表名称后的括号中列出字段名称；要创建多字段索引，列出要包含在索引中的每个字段的名称。创建降序索引使用 DESC 保留字，否则假定索引为升序

例如，为 "student" 表的姓名创建索引，SQL 语句如下。

```
create index idx_sname on student(sname desc)
```

2．Insert 语句

Insert 语句主要用来在表中插入单条或多条记录，称为"追加查询"。

（1）多条记录追加查询的语法如下。

```
Insert INTO target [(field1[, field2[, ...]])] [IN externaldatabase]
SELECT [source.] field1[, field2[, ...]
FROM tableexpression
```

（2）单条记录追加查询的语法如下。

```
Insert INTO target [(field1[, field2[, ...]])]
VALUES (value1[, value2[, ...]])
```

参数说明如表 9-16 所示。

表 9-16　参数说明

参　　数	说　　明
target	要追加记录的表或查询的名称
field1, field2	如果后跟一个 *target* 参数，则为要追加数据的字段的名称；如果后跟一个 *source* 参数，则为要从中获取数据的字段的名称
externaldatabase	外部数据库的路径，有关路径的说明参阅 IN 子句
source	要从中复制记录的表或查询的名称
tableexpression	从中插入记录的一个或多个表的名称，此参数可以是一个表名，也可以是由 INNER JOIN、LEFT JOIN 或 RIGHT JOIN 操作产生的复合参数，还可以是保存的查询
value1，value2	要插入新记录的特定字段中的值，各值均插入与该值在列表中的位置相对应的字段。其中 *value1* 插入新记录的 *field1* 中，*value2* 插入 *field2* 中，依此类推。需使用逗号隔开各值，并将文本字段放在引号（''）中

可以使用 Insert INTO 语句在使用单记录追加查询语法的表中添加一条记录，此时代码指定记录各字段的名称和值。必须指定要分配值的记录的各个字段，以及该字段的值；否则为缺少的列插入默认值或 NULL，记录添加到表末。

还可以使用 Insert INTO 语句通过 SELECT … FROM 子句追加另一个表或查询中的一组记录，如上文中的多记录追加查询语法所示。在这种情况下，SELECT 子句指定要追加到 *target* 表的字段。

source 或 *target* 可以指定一个表或一个查询，如果指定的是查询，则 Access 数据库引擎将记录追加到该查询指定的任一个表或所有表中。

可以选择是否使用 Insert INTO，如果使用，需位于 SELECT 语句之前。

如果目标表中包含主键，则确保向一个或多个主键字段追加非 NULL 的唯一值；否则 Access 数据库引擎不会追加记录。

如果向包含 AutoNumber 字段的表中追加记录，并需要为追加的记录重新编号，则不要在查询中包含 AutoNumber 字段；如果要获取 AutoNumber 字段中的原始值，则在查询中包含该字段。

使用 IN 子句将记录追加到另一个数据库的表中。

要创建新表，则使用 SELECT…INTO 语句，而不是创建一个表查询。

若要在运行追加查询前找出将追加的记录，则首先执行并查看使用相同选择条件的查询结果。

追加查询将记录从一个或多个表复制到另一个表，包含追加的记录的表不受该追加查询的影响。

可以使用 Values 子句为一个新记录中的各字段指定值，而不是从另一个表追加现有的记录。如果省略字段列表，Values 子句则必须为表中的每一个字段指定一个值；否则 INSERT 操作将失败。为要创建的每一条额外的记录分别再使用一个含 Values 子句的 INSERT INTO 语句，如在"student"表中插入一条记录的语句如下。

```
insert into student(sno,sname) values("20180101","张三")
```

3. Update 语句

Update 语句用来创建一个更新查询，即基于指定条件在指定表中更改字段中的值，其语法如下。

```
Update 表名 SET 字段名=新值[,字段名=新值][,字段名=新值][,...] WHERE 条件
```

Update 语句不生成结果集，使用更新查询更新记录后则无法撤消此操作。如果要知道已更新的记录，首先检查使用相同条件的选择查询的结果。然后运行更新查询，随时维护数据的备份副本。如果更新了错误的记录，可以从备份副本检索它们。

例如，将"student"表中学号为"20180101"的姓名改为"李四"的语句如下。

```
UPDATE student sname="李四" where sno="20180101"
```

4. Delete 语句

Delete 语句用来创建一个删除查询，从 FROM 子句列出的一个或多个表中删除满足 WHERE 子句的记录，其语法如下。

```
Delete FROM 表名  WHERE 条件
```

（1）删除多条记录时 Delete 语句非常有用。

（2）要从数据库中删除整个表，可以使用带有 Drop 语句的 Execute 方法。如果删除表，则会丢失结构；相反，使用 Delete 语句只会删除数据，而表结构和所有表属性（如字段属性和索引）保持不变。

（3）使用删除查询删除记录后，无法撤消该操作。如果要知道删除的记录，则首先检查使用相同条件的选择查询的结果，然后运行删除查询。随时维护数据的备份副本，如果错误地删除了记录，可以从备份副本检索它们。

（4）可以使用 Delete 语句从与其他具有一对多关系的表中删除记录，级联删除操作会导致在查询中删除关系一端的相应记录时删除表中关系多端的记录。例如，在"学生表"和"成绩表"之间的关系中"学生表"在关系的一端，"成绩表"在关系的多端。如果指定了级联删除选项，则从"学生表"中删除记录会导致删除"成绩表"中相应的成绩记录。

（5）删除查询删除整个记录，而不仅仅是特定字段中的数据。如果要删除特定字段的值，可创建更新查询将值更改为"Null"。

例如，删除学生表中学号为"20180101"学生记录的 SQL 语句如下。

```
delete from student where sno=" 20180101 "
```

9.4.3　任务要求

任务要求如下。

（1）启动 Access 2016。

（2）打开"学生管理"数据库。

（3）使用 Create 语句创建一个"辅导员表"，其中包括"辅导员编号"（自动编号、主键）、"辅导员姓名"（文本、长度 20）两个字段。

（4）使用 Insert 语句在"辅导员表"中插入"陈华""李进"两条记录。

（5）使用 Update 语句更新"学生基本情况表"的"辅导员"字段，条件是 17 级和 18 级的辅导员是陈华，19 级和 20 级是李进。

（6）使用 Delete 语句删除"学生基本情况表"中"姓名"为"周山"的记录。

（7）使用 Select 语句查询"学生基本情况表"中"进校时间"大于等于 2 年且姓张的记录。

（8）使用 Create 语句为"辅导员表"中的"姓名"字段建立名为"Idx_姓名"的索引。

（9）使用 Group By 语句统计每个班的学生人数，要求学生人数要大于等于 2 并按学生人数的降序排列。

9.4.4　实现过程

实现过程如下。

（1）启动 Access 2016。

（2）打开"学生管理"数据库。

（3）创建"辅导员表"。单击"创建"→"查询设计"按钮，在弹出的"显示表"对话框中单击"关闭"按钮。单击工具栏中的"SQL 视图"，输入如下 SQL 语句。

```
Create Table 辅导员表(
    辅导员编号 autoincrement(1,1) primary key,
    辅导员姓名 text(20))
```

（4）单击"运行"按钮创建"辅导员表"。

（5）插入记录，在"SQL 视图"中输入如下 SQL 语句。

```
Insert Into 辅导员表(辅导员姓名) Values("陈华")
Insert Into 辅导员表(辅导员姓名) Values("李进")
```

（6）单击"运行"按钮，在"辅导员表"中插入两条记录。

（7）修改记录，在"SQL 视图"中输入如下语句。

```
Update 学生基本情况表 Set 辅导员="陈华"
Where 班级编号 Between 201701 And 201801
```

```
Update 学生基本情况表 Set 辅导员="李进"
Where 班级编号 Between 201901 And 202001
```

（8）单击"运行"按钮即可修改"学生基本情况表"中的"辅导员"字段。

（9）删除记录，在"SQL 视图"中输入如下语句。

```
Delete From 学生基本情况表   Where 姓名="周山"
```

（10）单击"运行"按钮删除"学生基本情况表"中"姓名"为"周山"的记录。

（11）查询记录，在"SQL 视图"中输入如下语句。

```
Select * From 学生基本情况表
Where Year(Now())-Year(进校日期)>=2 And 姓名 like "张*"
```

（12）单击"运行"按钮查询"学生基本情况表"中"进校日期"大于等于 2 年且姓张的记录。

（13）创建索引，在"SQL 视图"中输入如下语句。

```
Create Index Idx_姓名 On 辅导员表(辅导员姓名)
```

（14）单击"运行"按钮"为辅导员表"中的"姓名"字段建立名为"Idx_姓名"的索引。

（15）分组统计，在"SQL 视图"中输入如下语句。

```
Select 班级编号,Count(班级编号) As 人数 From 学生基本情况表
Group by 班级编号
Having Count(班级编号)>=2
Order By Count(班级编号) Desc
```

（16）单击"运行"按钮即可统计每个班的学生人数。

9.4.5 技能训练

技能训练如下。

（1）启动 Access 2016。

（2）打开"员工管理"数据库。

（3）使用 Create 语句创建一个"职务表"，其中包括"职务编号"（自动编号、主键）、"职务名称"（文本、长度20）两个字段。

（4）使用 Insert 语句在"职务表"中插入"部门经理""普通员工"两条记录。

（5）使用 Update 语句更新"职务表"中的"职务编号"字段，更新条件是张三、李四的职务是部门经理，其余为普通员工。

（6）使用 Delete 语句删除"职务表"中姓名为"李四"的记录。

（7）使用 Select 语句查询"职务表"中入职日期大于等于 3 年且姓张的记录。

（8）使用 Create 语句为"职务表"中的"职务名称"字段建立名为"Idx_职务名称"的索引。

（9）使用 Group By 语句统计每个部门的人数，要求部门人数要大于等于 2 并按人数降序排列。

☆任务 9.5　应用 HTML 与 CSS☆

9.5.1　任务要点

任务要点如下。
- 启动与退出 Dreamweaver CS6。
- 应用 HTML（Hyper Text Markup Language，超文本标记语言）标签。
- 应用 CSS（Cascading Style Sheets，层叠样式表）。

9.5.2　知识准备

9.5.2.1　网站与网页的基本概念

1．网站（Website）

网站是指在互联网上根据一定的规则，使用 HTML 等工具制作并用于展示特定内容相关网页的集合。简单地说，网站是一种沟通工具。人们可以通过它发布需要公开的资讯或者提供相关的网络服务，也可以获取需要的信息或者享受网络服务。

网站是在互联网上拥有域名或地址并提供一定网络服务的主机，是存储文件的空间，以服务器为载体。人们可通过浏览器等访问、查找文件，也可通过远程文件传输（FTP）方式上传或下载网站文件。

2．网页

网页是构成网站的基本元素，是承载各种网站应用的平台。通俗地说，网站就是由网页组成的。如果一个网站只有域名和虚拟主机而没有任何网页，那么客户仍旧无法访问该网站。

网页是一个包含 HTML 标签的纯文本文件，可以存放在世界某个角落的某一台计算机中。它是万维网中的一"页"，是超文本标记语言格式（标准通用标记语言的一个应用，文件扩展名为".html"或".htm"）。网页通常用图像档来提供图画，并且要通过网页浏览器来阅读，常用的浏览器有微软公司的 IE（Internet Explorer）、Google 公司的 Chrome、Mozilla 公司的 Firefox 等。

9.5.2.2　网页开发工具 Dreamweaver CS6

Dreamweaver 是美国 Adobe 公司推出的一款专业的网页编辑软件，集网页制作和网站管理于一体。它提供了网页的可视化编辑和 HTML 代码编辑两种操作界面，能够有效地开发和维护基于 Web 标准的网站和应用程序，是网页制作者的首选。

启动 Dreamweaver 后，默认情况下将进入起始页。选择"文件"→"新建"→"HTML"命令，弹出"新建文档"对话框，如图 9-112 所示。

图 9-112 "新建文档"对话框

单击"创建"按钮，弹出 Dreamweaver CS6 主窗口，如图 9-113 所示。

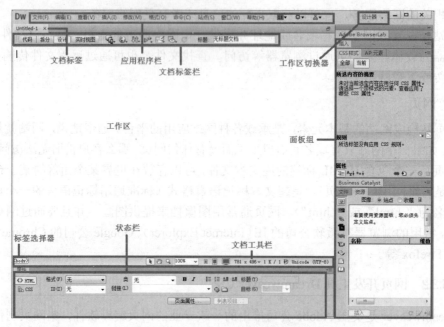

图 9-113 Dreamweaver CS6 主窗口

1. 应用程序栏

应用程序栏位于工作区顶部，左侧包括常用功能区和菜单栏，右侧包括工作区切换器和程序窗口控制按钮。

菜单栏集中了 Dreamweaver CS6 的操作命令，利用这些命令可以编辑网页、管理站点及设置操作界面等。要执行某个命令，可单击主菜单项打开其下拉菜单，然后选择相应的命令即可。

2．文档标签栏

文档标签栏如图 9-114 所示。

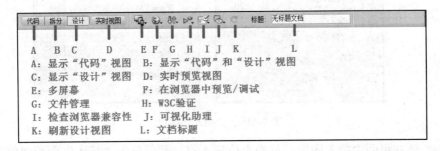

图 9-114　文档标签栏

该栏位于应用程序栏下方，左侧显示当前打开的所有网页文档的名称及其关闭按钮；右侧显示当前文档在本地磁盘中的保存路径，以及还原按钮；下方显示当前文档中包含的文档（如 CSS 文档）及链接文档。当用户打开多个网页时，通过单击文档标签可在各网页之间切换；另外，单击下方的包含文档或链接文档可打开相应文档。

3．文档工具栏

利用文档工具栏中左侧的按钮可以在文档的不同视图之间快速切换，该工具栏如图 9-115 所示。

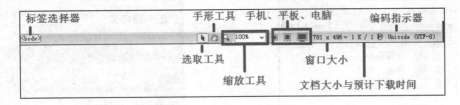

图 9-115　文档工具栏

其中还包含一些与查看文档、在本地和远程站点间传输文档相关的常用命令和选项。

4．状态栏

状态栏位于窗口底部，其中提供了与当前文档相关的一些信息。

5．"插入"面板

"插入"面板包含用于创建和插入对象（如表格、图像和链接）的按钮，这些按钮按类别组织，默认为"常用"类别。也可以单击其右侧的下拉按钮，从弹出的下拉列表中选择其他类别。该面板如图 9-116 所示。

图 9-116　"插入"面板

　　例如，要在页面中插入图像。首先定位插入点，然后单击"插入"面板"常用"类别中的"图像"按钮。

6．"文件"和"CSS 样式"面板

　　"文件"面板用于管理站点中的所有文件和文件夹，包括素材文件和网页文件，如图 9-117 所示。

　　使用"CSS 样式"面板可以非常方便地新建、删除、编辑和应用样式，以及附加外部样式表等，如图 9-118 所示。

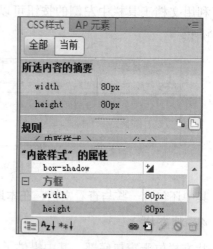

图 9-117　"文件"面板　　　　　　　　　图 9-118　"CSS 样式"面板

7．设置工作环境参数

　　利用"首选参数"对话框可以修改 Dreamweaver 的系统参数，选择菜单栏中的"编辑"→"首选参数"命令或按组合键"Ctrl+U"可打开该对话框，如图 9-119 所示。

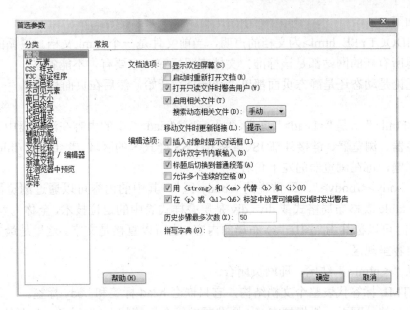

图 9-119   "首选参数"对话框

9.5.2.3　HTML 基础知识

HTML 是为网页创建和其他可在网页浏览器中看到的信息设计的一种标记语言,被用来结构化信息。例如,标题、段落和列表等,也可用来在一定程度上描述文档的外观和语义。

1. HTML 文档结构

打开 Dreamweaver CS6,新建一个 HTML 文件。切换到代码视图模式,可以看如图 9-120 所示的代码结构。

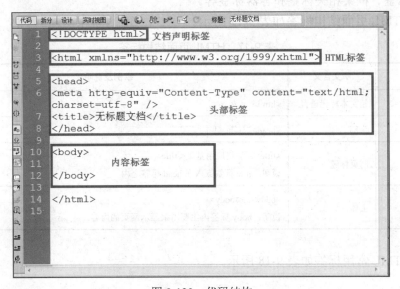

图 9-120   代码结构

说明如下。

（1）<!DOCTYPE html>为文档的声明，当前文件是一个 html 文档。遵循的是 html 5 标准，目前所有新的网站都是该标准。文档声明标签一定要有，不能省略。

（2）无论是动态还是静态页面都以"<html>"开始，然后在页面最后以"</html>"结尾。

（3）"<html>"后是"<head>"页头，"<head></head>"中的内容在浏览器中无法显示，这是给服务器、浏览器、链接外部 JS、a 链接 CSS 样式等的区域。"<title></title>"中放置的是网页标题，可在浏览器的左上角看见。

（4）"<body></body>"，即常说的"body 区"，其中的内容可以通过浏览器呈现给用户。可以是 table 表格布局格式或 div（div 是层叠样式表中的定位技术，全称为"division"。即划分。有时可以称其为"图层"。）布局的内容，也可以直接是文字。这里是最主要区域，即网页的内容呈现区。

（5）以"</html>"结尾，即网页闭合。

（6）HTML 标签代表整个文档结构，它只嵌套 head 标签和 body 标签。

需要注意的是网页一般根据 xhtml 标准要求每个标签闭合，如以<html>开始，以</html>闭合。如果没有闭合，如"<meta name=" 关键字 " content=" 关键字 " />"没有</meta>，就要以<meta 内容..... />来完成闭合。

此外，网页为了让搜索引擎检索到，我们会在<head>部分加入"<meta name=" keywords " content=" 关键字 " /> <meta name=" description " content=" 本页描述或关键字描述 " /> "标签。这两个标签中的内容是给搜索引擎看的,说明本页关键字及主要内容等，SEO（Search Engine Optimization，搜索引擎优化）可以用到。

2．HTML 标签

HTML 标签分为页面结构标签、常用标签、格式化标签、列表标签、表格相关标签、表单相关标签、框架相关标签和容器标签等。

（1）HTML 页面结构标签如表 9-17 所示。

表 9-17　HTML 页面结构标签

标 签 名	中文含义	举例及说明
<html>	超文本标记语言	<html>
<head>	头部	<head>....</head>
<title>	网页标题	<title>计算机应用基础</title> 说明：title 标签嵌入在 head 标签之内
<body>	主体	<body>...</body> 说明：body 标签内主要用来显示网页的内容

（2）HTML 常用标签如表 9-18 所示。

表 9-18　HTML 常用标签

标 签 名	中文含义	举例及说明
<h1>～<h6>	设置字体大小	举例：<h1>标题</h1> 说明如下 （1）h1 标题标签是标注当前页面中文档最重要的核心主题文本 （2）h1～h6 标签，相对于当前文档的重要性依次降低 （3）h1 标签在整个页面中最多使用一次（当然可以超过，但是不利于搜索 SEO） （4）h2 以后的标签可以在一个页面中有多个，但是不要滥用；否则会导致网页的 SEO 受影响，搜索引擎会认为作弊 （5）h1～h6 标签不是用于字体大小的样式设置，关键是文档内容的文字重要性的体现
<p>	段落	举例：<p>....</p> 说明：P 标签之间不会相互共用一行，而独占一行或者多行的空间
<font>	字体	举例：<font size="8">....</font> 说明：font 标签中可以选择 face（字体）、color（颜色）、size（字体大小）等
<a>	锚（超链接）	举例：<a href="链接的页面">显示的文字</a> 说明如下。 （1）A 标签的 target 属性 • _self：默认，表示在当前页面中打开超级链接的页面 • _blank：表示在新的标签页，或者新的窗口中打开超级链接的页面 （2）锚点链接：href 属性指向一个页面中的 id 值，可以让页面跳转到 id 对应的标签的位置 （3）超级链接：不仅仅是可以嵌套文本，还可以嵌套图片、表格、标题等
<img>	图像	举例：<img src="图片路径"alt="提示的文字"/> 说明：图片的路径一般使用相对路径，如 "<img src="images/flower.jpg" alt="花朵"/>"
 	换行	举例： 说明： 标签可以强制段落换行，不受空格和换行合并的影响。它是一个单标签，不需要闭合
<hr>	水平线	举例：<hr> 说明： 在页面中插入一条水平线，这是一个单标签，不需要闭合
<marquee>	选取框（文字滚动）	举例 <marquee behavior="alternate" loop="2" direction="right" scrollamount="10">系统通知</marquee> 说明如下 （1）behavior：设置文本如何滚动，属性值如下 • scroll：循环滚动，默认值 • slide：滚动一次 • alternate：两端来回滚动 （2）direction：设置文本滚动的方向，属性值如下 • left：从右向左，默认值 • right：从左向右 • up：向上 • down：向下 （3）loop：设置滚动的次数，默认值为-1，无限次循环 （4）scrollamount：设置每次滚动时移动的长度（以像素为单位），也就是滚动速度，默认值为 6。值越大，滚动速度越快，一般 5～10 比较适合查看消息

（续表）

标 签 名	中文含义	举例及说明
		（5）scrolldelay：设置每次滚动时的时间间隔（以毫秒为单位），默认值为85。值越大，滚动速度越慢，通常不设置。注意除非指定 truespeed 值，否则将忽略任何小于 60 的值并改为使用 60 （6）truespeed：默认情况下，会忽略小于 60 的 scrolldelay 值。如果存在 truespeed，则不会被忽略 （7）color：通过颜色名称或十六进制值设置背景颜色 （8）vspace：以像素或百分比值设置垂直边距 （9）width：以像素或百分比值设置宽度 （10）height：以像素或百分比值设置高度 （11）hspace：设置水平边距

（3）HTML 格式化标签如表 9-19 所示。

表 9-19　HTML 格式化标签

标 签 名	中文含义	举　　例
\<b>	粗体	\<b>字体粗体\</b>
\<big>	大号字	\<big>大号字\</big>
\<em>	着重	\<em>字体\</em>
\<i>	斜体	\<i>斜体\</i>
\<small>	小号字	\<small>小号字\</small>
\<strong>	加重语气	\<strong>加重\</strong>
\<sub>	下标	H_{2\}O
\<sup>	上标	10M\^{3\}
\<u>	下画线	\<u>信息技术基础\</u>

（4）HTML 列表标签如表 9-20 所示。

表 9-20　HTML 列表标签

标 签 名	中文含义	标签类型	举例及说明
\<ul>	无序列表	块标签	\<ul> 　\<li>四川\</li> 　\<li>云南\</li> 　\<li>贵州\</li> \</ul>
\<ol>	有序列表	块标签	\<ol> 　\<li>四川\</li> 　\<li>云南\</li> 　\<li>贵州\</li> \</ol>
\<li>	列表项目	块标签	不能单独使用，需要与\<ul>或\<ol>联合使用
\<dl>	定义列表	块标签	\<dl>
\<dt>	定义标题	块标签	\<dt>网站\</dt> 　\<dd>网页的集合...\</dd>
\<dd>	定义描述	块标签	\<dt>网页\</dt> 　\<dd>构成网站的基本元素...\</dd> \</dl>

（5）HTML 表格相关标签如表 9-21 所示。

表 9-21　HTML 表格相关标签

标 签 名	中文含义	举例及说明
`<table>`	表格	`<table border="1">`
`<tr>`	表行	`  <caption>`学生表`</caption>`
`<td>`	单元格	`  <th>`学号`</th>`
`<th>`	表头	`  <th>`姓名`</th>`

`<caption>`	标题	`  <th>`性别`</th>`
		`  <tr>`
		`    <td width="40%">`20180001`</td>`
		`    <td width="30%">`张三`</td>`
		`    <td width="30%">`17`</td>`
		`  </tr>`
		`</table>`
		说明：`<td rowspan="2">`中的"rowspan"表示行方向上合并单元格，`<td colspan="2">`表示列方向合并单元格

`<thead>`	表头部分	`<table border="1">`
`<tbody>`	主体部分	`  <thead>`

`<tfoot>`	表格页脚部分	`    <tr>`
		`      <th>`省`</th>`
		`      <th>`省会`</th>`
		`    </tr>`
		`  </thead>`
		`  <tfoot>`
		`    <tr>`
		`      <td>`计数`</td>`
		`      <td>`2`</td>`
		`    </tr>`
		`  </tfoot>`
		`  <tbody>`
		`    <tr>`
		`      <td>`四川省`</td>`
		`      <td>`成都市`</td>`
		`    </tr>`
		`    <tr>`
		`      <td>`贵州省`</td>`
		`      <td>`贵阳市`</td>`
		`    </tr>`
		`  </tbody>`
		`</table>`

（6）HTML 表单相关标签如表 9-22 所示。

表 9-22　HTML 表单相关标签

标 签 名	中文含义	举例及说明
<form>	表单	<form action="register.aspx" method="post">
<input>	表单元素（输入框）	<p>用户名：<input type="text" name="name1" /></p>
<select>	选择（下拉框）	<p>密　码：<input type="text" name="password1" /></p>
<option>	选项（下拉列表项）	<p>性　别：
<textarea>	文本域	<select>
<fieldset>	表单组合标签	<option value="男" selected="selected">男</option>
<label>	标记	<option value="女"></option> 　　</select></p> <p>介　绍： <textarea rows="3" cols="20"> 　　在信息技术基础课程中，可以学到你想要学到的计算机应用方面的基础知识。 　　</textarea></p> 　<input type="submit" value="提交" /> <fieldset> 　　　　<legend>用户组</legend> 　　　　用户名：<input type="text" name="name2"> 　　　　密码：<input type="text" password="password2"> 　　　　</fieldset> <label for="name2">文本框获得焦点</label> <label><input type="button" value="普通的按钮"> 选中按钮</label> </form> 说明如下 （1）form 标签：表单的域标签，用于包裹整个表单的内容。表单一般由文本框、下拉列表、单选、多选、文本域等组成。表单的 action 属性用于指定当前表单提交时指向后台的地址 （2）Input 标签：文本框、单选、多选、按钮等，其 type 属性不同的取值决定了该标签的作用，具体如下 ● 文本框：text ● 密码框：password ● 单选：radio ● 多选：checkbox ● 按钮：button ● 提交按钮：submit ● 重置按钮：reset （3）Input 标签：checked 属性的取值只有一个 checked，可以省略，在单选按钮和多选按钮中表示此按钮被选中 （4）select 标签：用于下拉列表或者列表，选项用 option 标签来设置。value 值只有在后台有用，option 包裹的内容是显示的选项文本 （5）textarea 文本域标签：用来输入大量文本的的标签，属性 cols 表示可以容纳多少列字符，rows 表示可以容纳多少行数据 （6）<fieldset>表单组合标签：仅仅用于表单的组合，只是语义层面。可以影响 reset 按钮的效果，它的 Legend 标签用于组合标签的标题 （7）<label>标签：为 Input 元素定义标注（标记），label 元素不会向用户 zhidao 呈现任何特殊效果，不过为鼠标用户改进了可用性。如果用户在 label 元素内单击文本，就会触发此标签。即当用户选择该标签时，浏览器就会自动将焦点转到和标签相关的表单控件上。<label>与其他元素关联的方式如下。 ● 显式联系：通过<label>的 for 属性和目标标签的 ID 来完成 ● 隐式联系：通过标签嵌套完成

（7）HTML 框架相关标签如表 9-23 所示。

表 9-23　HTML 框架相关标签

标 签 名	中文含义	举例及说明
`<frameset>`	框架集	`<frameset cols="25%,50%,25%">`
`<frame>`	框架	`<frame src="a.htm" />`

`<iframe>`	内嵌框架	`<frame src="b.htm" />`
		`<frame src="c.htm" />`
		`</frameset>`
		`<iframe src="content.htm">嵌套页面</iframe>`

（8）HTML 容器标签如表 9-24 所示。

表 9-24　HTML 容器标签

标 签 名	中文含义	举例及说明

`<div>`	分隔（容器标签（块））	举例
		`<div>DIV 标签内容</div>`
		`<span>SPAN 标签内容</span>`
		说明如下

`<span>`	跨度（容器标签（行内））	（1）块级标签:独占行 （2）行级标签：可以与其他行内标签共用一行。常用的块级标签有 p、div、ul、ol、dl、li、dt、h1～h6 等，常用的行级标签有 span、strong、em 等文本相关的标签都是行内标签 （3）div 多用于表示文档中的一个块或者整个结构的小节 （4）span 多用于文本的一个小节

（9）mate 标签补充说明。

代码 `<meta http-equiv="X-UA-Compatible" content="IE=edge" />` 表示如果是用 IE 浏览器打开的当前页面，那么使用最新的 IE 浏览器版本打开此页面。

SEO 是一种通过分析搜索引擎的排名规律了解各种搜索引擎怎样搜索、怎样抓取互联网页面、怎样确定特定关键词的搜索结果排名的技术。搜索引擎采用易于被搜索引用的手段对网站进行有针对性的优化，提高网站在搜索引擎中的自然排名，以吸引更多的用户访问网站；同时提高网站的访问量，以及销售能力和宣传能力，从而提升网站的品牌效应。

网站搜索引擎优化任务主要是认识与了解其他搜索引擎怎样紧抓网页、怎样索引、怎样确定搜索关键词等相关技术后以此优化本网页内容,确保其能够与用户浏览习惯相符合。并且在不影响网民体验前提下使其搜索引擎排名得以提升,进而使该网站访问量得以提升,最终提高本网站的宣传能力或者销售能力。基于搜索引擎的优化处理其实就是为让搜索引擎更易接受本网站，搜索引擎往往会比对不同网站的内容，然后通过浏览器把内容以最完整、直接及最快的速度提供给网络用户。例如，一个关于信息技术学习网页的 SEO 优化设置的代码如下。

```
<meta name="keywords" content="信息技术,Office 操作,数据库基础,HTML,CSS">
<meta name="description" content="信息技术基础,Word 2016 操作,计算机网络基础与应用，信息安全">
```

base 标签可以让当前页面中的所有的 a 标签都拥有相同的属性，如 target 属性，代码如下。

```
......
<body>
<base target="_blank">
<a href="http://www.baidu.com">百度</a>
<a href="http://www.microsoft.com">微软官网</a>
</body>
```

（10）应用举例。

打开 Dreamweaver CS6，新建一个 HTML 文件。切换到代码视图模式，输入前面举例所用的如下代码。

```
<!DOCTYPE html>
    <head>
    <meta http-equiv="Content-Type" content="text/html; charset=utf-8" />
    <title>HTML 常用标签的用法</title>
    <meta name="keywords" content="HTML 常用标签的用法" />
    <meta name="description" content="主要描述 HTML 常用标签的用法" />
    </head>
    <body>
        <!--h1-h6 的用法-->
        <h1>标题 1</h1>
        <h2>标题 2</h2>
        <h3>标题 3</h3>
        <h4>标题 4</h4>
        <h5>标题 5</h5>
        <h6>标题 6</h6>
        <hr>
        <!--段落标签 p 的用法-->
        <p>段落</p>
        <hr>
        <!--font 的用法-->
        <font size="+6" color="#FF0000" face="MS Serif, New York, serif">
        字体</font>
        <hr>
        <!--超链接 a 的用法-->
        <a href="http://www.baidu.com">百度</a>
        <hr>
        <img src="Penguins.jpg" width="300px" height="300px" alt="企鹅"/>
        <!--br 的用法-->
        <br>
        <!--hr 的用法-->
        <hr>
        <!--marquee 的用法-->
        <marquee behavior="alternate" loop="2" direction="right"
        scrollamount="10"> 系统通知 </marquee>
        <hr>
        <!--字体标签的用法-->
```

```html
<b>粗体</b>
<big>大号字</big>
<em>着重</em>
<i>斜体</i>
<small>小号字</small>
<strong>加重</strong>
H<sub>2</sub>O
10M<sup>3</sup>
<u>信息技术基础</u>
<hr>
<!--列表标签的用法-->
<ul>
    <li>四川</li>
    <li>云南</li>
    <li>贵州</li>
</ul>
<ol>
    <li>四川</li>
    <li>云南</li>
    <li>贵州</li>
</ol>
<dl>
    <dt>网站</dt>
    <dd>网页的集合...</dd>
    <dt>网页</dt>
    <dd>构成网站的基本元素...</dd>
</dl>
<!--表格相关标签的用法-->
<table border="1">
    <caption>学生表</caption>
    <th>学号</th>
    <th>姓名</th>
    <th>性别</th>
    <tr>
      <td width="40%">20180001</td>
      <td width="30%">张三</td>
      <td width="30%">17</td>
    </tr>
</table>
<table border="1">
  <thead>
    <tr>
      <th>省</th>
      <th>省会</th>
    </tr>
  </thead>
  <tfoot>
    <tr>
      <td>计数</td>
      <td>2</td>
```

```
            </tr>
          </tfoot>
          <tbody>
            <tr>
              <td>四川省</td>
              <td>成都市</td>
            </tr>
            <tr>
              <td>贵州省</td>
              <td>贵阳市</td>
            </tr>
          </tbody>
      </table>
      <!--表单的相关用法-->
      <form action="register.aspx" method="post">
        <p>用户名: <input type="text" name="user_name" /></p>
        <p>密  码: <input type="text" name="user_password" /></p>
        <p>性  别: <select>
                 <option value="男" selected="selected">男</option>
                 <option value="女">女</option>
             </select></p>
        <p>介  绍: <textarea rows="3" cols="20">
              在信息技术基础教材中，可以学到你想要学到的计算机应用方面的基础知识。
        </textarea></p>
        <input type="submit" value="提交" />
        <fieldset>
       <legend>用户组</legend>
        用户名: <input type="text" name="name2"><br>
        密码: <input type="text" password="password2">
      </fieldset>
      <label for="name2">文本框获得焦点</label>
      <label><input type="button" value="普通的按钮"> 选中按钮</label>
      </form>
      <!--框架相关标签的用法-->
      <frameset cols="25%,50%,25%">
        <frame src="a.htm" />
        <frame src="b.htm" />
        <frame src="c.htm" />
      </frameset>
      <iframe src="content.htm">嵌套页面</iframe>
      <!--div 标签的用法-->
      <div>DIV 标签内容</div>
      <!--span 标签的用法-->
      <span>SPAN 标签内容</span>
    </body>
</html>
```

运行结果如图 9-121 所示。

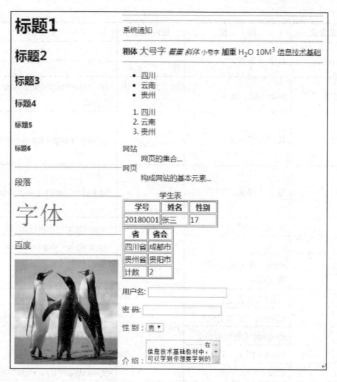

图 9-121　运行结果

3．HTML 标签的常用属性

HTML 标签需要与之对应的属性配合使用，常用属性如表 9-25 所示。

表 9-25　HTML 标签的常用属性

属 性 名	中文含义	取　值	应用场景	示　例
src	资源位置	资源的路径		<img src="图片路径" alt="图片说明"/>
border	边框	数字（像素）		<table border="1">....</table>
size	尺寸	数字（像素）		<font size="7">...</font>
width	宽度	数字（像素）		<td width="300px">...</td>
height	高度	数字（像素）		<td height="100px">...</td>
bgcolor	背景颜色	颜色值：rea 或#ffffff		<td bgcolor="#6699FF">...</td>
background	背景图片	图片路径		<table background="图片路径">...</table>
list-style	设置列表的所有属性		列表	<ul style="list-sytle:none;margin:0;　normal;　Arial">...</ul>
list-style-image	将图像设置为列表项标记	None url	列表	<ul　style="list-style-image:url('Penguins.jpg');list-style-type:square;">....</ul>
list-style-type	设置列表项标记的类型	Disc（实心圆） Cirle（空心圆） Square（实心方块）	列表	<ol style="list-style-type:decimal-leading-zero">...</ol> 属性值说明
line-height	行高（行间距）	数字（像素）	布局多行文本	<tr style="line-height:80%" >...</tr>
text-align	对齐方式	Left、right、center	各种元素对齐	<td　style="text-align:center" >...</td>

（续表）

属 性 名	中文含义	取 值	应用场景	示 例
letter-spacing	字符间距	数字（像素）	加大字符间间隔	\<h1 style="letter-spacing:-0.5">...\</h1>
text-decoration	文本修饰	underline、none	加下画线、中画线等	\<h1 style="text-decoration: overline">...\</h1> 属性值说明
margin-top (right、bottom、left)	外边距	数字（像素）		\<p style="margin-top:80px;margin-left:80px;">...\</p>
padding-top (right、bottom、left)	内边距	数字（像素）		\<td style="padding-top:80px">...\</td>
display	改变块级元素与行内元素的默认显示方式	block（行变块）		\<span style="display:block">显示\</span>
		inline（块变行）		\<span style="display:none">不显示\</span>
		none（该元素不显示在网页中）		
position	定位	static（静态定位）	用于定位	\<span style="position:absolute;top:15px;left:50px">绝对定位\</span>
		relative（相对定位）		
		absolute（绝对定位）		
		fixed（固定定位）		
float	浮动	none、left、right		\<span style="float:right">浮动的文字\</span>
clear	处理浮动塌陷	left（清除左边浮动）	右侧不允许浮动的文字\</span>	\<span style="float:right;clear:right">右侧不允许浮动的文字\</span>
		right（清除右边浮动）		
		both（清除两边浮动）		
		none（不清除浮动）		
align	对齐	left、right、center	段落内容水平对齐，文字与图片垂直对齐	\<p align="right">右侧对齐\</p>
		top、middle、bottom		
type	表单元素类型	text（文本）	表单元素	\<input type="button" value="提交"/>
		checkbox（复选）		\<input type="password" value="123456"/>
		radio（单选）		
		password（密码）		
		file（文件）		
		submit（提交）		
		reset（重置）		
		button（按钮）		
		image（图片按钮）		
		hidden（隐藏）		
method	表单数据的提交方式	get		\<form action="路径" method= "get">...\</form>
		post		
alt	改变、替换（图片不显示时提示信息）		图片	\<img src="路径" alt="图片提示"/>
cellpadding	单元格内边距	数字	表格	\<table border="1" cellpadding="10">...\</table>
cellspacing	单元格之间距离	数字	表格	\<table border="1" cellsapcing="10">...\</table>

（续表）

属 性 名	中文含义	取　值	应用场景	示　例
href	超文本引用（跳转到文件位置）			`<a href="/web/test.html" target="_blank">超链接</a>`
rel	关系（用于定义链接的文件和 HTML 文档之间的关系）	styleSheet 样式表	link 链接一个文件时	`<link rel="/css/style.css" type="text/css"/>`
target	目标（网页打开的位置）	_blank（新窗口打开） _self（自身窗口打开） _top（以整个浏览器作业作为窗口显示新页面） _parent（在父窗口中打开新的页面）		`<a href="/web/test.html" target="_blank">超链接</a>`
colspan	单元格跨列	数字（跨的列数）	表格	`<td colspan="3">...</td>`
rowspan	单元格跨行	数字（跨的行数）	表格	`<td rowspan="2">...</td>`
value	输入框的初始值			`<input type="submint" value="提交"/>`
maxlength	最大长度			`<input type="text" maxlength="5"/>`
scrolldelay	滚动延时		`<marquee>`	`<marquee scrolldelay="1000">...</marquee>`
direction	方向（滚动方向）	说明	`<marquee>`	`<marquee direction="right">...</marquee>`

　　打开 Dreamweaver CS6，新建一个 HTML 文件。切换到代码视图模式，输入前面示例所用的如下代码。

```
<!DOCTYPE html >
  <html xmlns="http://www.w3.org/1999/xhtml">
  <head>
  <meta http-equiv="Content-Type" content="text/html; charset=utf-8" />
  <title>HTML 常用属性的用法</title>
  <link rel="/css/style.css" type="text/css"/>
  <meta name="keywords" content="HTML 常用属性的用法" />
  <meta name="description" content="主要描述 HTML 常属性用的用法" />
  </head>
  <body>
    <!--常用属性的用法-->
    <img src="Penguins.jpg" alt="企鹅" width="200px" height="200px"/>
    <table border="1" width="200px" background="Penguins.jpg">
      <th bgcolor="#0099FF">学号</th>
      <th bgcolor="#6699FF">姓名</th>
      <tr style="line-height:100%" >
        <td width="100px" style="text-align:center" >
          <font size="4">20080001</font>
        </td>
         <td width="100px" >
          <font size="4">张三</font>
        </td>
      </tr>
```

```
        </table>
        <!--list-sytle 的用法-->
        <ul style="list-sytle:none;margin:0; padding:0;normal; font:14px/
24px Arial">
          <li>51</li>
          <li>52</li>
          <li>53</li>
        <ul>

          <!--list-sytle-type 的用法-->
        <ol style="list-style-type:decimal-leading-zero">
          <li>四川省</li>
          <li>云南省</li>
          <li>贵州省</li>
        <ol>
        <ul style="list-style-image:url(earth.jpg)">
          <li>标签 1</li>
          <li>标签 2</li>
          <li>标签 3</li>
        </ul>
        <!--字符相关属性的用法-->
        <div style="border:1;width:400px;height:100px; text-align:center">
          <h1 style="letter-spacing:-0.5">This is a apple.</h1>
          <h2 style="letter-spacing:2">This is a apple.</h2>
          <h1 style="text-decoration: overline">This is a apple.</h1>
          <p>没有带边距的段落</p>
          <p style="margin-top:80px;margin-left:80px;">带边距的段落</p>
          <table border="1">
            <tr>
             <td style="padding-top:80px" align="center">带有内边距的单元格
    </td>
            <tr>
            <tr>
            <td>没有内边距的单元格</td>
            <tr>
          </table>
          <span style="display:block">显示</span>
          <span style="display:none">不显示</span>
          <span style="position:absolute;top:15px;left:50px">绝对定位</span>
          <span style="float:right">浮动的文字</span>
          <span style="float:right;clear:right">右侧不允许浮动的文字</span>
          <p align="right">右侧对齐</p>
          <form action="HTML 常用标签的用法.html" method="get">
            <input type="button" value="提交"/>
            <input type="password" value="123456"/>
          </form>
          <table border="1" cellpadding="10" cellspacing="10">
            <tr>
              <td >单元格 1</td>
              <td>单元格 2</td>
```

```
      <tr>
    </table>
    <a href="/web/test.html" target="_blank">超链接</a>
    <table border="1" bgcolor="#FFFFCC">
      <tr>
        <td>单元格 1</td>
        <td>单元格 2</td>
        <td>单元格 3</td>
      <tr>
      <tr>
        <td colspan="3">单元格 4</td>
      <tr>
      <tr>
        <td >单元格 5</td>
        <td>单元格 6</td>
        <td rowspan="3">单元格 7</td>
      <tr>
       <tr>
        <td>单元格 8</td>
        <td>单元格 9</td>
      <tr>
    </table>
    <input type="text" maxlength="5"/>
    <marquee scrolldelay="1000" >滚动延时 1 秒</marquee>
    <marquee direction="right">设定活动字幕的滚动向右</marquee>
   </div>
  </body>
</html>
```

运行结果如图 9-122 所示。

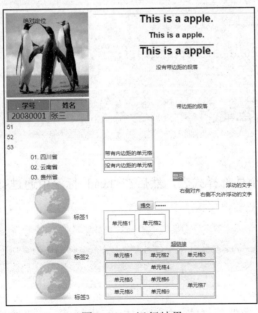

图 9-122　运行结果

9.5.2.4　CSS 基础知识

CSS 通常称为"CSS 样式表"或"层叠样式表"，主要用于设置 HTML 页面中的文本内容（字体、大小、对齐方式等）、图片的外形（宽高、边框样式、边距等），以及版面的布局等外观显示样式。

CSS 以 HTML 为基础，提供了丰富的功能。例如，字体、颜色、背景的控制及整体排版等，而且还可以针对不同的浏览器设置不同的样式。CSS 控制页面布局和样式，可以让结构（html）与表现（CSS）分离，方便维护。

1．CSS 基础语法

CSS 语法由 3 个部分构成，即选择器、属性名和属性值，格式如下。

```
selector{ property: value }  --->选择器{属性名：属性值}
```

2．引入 CSS 的方式

所有的标签都有一个默认样式，称为"浏览器样式"或者"默认样式"。

（1）行内样式（内联样式）。

直接在标签内部通过使用 style 属性添加 CSS 样式，代码如下。

```
<p style="color:red;font-size:24px;">这是一个行内样式</p>
```

（2）内部样式。

在 head 标签中嵌套一个 style 标签，在其中可以书写 CSS 的样式内容。style 标签有一个 type 属性，默认值 text/css，可以省略，代码如下。

```
<head>
    <meta charset="UTF-8">
    <title>标题</title>
    <style>
        p{ background-color: #2b99ff; }
    </style>
</head>
<body>
        <p>这是一个内部样式</p>
</body>
```

（3）外部样式。

首先在外部新建一个外部样式表，然后在<head>标签中通过<link>标签关联，代码如下。

```
<head>
    <link rel="stylesheet" type="text/css" href="style.css"/>
</head>
```

（4）样式优先级。

一般情况下，优先级为外部样式<内部样式<行内样式，一般通过就近原则匹配。例如，

外部样式在内部样式后面，则会覆盖内部样式，代码如下。

```
<head>
    /*内部样式*/
    ......
    <!--外部样式-->
    <link rel="stylesheet" type="text/css" href="base.css"/>
</head>
```

CSS 优先级法则为选择器提供一个权值，权值越大越优先。当权值相等时后出现的样式表设置要优先于先出现的样式表设置，继承的 CSS 样式不如后来指定的 CSS 样式，并且在同一组属性设置中标有"!important"规则的优先级最大。选择器的权值如下。

- 内联样式表的权值最高，为 1000。
- id 选择器的权值为 100。
- class 类选择器的权值为 10。
- html 标签选择器的权值为 1。

3. CSS 注释

CSS 的注释语法为"/* 注释的内容*/"。

注释不能嵌套，如以下代码所示。

```
/*注释的*/内容*/
/*abcdef/* */ */
```

多行注释如下所示：

```
/*
注释内容1
注释内容2
*/
```

模块的注释一般如下。

```
/* S 新闻开始*/
ul {
    background-color: red;
    }
/* E 新闻结束*/
```

文件头的注释如下。

```
/*
* 作者：Eric
* 描述：当前文件主要用于 ....
* 日期：2020-05-26
*/
```

9.5.2.5 CSS 常见选择器

内部样式和外部样式都是通过选择器作用在 html 标签上面的，本节介绍 CSS 常见的选择器。

1. html 标签选择器

html 标签选择器直接通过获取标签名为相应的标签添加 CSS 样式，标签选择器就是所说的 html 代码中的标签。例如，html、span、p、div、a、img 等，如以下代码所示：

```
<html xmlns="http://www.w3.org/1999/xhtml">
 <head>
    <meta http-equiv="Content-Type" content="text/html; charset=utf-8" />
    <title>html 标签选择器的用法</title>
    <style>
        p{color:#F00;font-size:18px;}
    </style>
 </head>
 <body>
    <p>这是标签选择器设置的样式</p>
 </body>
</html>
```

2. 类（class）选择器

类选择器首先给标签一个 class 属性（即为标签设置一个 class 名），然后通过使用（.class 名）的方式获取标签。class 名不唯一，可以重复使用，但要注意样式的互相影响。类选择器的说明如下。

（1）使用英文圆点（.）开头。

（2）每个元素可以有多个类名，名称可以任意。但不要为中文，一般都是与内容相关的英文缩写。

（3）只会改变类下的元素样式，而不会改变其他标签的默认样式。

类选择器的代码示例如下。

```
<html xmlns="http://www.w3.org/1999/xhtml">
 <head>
    <meta http-equiv="Content-Type" content="text/html; charset=utf-8" />
    <title>CSS 类选择器的用法</title>
    <style>
        .content{color:#F00;font-size:18px;}
    </style>
 </head>
 <body>
    <p class="content">这是类选择器设置的样式</p>
 </body>
</html>
```

3. ID 选择器

先给标签一个 id 属性（即为标签设置一个 id 名），然后通过使用（#id 名）的方式获取标签。id 名唯一，不可重复使用，一般用于脚本中。ID 选择器的说明如下。

（1）为标签设置 id="id 名称"，而不是 class="类名称"。

（2）ID 选择符的前面是井号（#），而不是英文圆点（.）。

（3）名称是唯一的，即相同名称的 id 选择器在一个页面只能出现一次。

ID 选择器的示例代码如下。

```html
<html xmlns="http://www.w3.org/1999/xhtml">
<head>
 <meta http-equiv="Content-Type" content="text/html; charset=utf-8" />
 <title>CSS ID选择器的用法</title>
 <style>
        #content{color:#F00;font-size:18px;}
 </style>
</head>
<body>
 <p id="content">这是 ID 选择器设置的样式</p>
</body>
</html>
```

4. 后代选择器

必须含有两个标签以上并且存在层级关系才能使用后代选择器，标签与标签之间用（空格）连接。

在后代选择器中左边的选择器一端包括两个或多个用空格分隔的选择器，选择器之间的空格是一种结合符（combinator）。每个空格结合符可以解释为"...在...找到""...作为...的一部分""...作为...的后代"，但是要求必须从右向左读选择器。

后代选择器的示例代码如下。

```html
<html xmlns="http://www.w3.org/1999/xhtml">
  <head>
   <meta http-equiv="Content-Type" content="text/html; charset=utf-8" />
   <title>CSS 后代选择器的用法</title>
   <style type="text/css">
     p em {color:red;}
   </style>
  </head>
  <body>
    <p>这是<em>后代选择器</em>设置的样式</p>
  </body>
</html>
```

上面代码中的"p em"选择器可以解释为"作为 p 元素后代的任何 em 元素"。如果要从左向右读选择器，可以换成的说法是"包含 em 的所有 p 会把以下样式应用到该 em"。

5. 子元素选择器

子元素选择器必须含有两个标签以上并且存在父与子关系，标签与标签之间用 ">" 连接，示例代码如下。

```
<html xmlns="http://www.w3.org/1999/xhtml">
  <head>
    <meta http-equiv="Content-Type" content="text/html; charset=utf-8" />
    <title>CSS 子元素选择器的用法</title>
    <style type="text/css">
      p > em {color:red;}
    </style>
  </head>
  <body>
    <p>这是<em>后代选择器</em>设置的样式</p>
    <p>这是<i><em>后代选择器</em></i>设置的样式</p>
  </body>
</html>
```

6. 属性选择器

属性选择器通过获取标签的属性来获取相对应的标签，示例代码如下。

```
<html xmlns="http://www.w3.org/1999/xhtml">
  <head>
    <meta http-equiv="Content-Type" content="text/html; charset=utf-8" />
    <title>CSS 属性选择器的用法</title>
    <style type="text/css">
      a[href="http://www.baidu.com"]
        {
          color: red;
        }
    </style>
  </head>
  <body>
    <h1>可以应用样式：</h1>
    <a href="http://www.baidu.com">百度搜索</a>
    <hr>
    <h1>无法应用样式：</h1>
    <a href="http://baidu.com">百度搜索</a>
  </body>
</html>
```

9.5.2.6 CSS 常用属性

在 CSS 样式中通过相应的属性设置控制标签样式。

1. CSS 背景属性

背景属性主要包含背景颜色、背景图片、位置等。

（1）background-color：背景颜色。

语法：background-color: transparent/color;。

取值如下。

- transparent：默认值（背景色透明）。
- color：指定颜色。

示例代码如下。

```
<style type="text/css">
    p { background-color: red; }
    div { background-color: rgb(223,71,177) }
    body { background-color: #98AB6F }
    h1 { background-color: transparent; }
</style>
```

（2）background-image：背景图片。

语法：background-image:none/url( )。

取值如下。

- none：默认值（无背景图片）。
- url（地址）：使用绝对或相对 url 地址指定背景图片。

示例代码如下。

```
<style type="text/css">
    div{ background-imge: url("image/earth.jpg")}
</style>
```

注意：引进的背景图片无法撑开盒子的宽高。如要引进背景，必须确保盒子存在宽度和高度。

（3）background-repeat：背景图像铺排。

语法：background-repeat:repeat/no-repeat/repeat-x/repeat-y。

取值如下。

- repeat：默认值（背景图像在纵向和横向上平铺）。
- no-repeat：背景图像不平铺。
- repeat-x：背景图像仅在横向上平铺。
- repeat-y：背景图像仅在纵向上平铺。

示例代码如下。

```
<style type="text/css">
    div{
        background-imge: url("image/earth.jpg");
        background-repeat: repeat-x;
        }
</style>
```

（4）background-position：背景位置。

定义：用来控制背景图片在元素中的位置，图片左上角相对于元素左上角的位置。

语法：background-position：x y。

取值如下。

- x y：第 1 个值表示 X 轴（水平方向）位置，第 2 个值表示 Y 轴（垂直方向）位置。
- 粗略定位：left（左）、right（右）、center（中）、top（上）、bottom（下）。

示例代码如下。

```
<style type="text/css">
    div{
        background-imge: url("image/earth.jpg");
        background-repeat: no-repeat;
        background-position: 20px 40px;
    }
</style>
```

（5）background：背景属性。

定义：background 属性是新增属性，它把 background-color、background-image、background-repeat、background-position 整合在同一个属性中显示，大大减少了代码量。

语法如下。

```
background: #000 ; // 引进背景颜色
//引进背景图片
background: url ("image/earth.jpg") no-repeat center center;
```

取值如下。

- 第 1 个值：背景图像地址。
- 第 2 个值：背景图像铺排。
- 第 3 个值：背景水平方向位置。
- 第 4 个值：背景垂直方向位置。

2．字体属性

CSS 字体属性定义文本的字体系列、大小、加粗、风格（如斜体）和变形（如小型大写字母）。

（1）font-style：字体样式。

语法：font-style:normal/italic/oblique。

取值如下。

- normal：默认值，浏览器显示一个标准的字体样式。
- italic：浏览器显示一个斜体的字体样式。
- oblique：浏览器显示一个倾斜的字体样式。

示例代码如下。

```
<style type="text/css">
    p{ font-style: italic; }
  </style>
```

（2）font-weight：字体粗细。

语法：font-weight：normal / bold / bolder / lighter / 100 / 200 / 300 / 400 / 500 / 600 / 700 / 800 / 900。

取值如下。

- normal：默认值，正常字体。
- bold：粗体，相当于 700 或<b>标签的作用效果。
- bolder：比 normal 样式粗。
- lighter：比 normal 样式细。
- 数字：设置字体粗细，100～900 代表由细到粗。

示例代码如下。

```
p{ font-weight: bold}
```

（3）font-size：字体大小。

语法：font-size：像素值。

取值：字体的像素值。

示例代码如下。

```
p{ font-size: 16px; }
```

（4）color：字体颜色。

语法：colo：color。

取值：指定颜色。

示例代码如下。

```
p{ color: #fff; }
```

（5）line-height：字体行高。

语法：line-height：像素值。

取值：取行高的像素值，如果设置文本垂直居中，可以将 line-height 的值与盒子 height 的值一致。

示例代码如下。

```
p{ line-height: 20px; }
```

（6）font-family：字体名称。

语法：font-family:name。

取值：字体名称（常用字体名称如"微软雅黑"及"宋体"等）。

示例代码如下。

```
p{font-family: "微软雅黑"; }
```

（7）text-decoration：字体装饰。

语法：text-decoration：none / underline / blink / overline / line-through。

取值如下。

- none：默认值（无装饰）。

- blink：闪烁（只有 Firefox 浏览器支持这个效果）。
- underline：下画线。
- line-through：贯穿线。
- overline：上画线。

示例代码如下。

```
p{ text-decoration: overline; }
```

（8）text-shadow：字体阴影效果。

语法：text-shadow:color length length opacity。

取值如下。

- color：指定颜色。
- length：指定阴影的水平延伸距离（用具体像素取值）。
- length：指定阴影的垂直延伸距离（用具体像素取值）。
- opacity：指定模糊效果的作用距离（用具体像素取值）。

示例代码如下。

```
p{ text-shadow: #030 1px 2px 1px; }
```

（9）text-align：文本对齐。

语法：text-align:left / right / center。

取值如下。

- left：左对齐（默认值）。
- right：右对齐。
- center：居中对齐。

示例代码如下。

```
span{ text-align: center; }
```

（10）text-transform：字体转换。

语法：text-transform:none / capitalize / uppercase / lowercase。

取值如下。

- none：默认值（无转换发生）。
- capitalize：将每个单词的第 1 个字母转换成大写。
- uppercase：转换成大写。
- lowercase：转换成小写。

示例代码如下。

```
div{ text-transform: capitalize; }
```

（11）letter-spacing：字体间隔。

语法：letter-spacing:normal / length。

取值：

- normal：默认间隔。
- length：指定字体间隔（用具体像素取值）。

示例代码如下。

```
p{ letter-spacing: 2px; }
```

（12）text-indent 首行缩进。

语法：text-indent：em 值。

取值：设定对应的缩进值，以 em 为单位。em 是相对长度单位，1 em=16 px。

示例代码如下。

```
p{ text-indent: 1em; }
```

9.5.2.7　CSS 盒模型

网页中所有的元素都是矩形的，所以可以看成一个个盒子。网页由多个盒子组成，盒子由边框+内边距+内容区域+外边距组成，CSS 盒模型如图 9-123 所示。

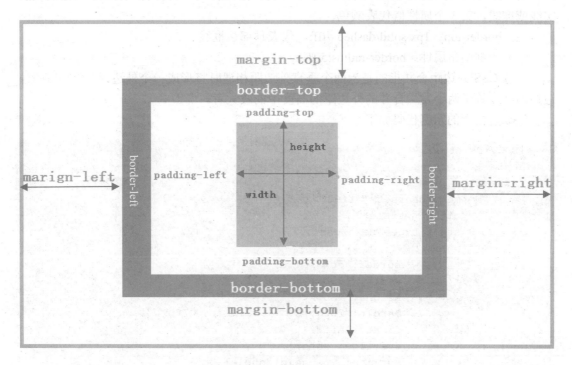

图 9-123　CSS 盒模型

CSS 盒模型相关参数说明如下。

（1）padding（内边距）：表示内容与盒子之间的间距（盒子对内容作用，即盒子对内作用）。

（2）margin（外边距）：表示盒子与盒子之间的间距（盒子对盒子作用，即盒子对外作用。注意行元素只能实现左右外边距）。

（3）border（边框线）：表示盒子的边线。

paddding/margin 参数值的添加规范如下。

（1）padding：像素值，代表盒子上下左右内边距为指定像素值。

（2）padding：像素值1　像素值2，代表盒子顶部和底部内边距为像素值1，左边和右边内边距为像素值2。

（3）padding：像素值1　像素值2　像素值3，代表盒子顶部内边距为像素值1，左边和右边内边距为像素值2，底部内边距为像素值3。

（4）padding：像素值1　像素值2　像素值3　像素值4，代表盒子顶部内边距为像素值1，右边内边距为像素值2，底部内边距为像素值3，左边内边距为像素值4。

（5）padding-top：像素值，代表盒子顶部内边距为指定像素值。

（6）padding-right：像素值，代表盒子右边内边距为指定像素值。

（7）padding-bottom：像素值，代表盒子底部内边距为指定像素值。

（8）padding-left：像素值。代表盒子左部内边距为指定像素值。

border 参数值的添加规范如下：

（1）border：1px solid/dashed #fff;，第1个属性值代表边框线粗细，第2个属性值代表实线或虚线，第3个属性值代表颜色。

（2）border-top：1px solid/dashed #fff;，代表顶部边框线。

（3）边框圆角属性：border-radius:50%;。

注意 CSS 外边距合并指的是当两个垂直外边距相遇时将形成一个外边距，合并后的外边距的高度等于两个发生合并的外边距的高度中的较大者。

CSS 盒模型的示例代码如下。

```
<!DOCTYPE html>
<html>
    <head>
        <meta charset="utf-8">
        <title></title>
        <style type="text/css">
            div{
                border: 5px solid;
                width: 100px;
                height: 100px;
                margin: 20px;
                float: left;
                overflow: auto;
                outline: 1px gold double;
            }
        </style>
    </head>
    <body>
<div style="border-top-left-radius: 10px;border-bottom-left-radius:
50% 20px;resize: both; "></div>
    <div style="border-radius: 2em 1em 4em /0.5em 3em; position: 150px
50px; resize: horizontal;" ></div>
```

```
    <div style="border-radius: 1em 10em/1em 10em; position: 250px 50px;
resize: vertical;" ></div>
    <div style="box-shadow: 10px 10px;"></div>
    <div style="box-shadow: 10px 10px 20px;"></div>
    <div style="box-shadow: 10px 10px 20px 5px;"></div>
    <div style="box-shadow: 10px 10px 20px 5px red;"></div>
    <div style="box-shadow: 10px 10px 20px 5px red inset;"></div>
    <br style="clear: both;"/>
    <div style="border-radius: 10px 10px/10px 10px;box-shadow: 10px
 10px;"></div>
    <div style="border-radius: 50px 50px/50px 50px;box-shadow: 100px 0px
5px red,200px 0px 0px yellow,300px 0px 15px green;"></div>
   </body>
</html>
```

上述代码的运行结果如图 9-124 所示。

图 9-124　运行结果

9.5.2.8　CSS 定位机制

CSS 的定位机制有 3 种，即普通流、浮动流（float）和定位流（position）。

1．普通流

普通流即文档流，在 HTML 中的写法是从上到下和从左到右的排版布局，其定位方式如图 9-125 所示。

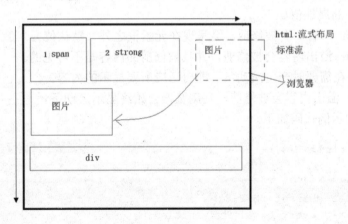

图 9-125　普通流的定位方式

2. 浮动流

浮动流能让块元素在不改变类型的前提下在同一行排版布局，并且能让块元素在不改变类型的前提下在同一行排版布局。其不足之处是脱离标准文档流，不占用空间而导致父级布局高度塌陷。在 CSS 中任何元素都可以浮动，浮动元素会生成一个块级框，而不论其本身是何种元素。

语法：float:left/right。

取值如下。

（1）left：左浮动，元素向左对齐排版。

（2）right：右浮动，元素向右对齐排版。

示例代码如下。

```
div{ width: 100px; float: left; }
```

浮动流的特性如下。

（1）脱离标准文档流，不占位置。但会影响标准文档流，并且只有左右浮动。

（2）浮动元素 A 的排列位置与上一个元素（块级）有关系，如果上一个元素有浮动，则 A 元素顶部会和上一个元素的顶部对齐；如果上一个元素是标准流，则 A 元素的顶部会和上一个元素的底部对齐。

（3）一个父盒子里面的子盒子，如果其中一个子盒子是浮动流，则其他子盒子都必须为浮动流，这样才能一行对齐显示。

（4）浮动根据元素书写的位置来显示相应的浮动。

（5）元素添加浮动后，如果没有设置宽高，元素会具有行内块元素的特性。元素的大小完全取决于定义的大小或者默认内容的多少，即具有包裹性。

（6）浮动具有破坏性，元素浮动后破坏来原来的正常流布局，造成内容塌陷。

注意如果一个标准流的父盒子没有设置高且所有子盒子进行了浮动，那么父盒子的高度会塌陷成 0，解决方法就是使用 overflow。

在父盒子上设置 overflow:hidden; 之后，父盒子具有的包裹性，不会出现高度塌陷的问题。overflow 的属性值如下。

（1）visible：内容不会被修剪，会呈现在元素框之外（默认值）。

（2）hidden：溢出内容会被修剪，并且被修剪的内容是不可见的。

（3）auto：在需要时产生滚动条，即自适应所要显示的内容。

（4）scroll：溢出内容会被修剪，且浏览器会始终显示滚动条。

overflow 的示例代码如下。

```
<!DOCTYPE html>
<html>
<head>
    <meta charset="UTF-8">
    <title>overflow 溢出处理</title>
    <style>
        div {
            background-color: silver;
```

```
            height: 300px;
            width: 300px;
            border: 1px solid red;

            overflow: visible;
            /*overflow: hidden;*/
            /*overflow: auto;*/
            /*overflow: scroll;*/
        }
    </style>
</head>
<body>
    <div>
        信息技术基础主要讲解计算机应用的一些基础知识。
    </div>
</body>
```

清除浮动就是让当前元素左右两边都不存在浮动元素时才把元素放到标准文档流中显示。清除浮动的示例如下。

（1）clear:left;：清除左浮动。

（2）clear:right;：清除右浮动。

（3）clear:both;：清除左右浮动。

在讲解清除浮动之前参看如下代码。

```
<!DOCTYPE html >
<html xmlns="http://www.w3.org/1999/xhtml">
<head>
<meta http-equiv="Content-Type" content="text/html; charset=utf-8" />
<title>浮动的用法</title>
    <style type="text/css">
     .box {
        border: 1px solid #ccc;
        background: #fc9;
        color: #fff;
        margin: 50px auto;
        padding: 50px;
     }
     .div1 {
        width: 100px;
        height: 100px;
        background: blue;
        float: left;
text-align:center;
     }
     .div2 {
        width: 100px;
        height: 100px;
        background: red;
```

```
        float: left;
text-align:center;
        }
      .div3 {
        width: 100px;
        height: 100px;
        background: green;
        float: left;
text-align:center;
        }
    </style>
</head>
<body>
    <div class="box">
    <div class="div1">1</div>
    <div class="div2">2</div>
    <div class="div3">3</div>
  </div>
</body>
</html>
```

运行结果如图 9-126 所示。

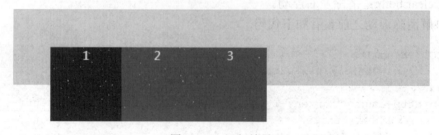

图 9-126　运行结果

可以看到，子元素 div1～div3 没有被父元素 box 包裹住，这不是想要的效果。为了达到子元素 div1～div3 被父元素 box 包裹的效果，需要清除浮动。

（1）添加新元素，应用 clear:both。

在 head 部分的 style 中添加如下代码。

```
.clear {
        clear: both;
        height: 0;
        line-height: 0;
        font-size: 0
      }
```

在 body 部分添加如下代码。

```
<div class="box">
      <div class="div1">1</div>
      <div class="div2">2</div>
```

```
        <div class="div3">3</div>
        <div class="clear"></div>
</div>
```

运行结果如图 9-127 所示。

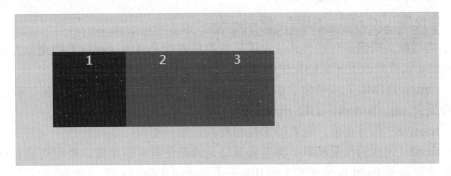

图 9-127　运行结果

如果清除了浮动，父元素自动检测子盒子最高的高度，然后与其同高。添加新元素清除浮动的优点是易懂且方便；不足是添加无意义标签且语义化差，所以不建议使用。

（2）父级 div 定义 overflow:auto。

通过触发 BFC（Block Formatting Context）方式，实现清除浮动，使用此种方式清除浮动在 Style 样式中的代码如下。

```
.box {
        border: 1px solid #ccc;
        background: #fc9;
        color: #fff;
        margin: 50px auto;
        padding: 50px;
        overflow: auto;
        zoom: 1; /*zoom: 1; 在处理兼容性问题 */
    }
```

此方法的优点是代码简洁；不足是内容增多时容易造成不会自动换行导致内容被隐藏，无法显示要溢出的元素，因此不推荐使用。

（3）在父级样式添加伪元素 after 或者 before。

通常称这种方法为"clearfix"，示例代码如下。

```
.clearfix {
        border: 1px solid #ccc;
        background: #fc9;
        color: #fff;
        margin: 50px auto;
        padding: 50px;
    }
.clearfix:before,.clearfix:after{
            content: '';
            display: block;
```

```
        clear: both;
    }
```

before 或 after 方式为空元素的升级版，优点是不用单独加标签。并且符合闭合浮动思想，结构语义化正确，因此推荐使用。

3. 定位流

默认的标准文档流的布局方式决定了元素的位置就是静态（static）的定位方式，可以通过 position 属性来改变元素的定位的方式，其取值如下。

（1）static：HTML 元素的默认值，即没有定位，遵循正常的文档流对象。静态定位的元素不会受到 top、bottom、left、right 影响。

（2）relative：相对定位，元素的定位相对其正常位置。

（3）fixed：元素的位置相对于浏览器窗口是固定位置，即使窗口是滚动的它也不会移动。需要注意的是 fixed 定位在 IE7 和 IE8 下需要描述!DOCTYPE 才能支持。

（4）absolute：相对定位元素的位置最近的已定位父元素，如果元素没有已定位的父元素，那么它的位置相对于<html>标签。

（5）sticky：粘性定位，position:sticky;基于用户的滚动位置来定位。粘性定位的元素依赖于用户的滚动，在 position:relative 与 position:fixed 定位之间切换，就像 position:relative;。当页面滚动超出目标区域时，表现就像 position:fixed;，会固定在目标位置。元素定位表现为在跨越特定阈值前为相对定位，之后为固定定位，这个特定阈值指的是 top、right、bottom 或 left 之一。换言之，指定 top、right、bottom 或 left 其中之一阈值，才可使粘性定位生效；否则其行为与相对定位相同。注意 Internet Explorer、Edge 15 及更早 IE 版本不支持 sticky 定位，Safari 需要使用-webkit- prefix 才支持。

几种定位方式的示例代码如下。

（1）static 定位。

```
<!DOCTYPE html>
<html>
<head>
<meta charset="utf-8">
<title>信息技术基础</title>
<style>
div.static {
    position: static;
    border: 3px solid red;
}
</style>
</head>
<body>
<h2>static 定位</h2>
<div class="static">
  该对象使用了 position: static;
</div>
</body>
</html>
```

（2）fixed 定位。

```
<!DOCTYPE html>
<html>
<head>
<meta charset="utf-8">
<title>信息技术基础</title>
<style>
p.fixed{
    position:fixed;
    top:40px;
    right:10px;
}
</style>
</head>
<body>
<p class="fixed">信息技术基础</p>
<p>信息技术基础</p><p>信息技术基础</p><p>信息技术基础</p>
<p>信息技术基础</p><p>信息技术基础</p><p>信息技术基础</p>
</body>
</html>
```

（3）relative 定位。

```
<!DOCTYPE html>
<html>
<head>
<meta charset="utf-8">
<title>信息技术基础</title>
<style>
h3.left
{
    position:relative;
    left:-20px;
}
h3.right
{
    position:relative;
    left:20px;
}
</style>
</head>
<body>
<h3>正常标题</h3>
<h3 class="left">相对于正常标题向左移动 20 像素</h3>
<h3 class="right">相对于正常标题向右移动 20 像素</h3>
</body>
</html>
```

（4）absolute 定位。

```
<!DOCTYPE html>
<html>
<head>
<meta charset="utf-8">
<title>信息技术基础</title>
<style>
h3
{
    position:absolute;
    left:100px;
    top:150px;
}
</style>
</head>
<body>
<h3>绝对定位标题</h3>
</body>
</html>
```

（5）sticky 定位。

```
<!DOCTYPE html>
<title>信息技术基础</title>
<style>
div.sticky {
  position: -webkit-sticky;
  position: sticky;
  top: 0;
  padding: 5px;
  background-color: #cae8ca;
  border: 2px solid #4CAF50;
}
</style>
</head>
<body>
<p>上下滚动页面</p>
<div class="sticky">粘性定位!</div>
<div style="padding-bottom:1500px">
  <p>上下滚动页面</p>
  <p>上下滚动页面</p>
  <p>上下滚动页面</p>
  <p>上下滚动页面</p>
  <p>上下滚动页面</p>
  <p>上下滚动页面</p>
</div>
</body>
</html>
```

9.5.3　任务要求

打开 Dreamweaver CS6 后打开 index.html 文件，其内容如下。

```
<!DOCTYPE>
<html xmlns="http://www.w3.org/1999/xhtml">
<head>
<meta http-equiv="Content-Type" content="text/html; charset=gb2312" />
<title>无标题文档</title>
</head>

<body>
</body>
</html>
```

网页效果如图 9-128 所示。

图 9-128　网页效果

在 index.html 中完成以下设置。

（1）设置网页标题为"住宿网"，关键字内容为"住宿"。

（2）插入一个层并在其中插入图片 top.jpg。

（3）在层的下方插入一个 4 行 1 列的表格，设置边框粗细、单元格边距、单元格间距均为 0，并完成如下设置。

● 在第 1 行单元格中输入文字"快速搜索*>"，设置字体为加粗，字体颜色为#009900且居中显示。

● 在第 2 行、第 4 行单元格中插入一条水平线。

- 在第 3 行单元格中输入文字"精确搜索*>"，设置字体为加粗，字体颜色为#009900 且居中显示。

（4）插入一个层，在其中插入一个 2 行 2 列的表格，要求如下。

- 在第 1 行第 1 列中输入文字"*类型"，在文字的下方插入一个列表框，列表项为"宾馆""酒店""旅馆"。

- 在第 1 行第 2 列中输入文字"*星级"，在文字的下方插入一个列表框，列表项为"五星级""四星级""三星级""二星级""非星级"。

- 在第 2 行第 1 列中输入文字"*房间类型"，在文字的下方插入一个列表框，列表项为"标准间""单人间"。

- 在第 2 行第 2 列中输入文字"*价格范围"，在文字的下方插入一个列表框，列表项为"<100""100-200"。

（5）插入图片 sousuo.gif，并设置链接为"www.365zhusu.com"。

9.5.4 实现过程

实现过程如下。

（1）打开 Dreamweaver CS6 后打开 index.html 文件。

（2）在<head></head>部分设置网页标题和关键字，代码如下。

```
<meta name="Keywords" content="住宿" />
<title>住宿网</title>
```

（3）在<head></head>部分设置 CSS 样式，代码如下。

```
<style type="text/css">
#Layer1 {
    position:absolute;
    width:200px;
    height:115px;
    z-index:1;
}
.STYLE2 {
    color: #009900;
    font-weight: bold;
}
#Layer2 {
    position:absolute;
    width:400px;
    height:115px;
    z-index:2;
    left: 302px;
    top: 267px;
}
</style>
```

（4）在网页<body></body>部分插入一个层，并在其中插入图片，代码如下。

```
<div id="Layer1"><img src="Image/top.jpg" width="692" height="231" /></div>
```

（5）在 Layer1 下面插入一个 4 行 1 列的表格，代码如下：

```
<table width="200" border="0" cellspacing="0" cellpadding="0">
  <tr>
    <td><div align="center"><span class="STYLE2">快速搜索*&gt;</span></div>
</td>
  </tr>
  <tr>
    <td><hr class="STYLE2" /></td>
  </tr>
  <tr>
    <td><div align="center"><span class="STYLE2">精确搜索*&gt;</span> </div>
</td>
  </tr>
  <tr>
    <td><hr class="STYLE2" /></td>
  </tr>
</table>
```

（6）在表格下面插入一个层，在层中插入一个 2 行 2 列的表格，代码如下。

```
<div id="Layer2">
  <table width="200" border="0" cellspacing="0" cellpadding="0">
    <tr>
     <td><p>*类型</p>
       <form id="form1" name="form1" method="post" action="">
         <label>
           <select name="select">
             <option>宾馆</option>
             <option>酒店</option>
             <option>旅馆</option>
           </select>
         </label>
      </form>        <p> </p></td>
     <td><p>*星级</p>
       <form id="form2" name="form2" method="post" action="">
         <select name="select2">
           <option>五星级</option>
           <option>四星级</option>
           <option>三星级</option>
           <option>二星级</option>
           <option>非星级</option>
         </select>
       </form>
       <p> </p></td>
    </tr>
```

```
        <tr>
          <t.d><p>*房间类型</p>
           <form id="form3" name="form3" method="post" action="">
            <select name="select3">
             <option>标准间</option>
             <option>单人间</option>
            </select>
          </form>          <p> </p></td>
          <td><p>*价格范围</p>
           <form id="form4" name="form4" method="post" action="">
            <select name="select4">
             <option>&lt;100</option>
             <option>100-200</option>
            </select>
          </form><p> </p></td>
        </tr>
      </table>
</div>
```

（7）在 Layer2 下面插入图片及超链接，代码如下。

```
<p align="center"><a href="www.365zhusu.com"><img src="Image/sousuo.gif"
width="105" height="43" border="0" /></a></p>
```

9.5.5 技能训练

仿照京东首页在 index.html 文件中参照如图 9-129 所示的网页效果完成相应的设置。

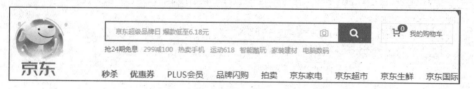

图 9-129　网页效果

✡9.6　习题✡

1. 单选题

（1）数据库管理系统的英文缩写是（　　）。

  A. DBS　　　　　　B. DBMS　　　　　C. DBA　　　　　D. DB

（2）在关系数据库系统中，所谓"关系"是指一个（　　　）。

　　A．表　　　　　　　B．文件　　　　　　C．二维表　　　　D．实体

（3）DB（数据库）、DBS（数据库系统）及 DBMS（数据库管理系统）三者之间的关系是（　　　）。

　　A．DBS 包含 DB 和 DBMS　　　　　　B．DBMS 包含 DB 和 DBS

　　C．DB 包含 DBS 和 DBMS　　　　　　D．DBS 就是 DB，也就是 DBMS

（4）关系数据库系统能够实现的 3 种基本关系运算是（　　　）。

　　A．索引、排序、查询　　　　　　　　B．F 连接、自然连接、连接

　　C．选择、投影、连接　　　　　　　　D．查询、连接、选择

（5）在 Access 2016 中，任何事物都被称为（　　　）。

　　A．方法　　　　　　B．对象　　　　　　C．属性　　　　　　D．事件

（6）Access 2016 数据库默认的扩展名是（　　　）。

　　A．docx　　　　　　B．xlsx　　　　　　C．pptx　　　　　　D．accdb

（7）在 Access 2016 中数据库类型是（　　　）。

　　A．层次型　　　　　B．关系型　　　　　C．网状型　　　　　D．树型

（8）关于表的说法正确的是（　　　）。

　　A．表是数据库　　　　　　　　　　　　B．表是记录的集合

　　C．在表中可以直接显示图形记录　　　　D．表中的数据不可以建立超级链接

（9）数据库系统与文件系统的主要区别是（　　　）。

　　A．数据库系统比较复杂，而文件系统比较简单

　　B．文件系统不能解决数据冗余和数据独立性问题，而数据库系统可以解决

　　C．文件系统管理的数据量少，而数据库系统可以管理庞大的数据量

　　D．文件系统只能管理程序文件，而数据库系统能够管理各种类型的文件

（10）下面关于实体描述的叙述中错误的是（　　　）。

　　A．客观存在并相互区别的事物

　　B．描述实体的特性称为"属性"

　　C．属性的集合标识一种实体的类型，称为"实体型"

　　D．实体的集合称为"实体集"

（11）在数据库系统中，数据的最小访问单位是（　　　）。

　　A．字节　　　　　　B．字段　　　　　　C．记录　　　　　　D．表

（12）在同一学校里，系和教师的关系是（　　　）。

　　A．一对一　　　　　B．一对多　　　　　C．多对一　　　　　D．多对多

（13）下列实体类型的联系中属于多对多联系的是（　　　）。

　　A．学生与课程之间的联系　　　　　　　B．飞机的座位和乘客之间的联系

　　C．商品条形码和商品之间的联系　　　　D．车间与工人之间的联系

（14）DBMS 对数据库数据的检索、插入、修改和删除操作的功能称为（　　　）。

　　A．数据操纵　　　　　　　　　　　　　B．数据控制

　　C．数据管理　　　　　　　　　　　　　D．数据定义

（15）下列关系模型中术语解析不正确的是（　　　）。

A. 记录：满足一定规范化要求的二维表，也称"关系"

B. 字段：二维表中的一列

C. 数据项：也称"分量"，是每个记录中一个字段的值

D. 字段的值域：字段的取值范围，也称"属性域"

（16）关系型数据库管理系统中的"关系"是指（　　）。

A. 每条记录中的数据之间具有一定的关系

B. 数据模型符合满足一定条件的二维表格式

C. 同一个数据库中的记录和记录之间满足一定的关系

D. 记录和字段之间通过二维表的形式进行连接

（17）关系数据库中的表不必具有的性质是（　　）。

A. 数据项不可再分

B. 记录的顺序可以任意排列

C. 同一列数据项要具有相同的数据类型

D. 字段的顺序不能任意排列

（18）如果两个表中有不同的实体和主关键字，则要在这两个表之间建立一对一联系的方法是（　　）。

A. 增加公共字段作为两个表的主关键字

B. 选择其中一个表，将其主关键字字段放到另一个表中作为外部关键字字段

C. 选择其中一个表，将其主关键字字段放到另一个表中与该表的主关键字字段联合作为该表的组合关键字

D. 无法建立一对一联系

（19）在数据库设计过程中为了避免数据的重复存储，又要保持两个表之间的多对多联系，则需要（　　）。

A. 创建第 3 个表，其中应包含其他两个表的主关键字

B. 把两个表通过关系运算合并为一个表，并将两个表的主关键字作为组合关键字

C. 把多对多的联系分解成一定数量的一对一的联系

D. 以上说法都不对

（20）连接运算是将两个关系模式拼接成一个更宽的关系模式，生成的新关系中包含满足连接条件的（　　）。

A. 关系 　　　　　 B. 二维表 　　　　　 C. 元组 　　　　　 D. 字段

（21）从关系模式中指定若干属性组成新的关系称为（　　）。

A. 选择 　　　　　 B. 投影 　　　　　 C. 连接 　　　　　 D. 自然连接

（22）从关系中找出满足给定条件的元组的操作称为（　　）。

A. 选择 　　　　　 B. 投影 　　　　　 C. 连接 　　　　　 D. 自然连接

（23）要从教师表中找出职称为"教授"的教师，需要执行的关系运算是（　　）。

A. 选择 　　　　　 B. 投影 　　　　　 C. 连接 　　　　　 D. 求交集

（24）设有选修信息技术基础的学生关系 R，选修程序设计基础的学生关系 S。求选修信息技术基础又选修了程序设计基础的学生，则需要执行的运算是（　　）。

A. 并 　　　　　 B. 差 　　　　　 C. 交 　　　　　 D. 或

（25）Access 2016 中短文本最多存储（　　）个字符。

  A．254   B．255   C．128   D．512

2．多选题

（1）关系模型的 3 类完整性规则包含（　　）。

  A．实体完整性规则   B．参照完整性规则

  C．用户定义的完整性   D．关系完整性

（2）关系代数中传统的集合运算包括（　　）和除。

  A．并   B．交

  C．差   D．笛卡儿积

（3）关系代数中专门的关系运算包含（　　）。

  A．投影   B．选择

  C．连接   D．自然连接

（4）常用的关系型数据库有（　　）。

  A．MySQL   B．Redis

  C．Memcached   D．Oracle

（5）非关系型数据库的优点包含（　　）。

  A．高并发   B．支持分布式

  C．易于扩展、可伸缩   D．弱结构化存储

（6）打开数据库的方式有（　　）。

  A．打开   B．以只读方式打开

  C．以独占方式打开   D．以独占只读方式打开

（7）Access 2016 中可以创建的 3 种形式的主键包含（　　）。

  A．自动编号主键   B．单字段主键

  C．多字段主键   D．特殊字段主键

（8）Access 2016 中可以通过查询向导包含（　　）4 种类型的向导。

  A．简单查询向导   B．交叉表查询向导

  C．查找重复项查询向导   D．查找不匹配项查询向导

（9）Access 2016 中的通配符有（　　）。

  A．*   B．?   C．#   D．@

（10）Access 2016 中取子串函数有（　　）。

  A．LEFT   B．RIGHT   C．MID   D．TRIM

3．判断题

（1）在 Access 2016 中表、查询、窗体等数据库对象都可存储为独立数据库文件。

                      （　　）

（2）属性（Attribute）是实体的特性。   （　　）

（3）表指关系数据库中的二维表，是 Access 2016 数据库中最基本的对象。 （　　）

（4）Access 2016 中日期/时间类型存储占 12 个字节。   （　　）

（5）不论是排序还是索引，都是为了加快数据查询速度。   （　　）

（6）外键约束就是将一个表中的主键设置为另外一个表的外键。（　　）

（7）SELECT 语句中的 DISTINCT 表示去除重复记录。（　　）

（8）NOW 函数用于返回系统的日期和时间。（　　）

（9）MAX 函数用于返回一组指定字段中的最大值。（　　）

（10）Create 语句主要用来创建表、索引等对象。（　　）

（11）Insert 语句主要用来在表中插入一条或多条记录。（　　）

（12）Update 语句用来创建一个更新查询，它将基于指定条件在指定表中更改字段中的值。（　　）

（13）Delete 语句用来创建一个删除查询，从 From 子句列出的一个或多个表中删除满足 Where 子句的记录。（　　）

模块 10

现代信息技术概述

☆任务 10.1 云计算技术基础与应用 ☆

10.1.1 学习要点

学习要点如下。
◆ 云计算（cloud computing）技术定义。
◆ 云计算技术特点。
◆ 云计算技术应用领域。
◆ 云计算技术架构。
◆ 云计算技术服务类型。
◆ 边缘云技术。
◆ 微服务技术。

10.1.2 知识准备

1. 云计算技术概述

云计算是分布式计算的一种，指的是通过网络"云"将巨大的数据计算处理程序分解成无数个小程序，然后通过多台服务器组成的系统处理和分析这些小程序得到结果并返回给用户。云计算技术早期就是简单的分布式计算，解决任务分发及计算结果合并的问题，因此这时的云计算技术又称为"网格计算技术"。通过这项技术，可以在很短的时间内（按秒计算）完成对数以万计的数据的处理，从而达到强大的网络服务。

现阶段的云计算技术已经不单单是一种分布式计算，而是把分布式计算、效用计算、负载均衡、并行计算、网络存储、热备份冗杂和虚拟化等技术混合演进并进一步升华的结果。

普通"云"用户无须具有 IT 设备操作能力和相应的专业知识，也不必了解如何管理那些支持云计算技术的基础设施。只需要通过网络接入云计算平台，就可以获取需要的服务，整个使用过程方便、简单。目前许多大型 IT 厂商都推出了各自的云计算技术平台，如谷歌公司的 Google APP Engine、亚马逊公司的 EC2、IBM 公司的 IBM Blue Cloud 及微软公司的 Microsoft Azure 等。

云计算技术具有的技术特征和规模效应使其具有比传统计算机系统更高的性价比优势。

（1）云计算技术数据中心规模庞大，可以节省大量开销。

企业的 IT 开销主要分为硬件开销、能耗，以及管理成本 3 个部分。根据 James 调查，一个拥有大约 5 万台服务器的特大型数据中心与一个拥有大约 1 000 台服务器的中型数据中心相比较，前者的存储和网络成本只相当于后者的 1/5 到 1/7，而数据中心的管理员管理的服务器数量则达到 7 倍。因此对于拥有几十万乃至上百万台计算机的亚马逊和谷歌云计算技术平台来说，其存储、网络和管理成本比用中型数据中心管理如此多的计算机可以降低 5～7 倍。

（2）云计算技术数据中心的电力成本和制冷成本占有相当大的比重。

由于发电采用的技术和区域不同也会使得电价有所差别，因此数据中心的地理位置布局将会对其运行成本产生影响。例如，美国爱达荷州的水电资源丰富，因此电价比较便宜。而夏威夷州市岛屿无电力资源，电力价格昂贵。由于云计算技术数据中心选址比较灵活，因此可以选择电力资源丰富、运营成本比较低的区域，相较于传统的数据中心可以大大节省投资。谷歌公司选择的云计算技术数据中心往往位于人烟稀少、水资源丰富，以及气候寒冷等区域，这样在电价、散热成本及人力成本等方面将远远低于人口密集的大城市。

（3）云计算技术有比传统的 IDC（互联网数据中心）更高的资源利用率。

构建传统的 IDC 时，以满足峰值需求为标准进行服务器和网络资源配置，通常情况下资源利用率只有 10%～15%。而云计算技术平台提供的服务具有弹性，通过资源动态分配、资源预留，以及负载均衡等策略实现资源的高效利用，资源利用率可达普通 IDC 的 5～7 倍。对于普通用户来说，云计算技术的优势也是显而易见的。他们既不用安装硬件，也不用开发软件，并且使用成本非常低；同时用户在云计算技术平台上可以实现应用系统快速部署、系统规模动态伸缩和更方便地共享数据。

2. 云计算技术定义

"云"实质上就是一个网络，狭义上讲云计算技术就是一种提供资源的网络。用户可以随时获取其中的资源并按需求量使用，并且可以看成是无限扩展的，只要按使用量付费就可以。"云"就像我们用电或煤气一样，可以随时使用。并且不限量，按照自己的用电用煤气量付费给供电局或燃气公司就可以。

从广义上说，云计算技术是与信息技术、软件、互联网相关的一种服务，这种计算资源共享池叫做"云"。云计算技术把许多计算资源集合起来，通过软件实现自动化管理，只需要很少的人参与就能快速提供资源。也就是说，计算能力作为一种商品可以在互联网上流通，就像水、电、煤气一样可以方便地取用并且价格较为低廉。

云计算技术定义一般是围绕"云"资源类型和"云"服务展开，"云"资源类型既包含计算机 CPU、存储空间及带宽等，又包含开发平台及所提供的信息服务等软件资源；"云"服务具有按需提供的特点，用户可以根据实际需要订购服务。因此云计算可以定义为使用大量的虚拟化资源池（包括计算机硬件、开发平台和服务等）为用户提供按需服务的一种计算机服务模式，如图 10-1 所示。

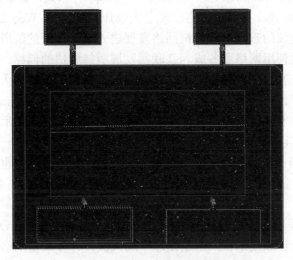

图 10-1　按需服务的一种计算机服务模式

云计算技术是继互联网后计算机在信息时代又一种新的革新，是信息时代的一个大飞跃，未来的时代可能是云计算技术的时代。虽然目前有关云计算技术的定义有很多，但是其基本含义是一致的。即云计算技术具有很强的扩展性和需要性，可以为用户提供一种全新的体验。其核心是将很多计算机资源协调在一起，使用户通过网络就可以获取无限的资源，并且获取的资源不受时间和空间的限制。云计算技术设备的连接如图 10-2 所示。

图 10-2　云计算技术设备的连接

3．云计算技术的发展历程

云计算技术这个概念从提出到今天已经 10 多年了，在这期间该技术取得了飞速的发展与翻天覆地的变化。如今云计算技术被视为计算机网络领域的一次革命，因为它的出现使得社会的工作方式和商业模式也在发生巨大的改变。

追溯云计算技术的根源，其产生和发展与并行计算、分布式计算等计算机技术密切相关。

在上世纪的 90 年代，计算机网络出现了大爆炸。2004 年 Web 2.0 成为当时的热点，这也标志着互联网泡沫的破灭，计算机网络发展进入了一个新的阶段。在这一阶段，让更多的用户方便快捷地使用网络服务成为互联网发展亟待解决的问题。与此同时，一些大型公司也开始致力于开发大型计算能力的技术，为用户提供了更加强大的计算处理服务。

2006 年 8 月 9 日，谷歌首席执行官埃里克·施密特（Eric Schmidt）在搜索引擎大会（SESSanJose 2006）上首次提出"云计算"的概念。这是云计算技术发展史上第 1 次正式地提出这一概念，有巨大的历史意义。

2007 年以来，云计算成为计算机领域最令人关注的话题之一，也是大型互联网企业着力研究的重要方向。因为云计算技术的提出，所以互联网技术和 IT 服务出现了新的模式，引发了一场变革。

2008 年，微软发布其公共云计算平台（Windows Azure Platform），由此拉开了其云计算技术大幕；同时云计算技术在国内也掀起一场风波，许多大型网络公司纷纷加入云计算的阵列。

2009 年 1 月，阿里软件在江苏南京建立首个"电子商务云计算中心"。同年 11 月，中国移动云计算技术平台"大云"计划启动。

2019 年 8 月 17 日，北京互联网法院发布《互联网技术司法应用白皮书》，发布会上北京互联网法院互联网技术司法应用中心揭牌成立。

4．云计算技术特点

云计算技术的方便之处在于高灵活性、可扩展性和高性比等，与传统的网络应用模式相比，具有如下优势与特点。

（1）虚拟化技术。

必须强调的是虚拟化技术突破了时间、空间的界限，是云计算技术最为显著的特点，虚拟化技术包括应用虚拟和资源虚拟。众所周知，物理平台与应用部署的环境在空间上是没有任何联系的，正是通过虚拟平台对相应终端操作完成数据备份、迁移和扩展等。

（2）动态可扩展。

云计算技术具有高效的运算能力，在原有服务器基础上增加云计算技术功能能够使计算速度迅速提高，最终实现动态扩展虚拟化的层次达到对应用进行扩展的目的。

（3）按需部署。

计算机系统包含许多应用，不同的应用对应的数据资源库不同。所以用户运行不同的应用需要较强的计算能力对资源进行部署，而云计算技术平台能够根据用户的需求快速配备计算能力及资源。

（4）灵活性高。

目前市场上大多数 IT 资源和软硬件都支持虚拟化，如存储网络、操作系统和开发平台等。虚拟化需要将资源统一放在"云"系统资源虚拟池中进行管理，可见云计算技术的兼容性非常强。不但可以兼容低配置机器、不同厂商的硬件产品，还能够获得更高性能的计算能力。

（5）可靠性高。

即使服务器故障也不影响计算与应用的正常运行，因为单点服务器出现故障可以通过虚拟化技术将分布在不同物理服务器上面的应用进行恢复或利用动态扩展功能部署新的服务器进行计算。

（6）性价比高。

将资源放在虚拟资源池中进行统一管理在一定程度上优化了物理资源，用户不再需要昂贵、存储空间大的主机。可以选择相对廉价的 PC 组成云，一方面减少费用；另一方面计算性能不逊于大型主机。

（7）可扩展性。

用户可以利用应用软件的快速部署条件来更为简单快捷地将所需的已有业务及新业务进行扩展。例如，计算机云计算系统中出现设备故障。对于用户来说，无论是在计算机层面上，还是在具体运用上均不会受到阻碍。即可以利用计算机云计算技术具有的动态扩展功能来对其他服务器开展有效扩展，这样就能够确保任务得以有序完成。在对虚拟化资源进行动态扩展的情况下，也能够高效扩展应用，提高计算机云计算技术的操作水平。

5．云计算技术服务类型

通常云计算技术的服务类型分为 3 类，基础设施即服务（IaaS）、平台即服务（PaaS）和软件即服务（SaaS），如图 10-3 所示。

软件即服务（SaaS）
（行业应用、CRM、ERM、OA 等）
平台即服务（PaaS）
（优化的中间件—应用服务器、数据库服务器等）
基础设施即服务（IaaS）
（虚拟的服务器、存储、网络）

图 10-3　云计算技术服务类型

这 3 种云计算技术服务有时称为"云计算技术堆栈"。

（1）IaaS。

IaaS 是主要的服务类别之一，它为云计算提供商的个人或组织提供虚拟化计算资源，如虚拟机、存储、网络和操作系统。IaaS 的数据中心通常处于不同的地理位置，全球服务商的数据中心往往分布在世界各地。IaaS 一般根据当前资源状况提供服务，一些 IaaS 供应商也提供提前预订资源的功能，允许用户订购未来特定时间内的预留资源。例如，Amazon 弹性云（Amazon Elastic Compute Cloud，AEC2）提供资源预订服务。用户可以支付一定的费用订购未来一定期限内的资源，在资源可以使用时再支付一定数额的贴现率。IaaS 具有自动缩放和负载均衡特点，可以根据用户不同的使用情况，如单位时间内交易量、并发用户数和请求延时等指标来扩大或者缩小应用规模。IaaS 供应商根据服务水平协议（Service Level Agreement，SLA）承诺相应的服务质量（Quality of Service，QoS），这些指标双方经过协商进行约定。如果供应商违反指标，将要受到惩罚。

Amazon 弹性云是一种 Web 服务，可以在"云"中提供安全并且大小可调的计算容量，并且按照用户使用的云计算技术资源收费。

（2）PaaS。

PaaS 是一种服务类别，为开发人员提供通过全球互联网构建应用程序和服务的平台，为开发、测试和管理应用程序提供按需开发环境。PaaS 供应商一般支持多种编程语言，包括 Python、Java、NET 语言等。微软云操作系统 Microsoft Windows Azure 是个开放平台，包含了开源软件和系统在内的服务器操作系统，以及各类编程语言、框架、软件包、开发工具、数据库等，如连接 MySql、Redis 的 PaaS 服务。

（3）SaaS。

SaaS 通过互联网提供按需软件付费应用程序，云计算技术提供商托管和管理软件应用程序，允许其用户连接到应用程序并通过全球互联网访问应用程序。

按照云计算技术服务的部署方式和服务对象的范围可以将云计算分为 3 类，即公共云、私有云和混合云，如图 10-4 所示。

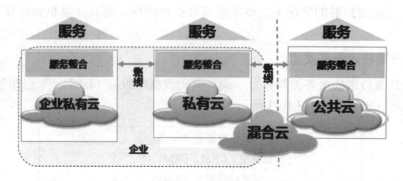

图 10-4　公共云、私有云和混合云

（1）公共云：由特定云服务提供商运营，为最终用户提供从应用程序、软件运行环境，到物理基础设施等各种各样的 IT 资源。在该方式下，云服务技术提供商需要保证所提供资源的安全性和可能性等非功能性需求。而最终用户不关心具体资源由谁提供、如何实现等问题，如 Amazon 的 AWS（EC2、S3 等）及 Microsoft Azure 服务平台等。

（2）私有云：由某一组织构建、运营、管理的云，仅为本组织提供云服务。相对于公共云，私有云可以支持动态灵活的基础设施，降低 IT 架构的复杂度。使各种 IT 资源得以整合、标准化，更加容易满足企业业务发展的需要，私有云用户完全拥有整个云计算中心的设施（如中间件、服务器、网络及存储设备等）。私有云具有构建成本低、维护方便、使用灵活等特点。

（3）混合云：由两个或多个公共云和私有云组成，组成混合云的公共云和私有云都是可以独立工作的实体。相互之间互联需要遵从一定的协议，这样使得不同云之间的数据和应用具有可移植性。一个组织可以拥有私有云，也可以根据需要向公共云订购云服务。一些云资源供应商提供混合云解决方案，使得组织和企业既可以使用公共云资源，又可以使用私有云资源。例如,Amazon Virtual Private Cloud(AVPC)允许用户在 Amazon Web Service (AWS)云中预置一个逻辑隔离分区。用户可以在自己定义的虚拟网络中启动 AWS 资源。对虚拟网络进行配置和管理,也可以为可访问 Internet 的 Web 服务器创建公有子网。然后将数据库或应用程序服务器等后端系统放在私有子网中,通过安全策略控制各个子网中 Amazon EC2 实例的访问。

6. 关键技术实现

（1）云计算技术体系结构。

云计算技术体系结构分为物理资源层、资源池层、管理中间件层和服务接口层 (Service-oriented Architecture,SOA),如图 10-5 所示。

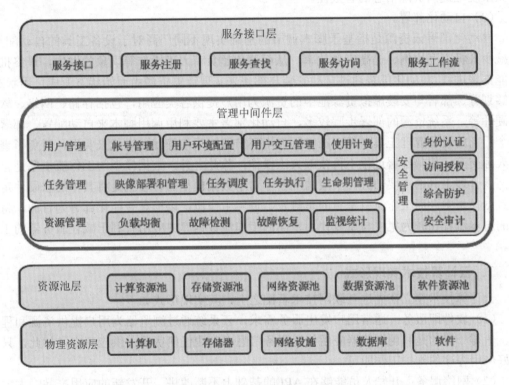

图 10-5　云计算技术体系结构

云计算技术体系结构底层为物理资源层,包括计算机、存储器、网络、数据库及软件等资源。物理资源层之上是资源池层,此层将大量相同类型的资源构成同构或接近同构的资源池,如计算资源池、数据资源池等。构建资源池更多是物理资源的集成和管理工作,如研究在一个标准集装箱的空间中如何装下 2 000 台服务器、解决散热和故障节点替换的问题并降低能耗。管理中间件层负责对云计算的资源进行管理,并对任务进行调度,使得资源的利用更加安全、高效。服务接口层将云计算能力封装成标准的 Web 服务,并纳入到 SOA 体系进行管理和使用,包括服务注册、查找、访问和构建服务工作流等。管理中间件层和资源池层是云计算技术的最关键部分,SOA 的功能更多依靠外部设施提供。

（2）资源监控。

云系统中的资源数据十分庞大，并且资源信息更新速度快，精准、可靠的动态信息需要有效途径确保其快捷性。而云系统能够为动态信息进行有效部署，并且兼备资源监控功能，有利于对资源的负载、使用情况进行管理；其次，资源监控作为资源管理的"血液"，对整体系统性能起关键作用。一旦系统资源监控不到位导致信息缺乏可靠性，那么其他子系统引用了错误的信息必然对系统资源的分配造成不利影响，因此落实资源监控刻不容缓。在资源监控过程中只要在各台云服务器中部署 Agent 代理程序便可进行配置与监管活动，如通过一台监视服务器连接各云资源服务器。然后以周期为单位将资源的使用情况发送至数据库，由监视服务器综合数据库的有效信息对所有资源进行分析。以评估资源的可用性，最大限度地提高资源信息的有效性。

（3）自动化部署。

自动化部署云资源是指基于脚本调节的基础实现不同厂商对于设备工具的自动配置，以减少人机交互比例、提高应变效率。从而避免超负荷人工操作等现象的发生，最终推进智能部署进程。自动化部署通过自动安装与部署来实现计算资源由原始状态变成可用状态，能够划分、部署与安装虚拟资源池中的资源为用户提供各类应用，包括存储、网络、软件及硬件等。系统资源的部署步骤较多，自动化部署主要利用调用脚本来自动配置、部署与各个厂商的设备管理工具。保证在实际调用环节能够采取静默的方式来实现，避免了繁杂的人际交互，使得部署过程不再依赖人工操作；除此之外，数据模型与工作流引擎是自动化部署管理工具的重要部分。一般情况下，对于数据模型的管理就是将具体的软硬件定义在数据模型中。而工作流引擎指的是触发、调用工作流，以提高智能化部署为目的，将不同的脚本流程在较为集中与重复使用率高的工作流数据库中应用有利于减轻服务器的工作量。

7. 云计算技术实现形式

云计算技术建立在先进互联网技术基础之上，其实现形式如下。

（1）软件即服务：通常用户发出服务需求，云系统通过浏览器为用户提供资源和程序等。值得一提的是利用浏览器应用传递服务信息不花费任何费用，供应商亦是如此，只要做好应用程序的维护工作即可。

（2）网络服务：开发人员能够在 API 的基础上不断改进、开发新的应用产品，大大提高单机程序中的操作性能。

（3）平台服务：一般服务于开发环境，协助中间商升级与研发程序；同时完善用户下载功能，用户可通过互联网下载，具有快捷、高效的特点。

（4）互联网整合：利用互联网发出指令时同类服务众多，云系统会根据终端用户需求匹配相适应的服务。

（5）商业服务平台：构建商业服务平台的目的是为了向用户和提供商提供一个沟通平台，从而需要管理服务和软件，即服务搭配应用。

（6）管理服务提供商：此种应用模式常服务于 IT 行业，常见服务内容有扫描邮件病毒、监控应用程序环境等。

8．云计算技术中的安全威胁

（1）云计算平台中的隐私被窃取。

随着时代的发展，人们运用网络进行交易或购物。网上交易在云计算的虚拟环境下进行，交易双方会在网络平台上进行信息之间的沟通与交流。而网络交易存在很大的安全隐患，不法分子可以通过云计算技术对网络用户的信息进行窃取。还可以在用户与商家进行网络交易时窃取用户和商家的信息，窃取信息后就会采用一些技术手段破解并分析信息，以此发现用户更多的隐私信息，甚至有的不法分子还会通过云计算来盗取用户和商家的信息。

（2）云计算平台中的资源被冒用。

云计算技术的环境有虚拟特性，而用户通过云计算在网络交易时需要在保障双方网络信息都安全时才会进行网络操作。但是云计算中存储的信息很多，并且云计算环境也比较复杂，云计算中的数据会出现被滥用的现象。这样会影响用户的信息安全，并且造成一些不法分子利用被盗用的信息欺骗用户亲人的行为。还会有一些不法分子利用这些在云计算中盗用的信息进行违法的交易，从而造成云计算中用户的经济损失。这些都是云计算信息被冒用引起的，并且都严重威胁了云计算的安全。

（3）云计算平台容易出现黑客攻击。

黑客攻击指的是利用一些非法手段进入云计算的安全系统，给云计算技术的安全网络带来一定破坏的行为。黑客入侵到云计算平台使云计算的操作带来未知性，造成的损失很大且无法预测，所以黑客入侵给云计算带来的危害大于病毒给云计算带来的危害；此外，黑客入侵的速度远大于安全评估和安全系统的更新速度，使得当今黑客入侵到电脑后给云计算带来巨大的损失。并且目前的技术也无法对黑客攻击进行预防，这也是造成当今云计算不安全的问题之一。

（4）云计算平台中出现病毒。

大量用户通过云计算存储数据，当云计算出现异常时就会出现一些病毒，从而导致以云计算为载体的计算机无法正常工作。这些病毒还能复制并通过一些途径传播，这样就会导致为云计算为载体的计算机出现死机现象。并且因为互联网的传播速度很快，所以导致云计算平台或计算机一旦出现病毒就会很快传播，从而产生很大的攻击力。

9．云计算技术的应用领域

较为简单的云计算技术已经普遍服务于现如今的互联网服务中，最为常见的就是网络搜索引擎和网络邮箱。

在任何时刻只要使用移动终端就可以在搜索引擎中搜索任何想要的资源，即通过云端共享数据资源。而网络邮箱也是在云计算技术和网络技术的推动下成为社会生活中的一部分，只要在网络环境下就可以实现实时的邮件收发。云计算技术已经融入现今的社会生活，其应用领域图如图 10-6 所示。

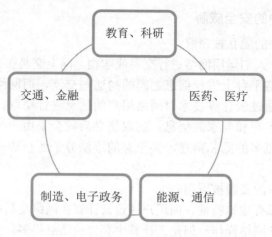

图 10-6　云计算技术的应用领域

（1）存储云。

存储云又称"云存储"，是在云计算技术上发展起来的一种新的存储技术。它是一个以数据存储和管理为核心的云计算系统，用户可以将本地的资源上传至云端，并在任何地方接入互联网来获取云中的资源。谷歌、微软等大型网络公司均有存储云的服务，在国内阿里云、华为云、腾讯云则是市场占有量最大的存储云。存储云为用户提供了存储容器服务、备份服务、归档服务和记录管理服务等，大大方便了用户对资源的管理。

（2）医疗云。

医疗云是指在云计算、移动技术、多媒体、5G 通信、大数据，以及物联网等新技术基础上结合医疗技术，使用云计算创建的医疗健康服务云平台，实现了医疗资源的共享和医疗范围的扩大。因为云计算技术的运用与结合，所以医疗云提高了医疗机构的效率，方便了居民就医。例如，现在医院的预约挂号、电子病历、医保及 2020 年新型冠状病毒肺炎在线会诊等都是云计算与医疗领域结合的产物。医疗云还具有数据安全、信息共享、动态扩展、布局全国的优势。

（3）金融云。

金融云是指利用云计算模型将信息、金融和服务等功能分散到庞大分支机构构成的互联网云中，旨在为银行、保险和基金等金融机构提供互联网处理和运行服务；同时共享互联网资源，从而解决现有问题并且达到高效、低成本的目标。2013 年 11 月 27 日，阿里云整合阿里巴巴旗下资源并推出阿里金融云服务，这就是现在基本普及的快捷支付。因为金融与云计算的结合，所以现在只需要在手机上简单操作就可以完成银行存款、购买保险和基金买卖。现在苏宁金融、腾讯等企业均推出了自己的金融云服务。

（4）教育云。

教育云是指教育信息化的一种发展，它可以将所需要的任何教育硬件资源虚拟化。然后将其传入互联网中，以为教育机构、学生和老师提供一个方便快捷的平台。现在流行的慕课、微课就是教育云的一种应用，慕课指的是大规模开放的在线课程。现阶段慕课的 3大优秀平台为 Coursera、edX 及 Udacity。在国内，中国大学 MOOC、超星、职教云也是非常好的平台。

10．边缘云计算技术

随着 5G、物联网时代的到来，传统云计算技术难以满足终端侧大连接、低时延、大带宽的需求。将云计算能力拓展到边缘侧并通过云端管控实现云服务的下沉，提供端到端的云服务，由此产生了边缘云计算。

边缘计算目前还没有一个严格统一的定义，不同研究者从各自视角来描述和理解它。ISO/IEC JTC1/SC38 给出的定义是"边缘计算是一种将主要处理和数据存储放在网络边缘节点的分布式计算形式"，边缘计算产业联盟则定义为"指在靠近物或数据源头的网络边缘侧，融合网络、计算、存储、应用核心能力为一体的开放平台，就近提供最近端服务"。边缘计算参考架构如图 10-7 所示。

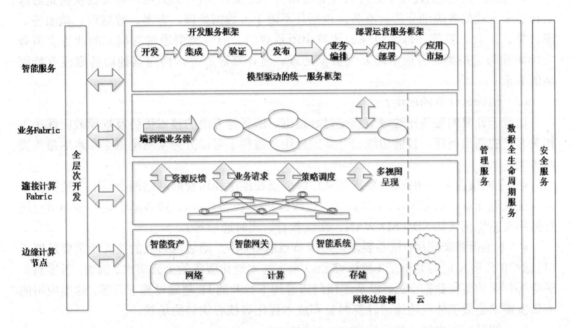

图 10-7　边缘计算参考架构

华为推出智能边缘平台（Intelligent Edge Fabric）满足客户对边缘计算资源的远程管控、数据处理、分析决策，以及智能化的诉求，支持海量边缘节点安全接入、边缘应用生命周期管理，为用户提供完整的边云协同的一体化服务。

边缘云计算技术是基于云计算技术的核心和边缘计算的能力，构筑在边缘基础设施上的云计算平台形成边缘位置的计算、网络、存储、安全等能力全面的弹性云平台，并与中心云和物联网终端形成"云边端三体协同"的端到端的技术架构。通过将网络转发、存储、计算、智能化数据分析等工作放在边缘处理，降低了响应时延和带宽成本；同时减轻了云端压力，并提供全网调度、算力分发等云服务。

（1）边缘云的特征。

作为云计算服务的一种，区别于弹性计算、对象存储等云服务，通常来说边缘云计算具备以下一个或多个特征。

● 物理位置上靠近端测：受限于物理规律，只有当端与服务的物理距离（指网络信号在有线或者无线环境中的实际传播距离）足够近时才有可能产生足够低的响应延迟，以及足够高的带宽满足特定业务场景的网络传输要求。

- 不同于其他云服务运行在数量较少的集中管理的大型数据中心，边缘云计算广泛分布于终端的附近，而且数量更多。
- 为了满足特定的业务场景，通常需要定制硬件。例如，添加 GPU（图形处理器）、FPGA（为专用集成电路（ASIC）领域中的一种半定制电路而出现的，既解决了定制电路的不足，又克服了原有可编程器件门电路数有限的缺点。）等组件。在有些场景下，边缘云计算的风火水电等机房环境会比较恶劣，甚至有时需要通过定制硬件适应高温、高尘的恶劣运行环境。
- 在服务交付的过程中边缘云计算通常并不是最终交付形态，用户需要的反而是边缘云计算中承载的各类细分的云服务，包括且不限于大数据处理、容器、数据库、微服务、流计算、函数计算等。每个边缘云计算中所承载的云服务类型通常与端测的业务类型有关，如视频监控类业务通常需要大数据处理、流计算等服务，而对其他服务则没有特别高的要求。

（2）边缘云计算的应用。

边缘云计算的服务在边缘节点交付、运维、服务等方面的技术优势及规模效应解决了相关客户的痛点问题，目前边缘云计算的应用从覆盖上可以分为全网覆盖类和本地覆盖类两大类。

- 全网覆盖类应用：核心要求是从边缘节点在地区和运营商网络两个层面上的覆盖度来保证就近计算（如 CDN、互动直播、边缘检测/监控等业务），或者基于足够多的节点进行网络链路优化（如 SDN/SD-WAN、在线教育、实时通信等）。
- 本地覆盖类应用：核心要求是边缘节点的本地化，即边缘节点的接入距离要足够近（目标<30 公里），时延足够低（目标<5 ms）来支持本地化服务的上云需求。例如，新零售、医疗等行业的监控数据上云，以及连锁门店等线下行业的 IT 基础设施上云等，这类应用的大带宽需求是最能体现边缘云计算时延和成本优化等核心优势的场景。

（3）智慧城市中的边缘云应用。

随着人工智能和大数据的发展，各行各业都在利用科技智能化和大数据分析等前沿科技手段提升行业应用的科技效率，减低产业数字化系统的运维成本。例如，在数字机床和工控领域等行业可以把 AI 能力和数字分析能力部署在工业园区内，以实现在边缘局域范围内完成实时的工控智能。在机场、车站等人流密集区域通过把人脸识别和视频监控部署在边缘侧，实现在边缘侧实时处理分析具有特征值的人和物，满足实时监控需求。

智慧城市需要信息的全面感知、智能识别研判、全域整合和高效处置，并且汇集热点地区、公安、交警等数据，以及运营商的通信类数据、互联网的社会群体数据、IoT（物联网）设备的感应类数据。智慧城市服务需要通过数据智能识别各类事件，并根据数据相关性对事态进行预测，基于不同行业的业务规则对事件风险进行研判。整合公安、交警、城管、公交等社会资源，对重大或者关联性事件进行全域资源联合调度。实现流程自动化和信息一体化，提高社会处置能力。在智慧城市的建设过程中，边缘云计算的价值同样巨大。图 10-8 所示为智慧城市边缘云计算技术架构。

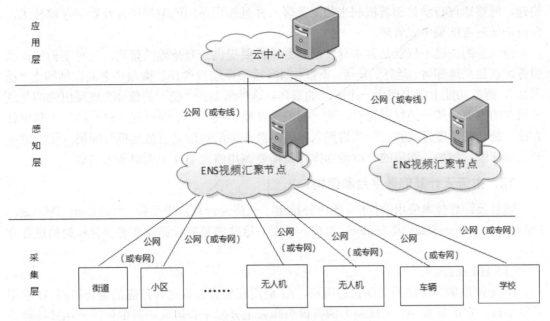

图 10-8　智慧城市边缘云计算技术框架

整个系统分为采集层、感知层、应用层，在采集层海量监控摄像头采集原始视频并传输到就近的本地汇聚节点；在感知层视频汇聚节点内置来自云端下发的视觉 AI 推理模型及参数，完成对原始视频流的汇聚和 AI 计算，提取结构化特征信息；在应用层城市大脑可根据来自各个汇聚节点上报的特征信息全面统筹规划形成决策，还可按需实时调取原始视频流。

11．微服务技术架构

微服务就是一些可独立运行、可协同工作的小的服务，"可独立运行""可协同工作""小而美" 3 词高度概括了其核心特性。

（1）可独立运行。

微服务是一个个可以独立开发、独立部署、独立运行的系统或者进程。

（2）可协同工作。

采用微服务架构整个系统被拆分成多个微服务，这些服务之间往往不是完全独立的，在业务上存在一定的耦合。即一个服务可能需要使用另一个服务所提供的功能，这就是所谓的"可协同工作"。与单服务应用不同的是多个微服务之间的调用通过 RPC 通信来实现，而非单服务的本地调用。所以通信的成本相对要高一些，但带来的好处也是可观的。

（3）小而美。

微服务的思想是将一个拥有复杂功能的庞大系统按照业务功能拆分成多个相互独立的子系统，这些子系统则被称为"微服务"。每个微服务只承担某一项职责，从而相对于单服务应用其体积是"小"的，小也就意味着每个服务承担的职责变少。根据单一职责原则，在系统设计时要尽量使得每一项服务只承担一项职责，从而实现系统的"高内聚"。

微服务架构风格是一种使用一套小服务来开发单个应用的方式途径，每个服务运行在自己的进程中并使用轻量级机制通信，通常是 HTTP 资源的 API。这些服务基于业务能力构建，能够通过自动化部署机制来独立部署。并且使用不同的编程语言及数据存储技术，保持最低限度的集中式管理。

微服务的关键不仅仅是其本身，而是系统需要提供一套基础的架构，这种架构使得微服务可以独立地部署、运行、升级。不仅如此，这个系统架构还让微服务之间在结构上"松耦合"，而在功能上则表现为一个统一的整体。这种所谓的"统一的整体"表现出来的是统一风格的界面、统一的权限管理、统一的安全策略、统一的上线过程、统一的日志和审计方法、统一的调度方式和统一的访问入口等。微服务的目的是有效地拆分应用，实现敏捷开发和部署。例如，淘宝的一次购物操作就需要调用将近 200 个微服务来完成。

12. 主流云计算部署平台和架构

随着云计算技术应用的推广，国内外推出了一些云计算部署平台，如 HiLens、Docker、Kubernetes、OpenStack 及 Hadoop 架构，下面对这些常见的云计算部署平台和架构进行介绍。

（1）HiLens。

HiLens 是华为推出的面向普通用户、AI 应用开发者、软硬件厂商的端云协同 AI 应用开发平台，它由具备 AI 推理能力的摄像头和云上开发平台组成。其中包括一站式技能开发、设备部署与管理、数据管理、技能市场等，帮助用户开发 AI 技能并将其推送到端侧设备。HiLens 特点一是端云协同推理，平衡低计算时间延迟和高精度；二是端侧分析数据，降低上云存储成本；三是一站式技能开发，缩短开发周期；四是技能市场预置丰富技能，在线训练且一键部署，包括云侧平台和端侧平台。HiLens 的应用场景有家庭智能监控、园区智能监控、商超智能监控、智能车载等。

（2）Docker。

Docker 是一个开源的应用容器引擎，允许开发人员打包其应用及依赖包到一个可移植的镜像中。然后发布到任何流行的 Linux 或 Windows 机器上，也可以实现虚拟化。容器完全使用沙箱机制，相互之间不会有任何接口。Doker 有 4 个应用场景，即 Automating the packaging and deployment of applications（使应用的打包与部署自动化）、Creation of lightweight, private PAAS environments（创建轻量、私密的 PAAS 环境）、Automated testing and continuous integration/deployment（实现自动化测试和持续的集成/部署）、Deploying and scaling web apps, databases and backend services（部署与扩展 Web App、数据库和后台服务）。

（3）Kubernetes。

Kubernetes 是谷歌开源的一个容器编排引擎，支持自动化部署、大规模可伸缩、应用容器化管理。在生产环境中部署一个应用程序时通常要部署其多个实例，以便对应用请求进行负载均衡。在 Kubernetes 中可以创建多个容器，每个容器运行一个应用实例。然后通过内置的负载均衡策略实现对这一组应用实例的管理、发现、访问，而这些细节都不需要运维人员进行复杂的手工配置和处理。Kubernetes 的特点一是可移植，支持公有云、私有云、混合云、多重云（multi-cloud）；二是可扩展模块化、插件化、可挂载及可组合；三是自动化，即自动部署、自动重启、自动复制、自动伸缩/扩展。

（4）OpenStack。

OpenStack 是一个在数据中心的云操作系统，可以调度大量的计算、网络、存储资源。通俗来讲，OpenStack 是一款开源的云计算技术平台，主要部署 IaaS。其功能可以满足企业私有使用，也是全球最大的 Python 项目。OpenStack 中包含各种各样的组件，如提供身份验证的 Keystone 组件、提供计算服务的 Nova 组件、提供镜像服务的 Glance 组件、提供对象存储的 Swift 组件、提供网络服务的 Neutron 组件、提供块存储服务的 Cinder 组件，以及提供面板服务的 horizon 组件等。OpenStack 主要目标是来简化资源的管理和分配，把计算、网络、存储 3 大项虚拟为 3 大资源池。如果需要计算资源或网络资源，均可以提供。并且对外提供 API，通过 API 进行交互。如今 OpenStack 作为一个成功的开源项目，已有近 10 年的发展历史，国内外现在已经将其作为部署云计算技术资源平台的首选。

（5）Hadoop 开源云架构。

Hadoop 起源于开源组织 Apache 建立的开源引擎项目 Nutch，在该项目的发展过程中借鉴了谷歌公司 GFS、MapReduce 和 BigTable 的思想，实现了 Nutch 版的 NDFS 和 MapReduce。并据此成立新的项目组，称为"Hadoop"，目前版本为 HadHoop 3.2.1。

Hadoop 的典型应用如下。

（1）构建大型分布式集群。

Hadoop 可以构建大型分布式集群，从而提供海量存储和计算服务。

（2）构建数据仓库。

企业服务器的日志文件和半结构化的数据不适合存入关系型数据库，但是很适合存储半结构化的 HDFS，并利用其他工具进行报表查询等服务。

（3）数据挖掘。

通过 Hadoop 可以实现多台机器并行处理海量数据，提高了数据处理的速度。

✡ 任务 10.2　大数据技术基础与应用 ✡

10.2.1　学习要点

学习要点如下。

◆ 大数据（big data）技术定义。

◆ 大数据技术特点。

◆ 大数据技术应用领域。

◆ 大数据技术发展趋势。

◆ 大数据分析过程。

◆ 大数据与 Hadoop。

10.2.2 知识准备

百度百科关于大数据的描述是指无法在一定时间范围内用常规软件工具捕捉、管理和处理的数据集合，是需要新处理模式才能具有更强的决策力、洞察发现力和流程优化能力的海量、高增长率和多样化的信息资产。

1. 大数据定义

"麦肯锡"全球研究所给出的大数据定义是"一种规模大到在获取、存储、管理、分析方面大大超出了传统数据库软件工具能力范围的数据集合，具有海量的数据规模、快速的数据流转、多样的数据类型和价值密度低 4 大特征。"

大数据技术的战略意义不在于掌握庞大的数据信息，而在于对这些有意义的数据进行专业化处理。换而言之，如果把大数据比作一种产业，那么这种产业实现盈利的关键在于提高数据的"加工能力"，即通过"加工"实现数据的"增值"。

从技术层面上看，大数据技术与云计算技术的关系就像一枚硬币的正反面一样密不可分。大数据必然无法用单台计算机处理，必须采用分布式架构。其特色在于对海量数据进行分布式数据挖掘，因此必须依托云计算的分布式处理、分布式数据库，以及云存储和虚拟化技术。

随着"云"时代的来临，大数据也吸引了越来越多的关注。它通常用来形容一个公司创造的大量非结构化数据和半结构化数据，这些数据在下载到关系型数据库用于分析时会花费过多时间和金钱。大数据分析常和云计算技术联系到一起，因为实时的大型数据采集分析需要像 MapReduce 一样的框架来为数十、数百或数千台电脑分配工作。

大数据需要特殊的技术，以有效地处理大量的经过时间内的数据，适用于大数据的技术包括大规模并行处理（MPP）数据库、数据挖掘、分布式文件系统、分布式数据库、云计算技术平台、互联网和可以扩展的存储系统等。

由于大数据存储的数据量非常庞大，所以需要了解计算机中数据存储的单位。最小的基本单位是 bit，按顺序给出所有单位是 bit、Byte、KB、MB、GB、TB、PB、EB、ZB、YB、BB、NB、DB，并按照进率 1 024（2 的 10 次方）来计算。

2. 大数据特征

开始被认知的大数据特性有 4 种，即"4V"特性，包括数据量大（Volume）、种类多（Variety）、速度快时效高（Velocity）、价值密度低（Value）。IBM 接着提出了"5V"特性，即在"4V"的基础上增加了真实性（Veracity）。随着对大数据认知的不断深入，在"5V"的基础上又增加了可变性（Variability）。

（1）海量性（Volume）。

大数据最主要的特征之一是数据量大，拥有海量数据。例如，互联网每天产生的全部内容可以刻满 6.4 亿张 DVD；另外，全球每秒发送 290 万封电子邮件。一分钟读一封，足够读 5.5 年，并且这个数据在与日俱增。

（2）多样性（Variety）。

种类多也是大数据的主要特性之一，即数据类型的多样性。除了结构化数据外，还包括了更多的半结构化数据和非结构化数据，如网络日志、社交媒体、视频、图片、地理位置等多种数据类型。如果仅依赖传统的数据传输、存储、处理方式，则明显无法满足要求。

（3）快速性（Velocity）。

该特性描述的是数据产生和移动的速度快，这是大数据所要具备的基本功能之一。如何快速处理、分析数据，并返回结果给用户，对速度和时效同样要求很高。

（4）价值性（value）。

大数据有巨大的潜在价值，但与其呈几何指数爆发式增长相比，某一对象或模块数据的价值密度较低。大数据时代一个重要的转变就是可以分析更多的数据，有时甚至需要处理所有的数据。即全样本数据，而不再依赖于随机采样数据。

（5）真实性（Veracity）。

真实性是一个与数据是否可靠相关的重要特性，随着社交数据、企业内容、交易与应用数据等新数据源的不断涌入，并不是所有的数据源都具有相等的可靠性。为在大数据中发现对商业、决策真正有效的数据，更加需要保证数据的真实性及安全性。

（6）可变性（Variability）。

大数据具有多层结构，这意味着大数据会呈现多变的形式和类型。传统业务数据随时间演变已拥有标准的格式，能够被标准的商务智能软件识别。比较传统的业务数据，大数据存在不规则和模糊不清的特性，造成很难，甚至无法使用传统的应用软件进行分析。

3．大数据用途

大数据的价值并不在于"大"，而在于"有用"。也就是说大数据本身不产生价值，如何分析、挖掘和利用大数据对决策和业务产生帮助才是关键。

（1）零售大数据——营销策略。

这是一个大数据内在关联关系的典型应用案例，超级商业零售连锁沃尔玛公司（Wal Mart）曾经对其销售产品数据做了购物篮关联规则分析。目的在于试图发现销售者的购买习惯，以便改进其营销策略，提高销售业绩。通过销售数据分析和挖掘竟然发现一个惊奇的规律，即"购买尿不湿的消费者多数也会购买啤酒"。于是销售人员将婴儿尿不湿与啤酒摆放在相邻的货架上销售，明显地提高了该类产品的销售业绩。与此同时也揭示了美国的一种行为模式，即美国的年轻爸爸经常被太太要求去超市购买婴儿纸尿布，而爸爸们为了犒劳自己也会为自己购买喜欢的啤酒。这样纸尿布和啤酒两种看似风马牛不相及的商品有了紧密的联系，这也是海量数据分析和挖掘的结果，反映出数据的内在规律和联系。

现在通过对其庞大销售数据的分析和挖掘，沃尔玛又发现"每当季节性飓风来临之前，不仅手电筒销量大增，而且美式早餐蛋挞销量也增加了。"因此每当季节性飓风来临前，销售人员就会把蛋挞和飓风用品摆放在一起，从而增加了相关商品的销量。

（2）医疗大数据——高效看病。

除了开始利用大数据的互联网公司，医疗行业是另一个让大数据分析最先发扬光大的传统行业之一。该行业拥有大量的病例、病理报告、治愈方案、药物报告等，以及数目及种类众多的病菌、病毒、肿瘤细胞报告，并且还处于不断的演化进化过程中。如果将这些数据整理和应用，那么会极大地帮助医生和病人。在实际疾病诊断时，疾病的确诊和治疗方案的确定是最困难的。若借助于大数据平台可以收集不同病例和治疗方案，以及病人的基本特征，从而建立针对疾病特点的数据库。如果未来基因技术发展成熟，还可以根据病人的基因序列特点分类建立医疗行业的病人数据库。在医生诊断病人时可以参考病人的疾病特征、化验报告和检测报告，以及疾病数据库来快速帮助其确诊，明确定位疾病。医生可以依据病人的基因特点调取相似基因、年龄、人种、身体情况相似的有效治疗方案制定适合病人的治疗方案，帮助更多人及时治疗；同时这些数据也有利于医药行业开发出更加有效的药物和医疗器械。

（3）教育大数据——因材施教。

教育领域是大数据大有可为的另一个重要应用领域，有人大胆预测大数据将给教育带来革命性的变化。美国利用大数据来诊断处在辍学危险期的学生、探索教育开支与学生学习成绩提升的关系、探索学生缺课与成绩的关系、分析学生考试分数与职业规划的关系等。近年来，各种形式和规模的网络在线教育和大规模开放式网络课程横空出世。大数据掀起了教育的革命，学生的上课和学习形式、教师的教学方法和形式、教育政策制定的方式和方法等都将发生重大革命。

当每位学生可以在线上学习，包括上课、读书、写笔记、做作业、讨论问题、进行实验、阶段测试、发起投票等都将成为教育大数据的重要来源，从而全面分析学生学习、教师授课、课程内容、测试考试等各环节的问题；同时，实施个性化教育也成为可能，不再是"吃不饱"和"消化不了"的两类学生不得不接收同样的知识。他们可以有侧重地学习，并在学习过程中产生诸如学生学习过程、做作业过程、师生互动过程等即时性数据。通过大数据分析，教师可获取最为真实、最为个性化的学生特点信息，在教学过程中可以有针对性地进行因材施教。由此不仅可以提高学习效率，也可以减轻学生的学习负担。

未来的教育将不再是依靠理念和经验来传承的社会科学，而是大数据驱动的学习，教育将变成一门实实在在的基于数据的实证科学。

（4）大数据的价值。

大数据的最终受益者可以分为3类，即企业、消费者及政府公共服务。首先，企业用户的商业发展天生就依赖大量的数据分析决策支持。而针对消费者市场的精准营销，也是企业营销的重要需求；其次，对于消费者，大数据的价值主要体现在信息能够按需搜索。以得到友好、可信的信息推荐，以及高阶的信息服务，如智能信息、用户体验更快捷等。大数据也逐渐被应用到政府日常管理和公众服务中，成为推动政府政务公开、完善服务、依法行政的重要力量。从户籍制度改革到不动产登记制度改革，再到征信体系建设等都对政府大数据建设提出了更高的目标要求。大数据已成为政府改革和转型的技术支撑杠杆，如图10-9所示。

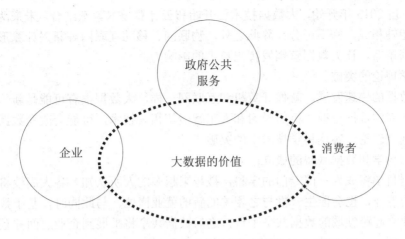

图 10-9　大数据已成为政府改革和转型的技术支撑杠杆

从企业用户业务角度分析，大数据的价值体现在如下 3 个方面。

（1）数据辅助决策：为企业提供基础的数据统计报表分析服务，从而辅助企业决策。例如，产品分析师能通过统计数据生成分析报告指导产品和运营。产品经理能够通过统计数据完善产品功能和改善用户体验，运营人员可以通过数据发现运营问题并确定运营的策略和方向。而管理层可以通过数据掌握公司业务运营状况，从而进行一些战略决策。

（2）数据驱动业务：通过数据产品、数据挖掘模型实现企业产品和运营的智能化，从而极大地提高企业的整体效能产出。例如，基于个性化推荐技术的精准营销服务、广告服务，以及基于模型算法的风险控制反欺诈服务及征信服务等。

（3）数据对外服务：通过对数据进行精心包装对外提供数据服务，从而获得收益。例如，各大数据公司利用自己掌握的大数据提供风险控制查询、验证、反欺诈、导客、导流、精准营销，以及数据开放平台服务等。

随着大数据的发展，企业越来越重视数据相关的开发和应用，从而获取更多的市场机会。一方面，大数据能够明显提升企业数据的准确性和及时性；另一方面，大数据能够帮助企业分析大量数据而进一步挖掘细分市场的机会。最终能够缩短企业产品研发周期、提升企业在商业模式、产品和服务上的创新力，大幅提升企业的商业决策水平，降低企业经营的风险。

随着计算机处理能力的日益强大，获得的数据量越大，可以挖掘的价值越多。实验的不断反复、大数据的日渐积累让人类发现规律和预测未来，不再是科幻电影里的读心术。

4．大数据发展趋势

大数据市场需求明确，大数据技术持续发展，大数据的未来发展将会继续增长。

（1）数据的资源化。

数据资源化、私有化、商品化成为持续趋势，大数据成为企业和社会关注的重要战略资源，以及企业争相抢夺的新焦点。企业必须提前制定大数据营销战略计划，抢占市场先机。

（2）与云计算技术的深度结合。

大数据离不开云计算，云计算为大数据提供了弹性可拓展的基础设备，是产生大数据的平台之一。自 2013 年开始，大数据技术已开始和云计算技术紧密结合，未来两者关系将更为密切。相辅相成，密不可分；除此之外，物联网、移动互联网等新兴计算形态也将一齐助力大数据革命，让大数据营销发挥出更大的影响力。

（3）科学理论的突破。

随着大数据的快速发展，就像计算机和互联网一样，大数据很有可能是新一轮的技术革命。随之兴起的数据挖掘、机器学习和人工智能等相关技术，可能会改变数据世界中的很多算法和基础理论，实现科学技术上的突破。

（4）数据科学和数据联盟的成立。

未来数据科学将成为一门专门的学科，被越来越多的人所认知。各大高校将设立专门的数据科学类专业，也会催生一批与之相关的新的就业岗位。与此同时，基于数据这个基础平台也将建立起跨领域的数据共享平台，之后数据共享将扩展到企业层面并且成为未来产业的核心一环。

（5）安全与隐私更受关注。

大数据时代各网站均不同程度地开放其用户所产生的实时数据，一些监测数据的市场分析机构可通过人们在社交网站中写入的信息、智能手机显示的位置信息等多种数据组合进行分析挖掘。然而大数据时代的数据分析不能保证个人信息不被其他组织非法使用，用户隐私安全问题的解决迫在眉睫。

目前关于大数据隐私方面的法律法规并不完善，未来还需要专门的法规为大数据发展扫除障碍。

（6）结合智能计算的大数据分析成为热点。

包括大数据与神经网络、深度学习、语义计算及人工智能其他相关技术结合得益于以云计算、大数据为代表的计算技术的快速发展，使得信息处理速度和质量大为提高，能快速、并行处理海量数据。

（7）各种可视化技术和工具提升大数据分析。

分析大数据之后，为了便于用户理解结果，需要直观地展示结果。尤其是可视化移动数据分析工具，能追踪用户行为，让应用开发人员得以从用户角度评估自己的产品。通过观察用户与一款应用的互动方式，开发人员将能理解用户为何执行某些特定行为，从而为完善和改进应用提供依据。

（8）跨学科领域交叉的数据融合分析与应用。

目前大数据已经在大型互联网企业得到较好的应用，其他行业的大数据，尤其是电信和金融也逐渐在多种应用场景取得效果。因此我们有理由相信大数据作为一种从数据中创造新价值的工具，尤其是与物联网、移动互联、云计算、社会计算等热点技术领域相互交叉融合将会在更多的行业领域中得到应用和落地，从而带来广泛的社会价值。

5. 数据分析过程

数据分析能力贯穿于数据分析的所有步骤。

在一个有详细分工的专业咨询公司中数据分析的每一个具体步骤都由一个特别的人来处理，因此数据分析能力是一种综合能力。

图 10-10 所示为数据分析过程的 6 个步骤。

确定目标数据 → 采集目标数据 → 数据清洗 → 数据存储 → 数据分析 → 结果可视化

图 10-10 数据分析过程的 6 个步骤

（1）确定目标数据。

在获取数据之前，首先需要根据数据分析的目的筛选出需要采集的目标数据。这是确保整个数据分析过程合理有效的首要条件，因为只有对目标数据进行分析才有可能得到对分析人员有用的结果。

确定需要采集的目标数据种类时，不仅要全面筛选出重要数据的种类，而且要避免筛选出具有重复功能的数据种类。例如，某加工厂为了降低自动化生产线的物料损耗需要记录的数据种类为物料损耗类型、数量、金额，以及发生物料损耗的工艺位置、时间、操作人员、物料损耗的原因等。

（2）采集目标数据。

确定目标数据以后就是依据确定的目标数据列表有效采集目标数据。

根据数据采集的难易程度可以分为数据实时采集和数据抽样采集两种形式，虽然数据实时采集的成本较高，但是实时数据分析的结果能够更真实地反映数据总体的情况。并且随着计算机软硬件技术和传感器设备的快速发展，数据实时采集的成本也将快速降低，因此现在已经有越来越多的数据采集过程使用数据实时采集形式。因为数据实时采集的数据量都很庞大，所以常被冠以"大数据"的名号。

一般数据分析过程更多采用数据抽样采集形式，然后用样本数据特征来推断总体的数据特征。

（3）数据清洗。

数据采集以后需要进行清洗，以提高数据质量。

无论是通过传感器采集的实时数据还是通过问卷调查采集的抽样数据，都不可避免地会出现各种数据缺失和记录错误的情况。

纠正拼写错误、处理缺失数据及清除无意义的数据是数据清洗中非常关键的步骤。因为垃圾数据即使应用最合适的数据分析方法，最终也将产生错误的分析结果，从而误导业务本身。

（4）数据存储。

在大数据时代的今天，采用的是各种数据库的数据存储形式。

目前市场上有许多数据库产品，如 Oracle、MySQL、DB2、Microsoft SQL Server 等。这些产品都有各自的特点，在数据库市场上占有一席之地。

（5）数据分析。

经过以上数据处理步骤以后需要采用不同的数据分析方法分析数据，以得到所需的结果。

数据分析方法的理论基础是统计学，这是一门古老的学科。随着时代的发展，它所囊括的内容也越来越丰富，甚至发展出应用于各种领域的分支学科。

统计学是数学的一个重要组成部分，以数理统计学为基础描述收集到的数据，然后通过推断与预测为最终的决策提供数据参考。

统计理论是数据分析过程的核心基础，只有学会该理论才能快速正确地选择合适的数据分析方法分析数据。

（6）结果可视化。

数据经过不同技术分析以后会得到含义丰富的分析结果，这些结果可以用两种方式陈述，一种是数值加文字说明；另一种是可视化图表。后者因为具有直观形象、易于理解的特点，所以逐渐成为结果展示不可缺少的方式。数据可视化旨在通过图形表示清晰有效地表达数据，它已经在许多领域广泛使用。例如，在编写报告、管理工商企业运转、跟踪任务进展等工作中使用数据可视化，并且可以利用可视化技术的优点发现原始数据中不易观察到的数控联系。

数据可视化技术包括基于像素的技术、几何投影技术、基于图符的技术，以及层次的和基于图形的技术。统计图是可视化图表中非常重要的组成部分，包括直方图、散点图等。

6. 大数据技术与 Hadoop

（1）Hadoop 系统简介。

Hadoop 是一个由 Apache 基金会开发的分布式系统基础架构，用户可以在不了解分布式底层细节的情况下充分利用集群的威力进行高速运算和存储，并且轻松地在 Hadoop 上开发和运行处理海量数据的分布式应用程序。Hadoop 的核心是 HDFS 和 MapReduce，Hadoop 2.0 还包括 YARN（Yet Another Resource Negotiator）。Hadoop 系统如图 10-11 所示。

图 10-11　Hadoop 系统

Hadoop 的主要优点如下。

（1）高可靠性：Hadoop 假设计算元素和存储会失败，因此维护多个工作数据副本，确保能够针对失败的节点重新恢复处理。Hadoop 按位存储和处理数据的能力值得用户信赖。

（2）高扩展性：Hadoop 在可用的计算机集簇间分配数据并完成计算任务，这些集簇能够方便地扩展到数以千计的节点中。

（3）高效性：Hadoop 以并行方式工作，通过并行处理加快处理速度；同时能够在节点之间动态地移动数据，并保证各个节点的动态平衡，因此处理速度非常快。

（4）高容错性：Hadoop 能够自动保存数据的多个副本，并且能够自动将失败的任务重新分配。

（5）高经济性：Hadoop 可以运行在廉价的 PC 上由普通的服务器搭建的节点，因此其成本比较低。

Hadoop 生态系统经过多年不断完善和发展，已经包含了多个子项目，部分子项目介绍如下。

（1）HDFS。

HDFS 源自谷歌的 Google File System（GFS）论文（发表于 2003 年 10 月），是 GFS 的实现，以及 Hadoop 项目的核心子项目。它是分布式计算中数据存储管理的基础，基于流数据模式访问和处理超大文件的需求开发，可以运行于廉价的商用服务器上。它所具有的高容错性、高可靠性、高可扩展性、高获得性、高吞吐率等特征，为海量数据提供了不怕故障的存储，为超大数据集（Large Data Set）的应用处理带来了很多便利。但 HDFS 也有其局限性，如不支持低延迟访问、不适合小文件存储、不支持并发写入、不支持修改等。

（2）MapReduce。

MapReduce 是一个分布式计算框架，源自谷歌的 MapReduce 论文（发表于 2004 年 12 月），Hadoop MapReduce 是 Google MapReduce 的实现。MapReduce 是一种计算模型，用于大规模数据集（大于 1 TB）的并行计算。它的主要思想是采用"分而治之"的策略，将一个分布式文件系统中的大规模数据集分成许多独立的分片，而这些分片可以被多个 Map 任务并行处理。其中 Map 对数据集中的独立元素进行指定操作，生成键-值对（Key-Value）形式的中间结果；Reduce 则对中间结果中相同"键"的所有"值"进行规约，以得到最终结果，这样的功能划分非常适用于集群的分布式并行环境中的数据处理。

（3）YARN。

YARN 是一种新的 Hadoop 资源管理器，即一个通用资源管理系统，可为上层应用提供统一的资源管理和调度。它的引入为集群在利用率、资源统一管理和数据共享等方面带来了巨大好处。该框架是 Hadoop 2.x 以后对 Hadoop 1.x 之前 JobTracker 和 TaskTracker 模型的优化产生的，将 JobTracker 的资源分配和作业调度及监督分开。

（4）Spark。

Spark 是专为大规模数据处理而设计的快速通用的计算引擎，是 UC Berkeley AMP lab（加州大学伯克利分校的 AMP 实验室）所开源的类 Hadoop MapReduce 的通用并行计算框架。它基于 MapReduce 算法实现分布式计算，拥有 Hadoop MapReduce 所具有的优点。但不同于 MapReduce 的是 Job 中间输出结果可以保存在内存中，从而不再需要读写 HDFS，因此能更好地适用于数据挖掘与机器学习等需要迭代的 MapReduce 算法。

Spark 是一种与 Hadoop 相似的开源集群计算环境，但是两者之间存在一些不同之处。Spark 在某些工作负载方面表现得更加优越，它启用了内存分布数据集，除了能够提供交互式查询外还可以优化迭代工作负载。

尽管创建 Spark 是为了支持分布式数据集上的迭代作业，但是实际上它是对 Hadoop 的补充。可以在 Hadoop 文件系统中并行运行，用来构建大型、低延迟的数据分析应用程序。

（5）Zookeeper。

ZooKeeper 是一个分布式、开放源码的分布式应用程序协调服务，是谷歌的 Chubby 一个开源的实现，也是 Hadoop 和 Hbase 的重要组件。它为分布式应用提供一致性服务，包括配置管理、域名服务、分布式锁、集群管理等。

7．大数据在国内的高速发展

经李克强总理签批，2015 年 9 月国务院印发《促进大数据发展行动纲要》推动大数据发展和应用。在未来 5～10 年打造精准治理、多方协作的社会治理新模式，建立运行平稳、安全高效的经济运行新机制。构建以人为本、惠及全民的民生服务新体系，开启大众创业、万众创新的创新驱动新格局，培育高端智能、新兴繁荣的产业发展新生态。

2016 年 3 月 17 日，《中华人民共和国国民经济和社会发展第十三个五年规划纲要》发布。其中第二十七章"实施国家大数据战略"提出把大数据作为基础性战略资源全面实施促进大数据发展行动，加快推动数据资源共享开放和开发应用。助力产业转型升级和社会治理创新，具体包括加快政府数据开放共享、促进大数据产业健康发展等。

✡ 任务 10.3　人工智能技术基础与应用 ✡

10.3.1　学习要点

学习要点如下。
◆ 人工智能（Artificial Intelligence）技术定义。
◆ 人工智能技术特点。
◆ 人工智能技术应用领域。
◆ 人工智能技术发展趋势。

10.3.2　知识准备

1.　人工智能概述

人工智能不是一个新名词，它早在几十年前就被提出并作为一个正式的学科存在，但是一直没有引起太多人的注意。1997 年 5 月 11 日，国际象棋世界冠军卡斯帕罗夫与 IBM 公司的国际象棋电脑"深蓝"的 6 局对抗赛降下帷幕。在前 5 局以 2.5 对 2.5 打平的情况下，卡斯帕罗夫在决胜局中仅走了 19 步就向"深蓝"拱手称臣，整场比赛不到一个小时。"深蓝"赢得了这场具有特殊意义的对抗，从此人类和机器的博弈拉开帷幕。

2016 年 3 月 9 日，谷歌公司开发的具有"深度思维"的下围棋机器人 Alpha Go 在同世界著名选手李世石的对局中获胜，成为第 1 个战胜围棋世界冠军的机器人，如图 10-12 所示。

图 10-12　Alpha Go 击败世界冠军李世石

这是继 1997 年 IBM"深蓝"战胜卡斯帕罗夫后，人类在机器智能领域取得的又一个里程碑式的胜利。

自此之后，人工智能频繁出现在公众的面前，成为一个媒体上最常见的字眼。投资人也特别青睐人工智能相关的公司，很多公司转入人工智能产品的研发。大量的人才需求开始出现，很多学校开设了人工智能学院和专业。海量的新闻和文章出现在终端上，人工智能进入了井喷期。每个人都能讲出一两个人工智能相关的故事，可以说我们从移动互联时代进入了人工智能时代。

人工智能是计算机科学的一个分支，它企图了解智能的实质并生产出一种新的能以人类智能相似的方式做出反应的智能机器，该领域的研究包括机器人、语言识别、图像识别、自然语言处理和专家系统等。人工智能从诞生以来理论和技术日益成熟，应用领域也不断扩大，可以设想未来人工智能带来的科技产品将会是人类智慧的"容器"。人工智能可以模拟人的意识、思维的信息过程，虽然不是人的智能，但能像人那样思考并且可能超过人的智能。

人工智能是一门极富挑战性的科学，从事这项工作的人必须懂得计算机科学、心理学和哲学等方面的知识。人工智能是包括十分广泛的科学，由不同的领域组成，如机器学习，计算机视觉等。总的说来，人工智能研究的一个主要目标是使机器能够胜任一些通常需要人类智能才能完成的复杂工作。但不同的时代、不同的人对这种"复杂工作"的理解不同，2017年12月，人工智能入选"2017年度中国媒体十大流行语"。

2. 人工智能定义

人工智能的定义可以分为两部分，即"人工"和"智能"。"人工"比较好理解，争议性也不大。有时我们要考虑什么是人力所能及的，或者人自身的智能程度有没有高到可以创造人工智能的地步等。但总的来说，"人工系统"就是通常意义下的人工系统。

百度百科对人工智能的定义是研究、开发用于模拟、延伸和扩展人的智能的理论、方法、技术及应用系统的一门新的科学技术。

人工智能在计算机领域内得到了广泛的重视，并在机器人、经济政治决策、控制系统及仿真系统中得到应用。

人工智能是研究使计算机来模拟人的某些思维过程和智能行为，如学习、推理、思考、规划等的学科，主要包括计算机实现智能的原理、制造类似人脑智能的计算机，以及使计算机实现更高层次的应用等。人工智能涉及计算机科学、心理学、哲学和语言学等学科，可以说几乎是自然科学和社会科学的所有学科，其范围已远远超出了计算机科学的范畴。人工智能与思维科学的关系是实践和理论的关系，人工智能处于思维科学的技术应用层次，是它的一个应用分支。从思维观点看，人工智能不仅限于逻辑思维，还要考虑形象思维、灵感思维才能促进其突破性的发展。数学常被认为是多种学科的基础科学，它也进入了语言、思维领域。人工智能学科必须借用数学工具，数学不仅在标准逻辑、模糊数学等范围发挥作用，而且进入人工智能学科将互相促进而更快地发展。

实际上，在我们生活中已经出现了很多智能产品，如智能手机、智能机器人、人脸识别、自动驾驶、车牌识别等。

3. 人工智能研究价值

繁重的科学和工程计算本来是要人脑来承担的，如今计算机不但能完成这种计算，而且能够比人脑做得更快、更准确。因此当代人已不再把这种计算看作是"需要人类智能才能完成的复杂任务"，可见复杂工作的定义是随着时代的发展和技术的进步而变化的。人工智能这门科学的具体目标也自然随着时代的变化而发展，一方面不断获得新的进展；另一方面又转向更有意义、更加困难的目标。

通常，"机器学习"的数学基础是"统计学""信息论"和"控制论"，以及其他非数学学科。这类"机器学习"对"经验"的依赖性很强，计算机需要不断从解决一类问题的经验中获取知识并学习策略。在遇到类似问题时运用经验知识解决问题并积累新的经验，就像普通人一样，我们可以将这样的学习方式称之为"连续型学习"。但人类除了会从经验中学习之外，还会创造。即"跳跃型学习"，这在某些情形下被称为"灵感"或"顿悟"。一直以来，计算机最难学会的就是"顿悟"。或者再严格一些来说，计算机在学习和"实践"

方面难以学会"不依赖于量变的质变"。即很难从一种"质"直接到另一种"质",或者从一个"概念"直接到另一个"概念"。正因为如此,这里的"实践"并非同人类一样的实践,人类的实践过程同时包括经验和创造。

2013 年,"帝金数据普数中心"数据研究员 S.C WANG 开发了一种新的数据分析方法,该方法导出了研究函数性质的新方法。作者发现新数据分析方法为计算机学会"创造"提供了一种方法,本质上这种方法为人的"创造力"模式化提供了一种相当有效的途径。这种途径是数学赋予的,是普通人无法拥有,但计算机可以拥有的"能力"。从此计算机不仅精于算,还会因精于算而精于创造。计算机学家应该斩钉截铁地剥夺"精于创造"的计算机过于全面的操作能力,否则计算机真的有一天会"反捕"人类。

4．人工智能发展历程

1956 年夏季,以麦卡赛、明斯基、罗切斯特和申农等为首的一批有远见卓识的年轻科学家在一起聚会共同研究和探讨用机器模拟智能的一系列有关问题。并首次提出了"人工智能"这一术语,它标志着"人工智能"这门新兴学科的正式诞生。IBM 公司"深蓝"电脑击败了人类的世界国际象棋冠军更是人工智能技术的一个完美表现。

从 1956 年正式提出人工智能学科算起,50 多年来取得了长足的发展,成为一门广泛的交叉和前沿科学。总的说来,人工智能的目的就是让计算机能够像人一样思考。

当计算机出现后,开始真正有了一个可以模拟人类思维的工具,在以后的岁月中无数科学家将为这个目标而努力。如今人工智能已经不再是几个科学家的专利,全世界几乎所有大学的计算机系都有人在研究这门学科,学习计算机的大学生也必须学习这样一门课程。在人们不懈的努力下,如今计算机似乎已经变得十分聪明。人工智能始终是计算机科学的前沿学科,计算机编程语言和其他计算机软件都因为有了人工智能的进展而得以存在。

2019 年 3 月 4 日,十三届全国人大二次会议举行新闻发布会,发言人张业遂表示已将与人工智能密切相关的立法项目列入立法规划。

5．人工智能应用领域

（1）智能手机。

智能手机中的人脸识别技术是基于人的脸部特征信息进行身份识别的一种生物识别技术,它是用摄像机或摄像头采集含有人脸的图像或视频流并自动在图像中检测和跟踪人脸,进而进行脸部识别的一系列相关技术,通常也称为"人像识别"或"面部识别"。在智能手机中人脸识别技术可以用来进行身份认证、手机解锁,以及各种应用软件的用户登录认证,还可以用于支付认证。人脸识别技术目前已经广泛应用在生活中,如在开通刷脸进站的高铁站旅客只需按照提示将自己的二代身份证和蓝色磁卡车票放到扫描区,搞下脸上的眼镜或者口罩;同时脸部正对摄像头稍加停留,机器进行脸部识别,只要高铁票、身份证和人相符即可快速通过。

（2）城市交通领域。

在城市中经常会遇到道路拥堵的情况,尤其是在十字路口。现在的路口信号灯的时间都是固定的,有时候南北方向上的车很少,但是东西方向的车流已经拥堵得很厉害了,信号灯依然不做调整。使用人工智能技术的信号灯可以很好地解决了这个问题,通过摄像头红绿灯全局感知到这个路口容易拥堵,并测算出拥堵时长和拥堵长度。之后会按照全局调节的思路制定一套配时优化策略，将这个路口的绿灯配时延长，相应地其他几个路口的绿灯配时缩短。如此一来拥堵路口的通行效率得以提升，也减少了其他路口绿灯时间资源的浪费。

（3）交通出行。

在交通出行经常使用的导航软件中也渗透了人工智能技术，提供给用户更好的导航体验。例如，导航软件将人机语音交互功能内置到移动端地图导航中。用户可以通过语音来指挥导航线路的规划，无须手指操作手机，提高了安全系数。导航软件可以估计到达时间，甚至预测第 2 天的道路路况。这些功能都是基于人工智能技术和海量数据的积累，对未来结果进行的一次智能化预测。

（4）地图导航与 VR（Virtual Reality，虚拟现实）技术相结合。

地图导航与计算机视觉技术还可以结合，通过 VR 技术在用户端提供更真实的使用体验，使用户的使用体验更加真实和立体。让机器视觉从卫星遥感影像、无人机航拍影像中识别和标注道路信息，从街景汽车拍摄的街道影像数据中识别道路两旁的店铺名称，以及车道线、车道标牌等信息，这些视觉类人工智能技术的应用让原本需要大量人工处理的繁重工作转变为由机器自动化、规模化地生产地图数据。

（5）无人驾驶。

人工智能技术在自动驾驶领域也取得了很大的进展，使用自动驾驶技术首先是安全。根据统计，仅在美国平均每天就有 103 人死于交通事故，超过 94%的碰撞事故都是由于驾驶员的失误而造成的。从理论上说，一个完美的自动驾驶方案每年可以挽救 120 万人的生命，当然目前自动驾驶还远远没有达到完美。但是随着算法和传感器技术的进步，人们相信在不久的将来自动驾驶将超过人类司机的驾驶安全率。自动驾驶带来的另外的好处就是方便，可以将驾驶员从方向盘后面解放出来，在乘车时工作和娱乐。

有了自动驾驶就可以实现驾驶资源的高效共享，很多共享出行的公司都在积极研究自动驾驶，因为共享出行最大的成本来自于司机的时间。如果能够实现自动驾驶，那么人们可以不再买车和养车，完全依赖于共享出行。自动驾驶也可以有效地减少拥堵，如果说前面这些优点还有赖于自动驾驶的大范围普及的话，那么减少拥堵就可以说是立竿见影了。

（6）医疗领域。

在医学影像领域，人工智能技术取得了实质性进展。医学影像是指为了医疗或医学研究，对人体或人体某部分以非侵入方式取得内部组织影像的技术与处理过程。其中包含两个研究方向，即医学成像系统和医学图像处理。医生选择让人工智能"看片子"的主要原因是目前的人工智能是以深度学习为代表的一系列技术，而该技术对于影像，特别是图像的分析与传统人工智能方法或机器学习方法相比进展最大。如今医疗领域面临数据爆炸的情况，届时医生将面临海量的医学影像，人工智能将最大程度地减轻医生的负担并且提高诊断的准确性。

人工智能是一种很好的工具，能够缓解医生资源紧缺的问题并且提高医生的工作效率。医院可以利用人工智能技术管理范围内居民的健康，模拟医生诊疗过程并给出诊疗建议。例如，服用日常药物或者就近联系医生等，从而满足常见病咨询需求。这为患者和医生节省了大量的时间，也保证了生命的安全。

面对医疗数据爆炸的未来，人工智能提供了解决方案。即用人工智能赋能现有的临床工作流程，承担医生助手这一角色。一个病人躺在核磁共振机器中扫描，其身体影像会自动上传到医院的本地云服务器中。通过人工智能分析，不需要任何人的干预就能快速给出一份准确、清晰、自然的医学报告，医生只需检查这一报告是否与自己的诊断吻合。由此大大减少了工作量，提高了诊疗效率，也减少了患者的等待时间。

（7）机器翻译。

人工智能也应用在自然语言理解领域，如机器翻译就是利用计算机将一种自然语言（源语言）转换为另一种自然语言（目标语言）的过程。它是计算语言学的一个分支，也是人工智能的重要应用领域之一，具有重要的科学研究价值。

2014 年由于机器学习能力的大幅提升，所以机器翻译迎来了史上最重要的发展期。自从 2006 年 Geoffrey Hinton 改善神经网络优化过于缓慢的致命不足后，深度学习就不断地伴随各种奇迹似的成果频繁出现在我们的生活中。在 2015 年，机器首次在图像识别方面超越人类；2016 年，Alpha Go 战胜世界棋王；2017 年，语音识别超过人类速记员；2018 年，机器英文阅读理解首次超越人类。当然机器翻译这个领域也因为有了深度学习这块沃土而开始茁壮成长。

6．人工智能实现方法

人工智能在计算机上实现时有两种不同的方式，一种是采用传统的编程技术，使系统呈现智能的效果，而不考虑所用方法是否与人或动物机体所用的方法相同。这种方法称为"工程学方法"（Engineering Approach），它已在一些领域内做出了成果，如文字识别、电脑下棋等；另一种是模拟法（Modeling Approach），它不仅要看效果，还要求实现方法也和人类或生物机体所用的方法相同或相类似。遗传算法（Generic Algorithm，GA）和人工神经网络（Artificial Neural Network，ANN）均属后一种类型，遗传算法模拟人类或生物的遗传-进化机制，人工神经网络则是模拟人类或动物大脑中神经细胞的活动方式。为了得到相同的智能效果，两种方法通常都可使用。采用前一种方法需要人工详细规定程序逻辑，如果游戏简单，还是方便的；否则角色数量和活动空间增加，相应的逻辑就会很复杂（以指数增长）。人工编程就非常繁琐，容易出错。而一旦出错，就必须修改源程序并重新编译、调试。最后为用户提供一个新的版本或一个新补丁，非常麻烦。采用后一种方法开发人员要为每一角色设计一个智能系统（一个模块）来进行控制，这个智能系统（模块）开始什么也不懂，就像初生的婴儿。但它能够学习和渐渐地适应环境，应付各种复杂情况。这种系统开始也常犯错误，但它能吸取教训，下一次运行时就可能改正。至少不会永远错下去，不用发布新版本或打补丁。利用这种方法来实现人工智能要求开发人员具有生物学的思考方法，入门难度大。但一旦入了门，即可得到广泛应用。由于这种方法编程时无须对角色的活动规律做详细规定，以处理复杂问题，所以通常会比前一种方法更省力。

7．人工智能的分支领域

人工智能是一门综合性学科，作为当前最为火热的研究方向，它包含了很多具体的研究反向。

（1）模式识别。

模式指用来说明事物结构的主观理性形式，是从生产和生活经验中经过抽象和升华提炼出来的核心知识体系。需要注意的是模式并不是事物本身，而是一种存在形式。模式识别指的是对表征事物或现象的各种形式的信息进行处理和分析，从而达到对事物或现象进行描述、辨认、分类和解释的目的。

模式识别可能是人工智能这门学科中最基本，也是最重要的一部分。即让电脑能够认识其周围的事物，使我们与电脑的交流更加自然与方便，包括文字识别（读）、语音识别（听）、语音合成（说）、自然语言理解与电脑图形识别等。如果模式识别技术能够得到充分发展并应用于电脑，那我们就能够很自然地与电脑交流，也不需要记忆那些英文命令就可以直接向电脑下命令。这也为智能机器人的研究提供了必要条件，它能使机器人像人一样与外面的世界交流。

模式识别从 19 世纪 50 年代兴起，在 20 世纪七八十年代风靡一时。它是信息科学和人工智能的重要组成部分，主要应用于图像分析与处理、语音识别、声音分类、通信、计算机辅助诊断、数据挖掘等方面。

（2）专家系统。

专家系统首先把某一种行业（如医学、法律等）的主要知识输入到电脑的系统知识库中，然后由设计者根据这些知识之间的特有关系和职业人员的经验设计出一个系统。这个系统不仅能够为用户提供这个行业知识的查询、建议等服务，更重要的是作为一个人工智能系统具有自动推理、学习的能力。专家系统经常应用于各种商业用途，如企业内部的客户信息系统、决策支持系统，以及医学顾问、法律顾问等软件。

（3）机器学习。

机器学习是一类算法的总称，这些算法企图从大量历史数据中挖掘出其中隐含的规律，并用于预测或者分类。更具体地说，机器学习可以看作是寻找一个函数，输入是样本数据；输出是期望的结果。只是这个函数过于复杂，以至于不容易形式化表达。需要注意的是机器学习的目标是使学到的函数很好地适用于"新样本"，而不仅仅是在训练样本上表现很好，学到的函数适用于新样本的能力称为"泛化能力"。

机器学习是实现人工智能的一种途径，和数据挖掘有一定的相似性。它也是一门多领域交叉学科，涉及概率论、统计学、逼近论、凸分析、计算复杂性理论等多门学科。相对数据挖掘从大数据之间找相互特性而言，机器学习更加注重算法的设计。即让计算机能够自动地从数据中"学习"规律，并利用规律对未知数据进行预测。因为学习算法涉及大量的统计学理论，与统计推断联系尤为紧密，所以也被称为"统计学习方法"。

机器学习是人工智能的一种途径或子集，它强调学习而不是计算机程序。一台电脑使用复杂的算法来分析大量数据，识别数据中的模式。并做出一个预测，而不需要人编写特定的指令。

（4）计算机视觉。

计算机视觉技术运用由图像处理操作及其他技术所组成的序列来将图像分析任务分解为便于管理的小块任务，如一些技术能够从图像中检测到物体的边缘及纹理，而分类技术可被用作确定识别到的特征是否能够代表系统已知的一类物体。

（5）语音识别。

语音识别技术最通俗易懂的讲法就是将语音转化为文字，并对其进行识别认知和处理，主要应用包括医疗听写、语音书写、电脑系统声控、电话客服等。该技术处理声音即分帧，分帧后变为很多波形，需要将波形做声学体征提取变为状态。提取特征之后声音就变成了

一个 N 行、N 列的矩阵，然后通过音素组合成单词。

（6）智能机器人。

机器人系统以功能及系统实现为载体，通过自主或半自主的感知、移动、操作或人机交互体现类似于人或生物的智能水平。它能够扩展人在尺度、时间、空间、环境、情感、智能，以及精度、速度、动力等方面所受到的约束和限制，并为人服务。

机器人技术在现代社会发展中起到的作用日益明显，因此发达国家对机器人的重视程度也日益增加。特别是进入 21 世纪后，各国纷纷将机器人作为国家战略进行重点规划和部署。智能机器人包括很多种，如工业机器人、水下机器人、人型机器人等。

2002 年，我国启动了 7 000 米载人深潜器蛟龙号的研制工作，其工作范围可以覆盖全球海洋区域的 99.8%。2012 年，蛟龙号圆满完成 7 062 米的下潜任务，标志着我国在深海高技术领域达到了国际的先进水平。

8．人工智能+大数据

在互联网和移动互联网的新生态环境下，云计算、大数据、深度学习和人脑芯片等因素正在推动人工智能的大发展，未来大数据将成为智能机器的基础。通过深度学习从海量数据中获取的内容将赋予人工智能更多有价值的发现与洞察，而人工智能也将成为进一步挖掘大数据宝藏的钥匙助力大数据释放具备人类智慧的优越价值。

北京大学数学学院信息科学系教授林作铨认为："人工智能的原始目标有两个，一个是要通过计算机来模拟人的智能行为，来探讨智能的基本原理，这是真正关心的问题；第 2 个目标是把计算机做得更聪明，计算机变得更聪明，我们人就可以更傻，就是体验更好。"随着搜索引擎的飞速发展，将互联网文本内容结构化，从中抽取有用的概念和实体建立这些实体间的语义关系。并与已有多源异构知识库进行关联，从而构建大规模知识图谱，对于文本内容的语义理解及搜索结果的精准化有着重要的意义。然而如何以自然语言方式访问这些结构化的知识图谱资源，并且构建深度问答系统是摆在众多研究者和开发人员前面的一个重要问题。

近年来伴随计算机软硬件技术的升级，以及并行计算技术、云计算技术的实现，大数据与机器学习得以迅猛发展，为人工智能的研究与应用再一次掀起了新的浪潮。当前新一代人工智能发展强劲，主要原因是其"智能"来自于大数据，大数据提升了人工智能的"智慧"。人工智能的"大脑"——计算机程序的聪明程度取决于学习知识的样本是否足够多，数据量是否足够大。由此大的样本数据，也就是大数据决定了人工智能的智能水平，只有在大数据的基础上训练出来的人工智能程序才是智慧和聪明的。现今社会每天产生大量的数据，在数据浪潮的推动下如何挖掘和利用隐含在大数据中的有用信息，人工智能把握住了大数据发展的机遇。在人们对谷歌的人机大战，机器人 Alpha Go 不断胜利的赞叹与欢呼声中大数据环境下的机器学习闪亮登场，人工智能的研究和应用再次掀起了新的高潮。在这一次新的科技浪潮中站在潮头的是机器学习领域的"新人"——深度学习，人们相信深度学习将带领我们进入通用 AI 的时代，科技创新与应用将从互联网+发展到 AI+。当前人工智能在通用领域的应用，从智能交通，到无人驾驶汽车，再到智慧城市、智慧油田，已经在众多的领域掀起了变革的巨浪。

我国已将大数据与人工智能作为一项重要的科技发展战略，在大数据发展日新月异的前提下，我们应该审时度势、精心谋划、超前布局、力争主动。通过积极参与实施国家大数据战略，加快数字中国建设。2018 年，首届数字中国建设峰会、2018 中国国际大数据产业博览会、首届中国国际智能产业博览会相继召开。数字化、网络化、智能化的深入发展，使我们正处在新一轮科技革命和产业革命蓄势待发的时期。促进数字经济和实体经济的融合发展，加快新旧发展动能接续转换，以及打造新产业新业态是各国面临的共同任务，也为我国科技界指明了发展方向。

如今，大数据技术正在不断向各行各业进行渗透。深度学习、实时数据分析和预测、人工智能等大数据技术逐渐改变着原有的商业模式，推动着互联网和传统行业发生日新月异的变化。与此同时，非结构化数据难以利用，数据与实际商业价值不匹配的现象在很多企业依然存在，只有不断推进大数据技术与场景创新才能真正推动大数据应用的不断落地。

未来 5 年是人工智能进入各个垂直领域的加速期，人工智能+将引领产业变革。金融、制造、安防等领域将会诞生新的业态和商业模式，从而更好地实现信息技术由 IT 向 DT（Data Technology，数据技术）的转变。

✡ 任务 10.4　物联网技术基础与应用 ✡

10.4.1　学习要点

学习要点如下。
◆ 物联网（Internet of Things）技术定义。
◆ 物联网技术特点。
◆ 物联网技术应用领域。
◆ 物联网技术架构。
◆ 物联网技术的安全。

10.4.2　知识准备

我们经常在网上购物，在卖家发货之后我们就能随时查看包裹的状态，这就是物联网技术在智慧物流中的一个应用。智慧物流指的是以物联网、大数据、人工智能等信息技术为支撑，在物流的运输、仓储、运输、配送等各个环节实现系统感知、全面分析及处理等功能。当前，物联网领域应用主要是仓储、运输监测及快递终端等。通过物联网技术实现对货物及运输车辆的监测，包括货物车辆位置、状态，以及货物温湿度、油耗和车速等。物联网技术的应用能提高运输效率，以及整个物流行业的智能化水平。

1．物联网技术定义

物联网指的是将无处不在（Ubiquitous）的末端设备（Devices）和设施（Facilities），

包括具备"内在智能"的传感器、移动终端、工业系统、数控系统、家庭智能设施、视频监控系统等和"外在使能"（Enabled），如贴上 RFID（Radio Frequency Identification，无线射频识别）的各种资产（Assets）、携带无线终端的个人与车辆等"智能化物件或动物"或"智能尘埃"（Mote），通过各种无线和/或有线的长距离和/或短距离通信网络实现互联互通（M2M）、应用大集成（Grand Integration），以及基于云计算技术的 SaaS（Software-as-a-Service 的缩写，软件即服务）营运等模式。在内网（Intranet）、专网（Extranet）和/或互联网（Internet）环境中采用适当的信息安全保障机制，提供安全可控乃至个性化的实时在线监测、定位追溯、报警联动、调度指挥、预案管理、远程控制、安全防范、远程维保、在线升级、统计报表、决策支持、领导桌面（集中展示的 Cockpit Dashboard）等管理和服务功能，实现对"万物"的"高效、节能、安全、环保"的"管、控、营"一体化。

2．物联网技术发展历程

物联网的概念是在 1999 年提出的，其定义为把所有物品通过射频识别等信息感应设备与互联网连接起来实现智能化识别和管理。也就是说，物联网是各类传感器和现有的互联网相互衔接的一种新技术。2005 年国际电信联盟（ITU）发布《ITU 互联网报告 2005 物联网》指出无所不在的物联网通信时代即将来临，世界上所有的物体，从轮胎到牙刷、从房屋到纸巾都可以通过互联网主动进行交换。射频识别技术、传感器技术、纳米技术、智能嵌入技术将得到更加广泛的应用。2008 年 3 月在苏黎世举行了全球首个国际物联网会议"物联网 2008"，探讨了物联网的新理念和新技术与如何将物联网推进发展到下个阶段。

自 2009 年 8 月温家宝总理提出"感知中国"以来，物联网被正式列为国家 5 大新兴战略性产业之一写入了"政府工作报告"。物联网在中国受到了全社会极大的关注，其程度是在美国、欧盟，以及其他各国不可比拟的。

物联网的概念与其说是一个外来概念，不如说已经是一个"中国制造"的概念。其覆盖范围与时俱进，已经超越了 1999 年 Ashton 教授和 2005 年 ITU 报告所指的范围，物联网已被贴上"中国式"标签。

3．物联网的关键技术

把网络技术运用于万物组成物联网，如把感应器嵌入到油网、电网、路网、水网、建筑、大坝等物体中。然后将物联网与互联网整合，实现人类社会与物理系统的整合，超级计算机群对整合网的人员、机器设备、基础设施实施实时管理控制。以精细动态方式管理生产生活，提高资源利用率和生产力水平，改善人与自然的关系。

简单地讲，物联网是物与物、人与物之间的信息传递与控制，在物联网应用中有以下关键技术。

（1）传感器技术：计算机应用中的关键技术，绝大部分计算机处理的都是数字信号，而传感器把模拟信号转换成数字信号后计算机才能处理。

（2）RFID 标签：一种传感器技术，是融合了无线射频技术和嵌入式技术为一体的综合技术，在自动识别、物品物流管理方面有广阔的应用前景。

（3）嵌入式系统技术：综合了计算机软硬件技术、传感器技术、集成电路技术、电子应用技术为一体的复杂技术，经过几十年的演变，以嵌入式系统为特征的智能终端产品随处可见。例如，小到人们身边的 MP3，大到航天航空的卫星系统。嵌入式系统正在改变着人们的生活，推动着工业生产的发展。如果把物联网用人体做一个简单比喻，传感器相当于人的眼睛、鼻子、皮肤等感官，网络就是神经系统用来传递信息。嵌入式系统则是人的大脑，在接收到信息后要进行分类处理。

（4）智能技术：为了有效地达到某种预期的目的，通过在物体中植入智能系统可以使得物体具备一定的智能性。从而能够主动或被动地实现与用户的沟通，也是物联网的关键技术之一。

（5）纳米技术：研究结构尺寸在 0.1～100 nm 范围内材料的性质和应用，主要包括纳米体系物理学、纳米化学、纳米材料学、纳米生物学、纳米电子学、纳米加工学、纳米力学等，这 7 个相对独立又相互渗透的学科和纳米材料、纳米器件、纳米尺度的检测与表征 3 个研究领域相关。使用传感器技术能探测到物体物理状态，物体中的嵌入式智能能够通过在网络边界转移信息处理能力而增强网络的威力，而纳米技术的优势意味着物联网中体积越来越小的物体能够进行交互和连接。电子技术的趋势要求器件和系统更小、更快、更冷，更小，是指响应速度要快，但是并非没有限度；更冷是指单个器件的功耗要小，纳米电子学包括基于量子效应的纳米电子器件、纳米结构的光/电性质、纳米电子材料的表征，以及原子操纵和原子组装等。

物联网支撑技术与业务群如图 10-13 所示。

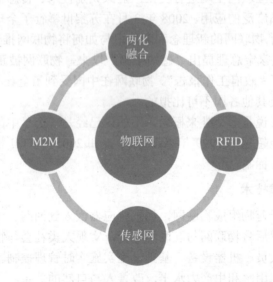

图 10-13   物联网支撑技术与业务群

（1）RFID：电子标签，属于智能卡的一类，在物联网中主要起"使能"（Enable）作用。

（2）传感网：借助各种传感器探测和集成，包括温度、湿度、压力、速度等物质现象的网络。

（3）M2M：侧重于末端设备的互联和集控管理。

（4）两化融合：工业信息化也是物联网产业主要推动力之一，自动化和控制行业是主力，但来自这个行业的声音相对较少。

4. 物联网技术体系架构

物联网技术体系架构分为 3 层，自下而上分别是感知层、传输层和应用层，如图 10-14 所示。

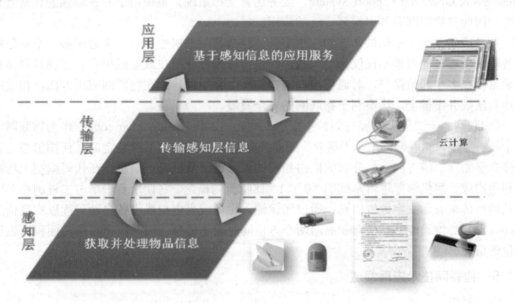

图 10-14 物联网技术体系结构

感知层主要实现物联网全面感知的核心能力，是物联网中关键技术、标准化、产业化方面亟需突破的部分。关键在于具备更精确、更全面的感知能力，并解决低功耗、小型化和低成本问题；传输层主要以广泛覆盖的移动通信网络作为基础设施，是物联网中标准化程度最高，以及产业化能力最强、最成熟的部分。关键在于为物联网应用特征进行优化改造，形成系统感知的网络；应用层提供丰富的应用将物联网技术与行业信息化需求相结合，实现广泛智能化的应用解决方案，关键在于行业融合、信息资源的开发利用、低成本高质量的解决方案、信息安全的保障及有效商业模式的开发。

物联网体系主要由运营支撑系统、传感网络系统、业务应用系统、无线通信网系统等组成。

通过传感网络可以采集所需的信息，顾客在实践中可运用 RFID 读写器与相关传感器等采集其所需的数据信息，当网关终端汇聚后通过无线网络将其顺利地传输至指定的应用系统中；此外，传感器还可以运用 ZigBee（紫蜂技术，与蓝牙相类似，是一种新兴的短距离无线通信技术，用于传感控制应用）与蓝牙等技术实现与传感器网关有效通信的目的。市场上常见的传感器大部分都可以检测到相关的参数，包括压力、湿度或温度等。一些专业化、质量较高的传感器通常还可检测到重要的水质参数，包括浊度、水位、溶解氧、电导率、藻蓝素、PH 值、叶绿素等。

运用传感器网关可以实现信息的汇聚，并且运用通信网络技术可以远距离传输信息，并顺利到达指定的应用系统中。我国无线通信网络主要有 5G、WLAN、LTE、GPRS，而4G 仍为试点阶段。

M2M 平台具有一定的鉴权功能，因此可以为顾客提供必要的终端管理服务。不同的接入方式均可顺利接入 M2M 平台，因此可以更顺利、更方便地进行数据传输；此外，M2M 平台还具备一定的管理功能，可以对用户鉴权、数据路由等进行有效的管理。而 BOSS（Business & Operation Support System，业务运营支撑系统）系统由于具备较强的计费管理功能，因此在物联网业务中得到广泛的应用。

业务应用系统主要提供必要的应用服务，包括智能家居服务、一卡通服务、水质监控服务等。所服务的对象不仅仅为个人用户，也可以为行业用户或家庭用户。在物联网体系中通常存在多个通信接口，对通信接口未实施标准化处理。而在物联网应用方面，相关的法律与法规并不健全，这不利于物联网的安全发展。

《物联网"十二五"发展规划》中提出二维码（2-dimensional bar code）作为物联网的一个核心应用，物联网终于从"概念"走向"实质"。二维码用某种特定的几何图形按一定规律在平面（二维方向上）分布的黑白相间的图形记录数据符号信息，在代码编制上巧妙地利用构成计算机内部逻辑基础的"0""1"比特流的概念。它使用若干个与二进制相对应的几何形体来表示文字数值信息，通过图像输入设备或光电扫描设备自动识读以实现信息自动处理。二维码能够在横向和纵向两个方位同时表达信息，因此能在很小的面积内表达大量的信息。

5. 物联网技术应用领域

（1）医学。

医学物联网将物联网技术应用于医疗、健康管理、老年健康照护等领域，其中的"物"即各种与医学服务活动相关的事物，如健康人、亚健康人、病人、医生、护士、医疗器械、检查设备、药品等；"联"即信息交互连接，把上述"物"产生的相关信息交互、传输和共享；"网"是通过把"物"有机地连成一张"网"实现感知医学服务对象、各种数据的交换和无缝连接，达到对医疗卫生保健服务的实时动态监控、连续跟踪管理和精准的医疗健康决策等。

"感""知""行"的"感"就是数据采集和信息获得，如连续监测高血压患者的人体特征参数、周边环境信息、感知设备和人员情况等；"知"特指数据分析，如测得高血压患者连续的血压值之后，计算机会自动分析出其血压状况是否正常。如果不正常，就会生成警报信号通知医生知晓情况并调整用药，这就是"行"。

（2）安全防护。

无锡传感网中心的传感器产品在上海浦东国际机场和上海世博会被成功应用，首批1 500 万元的传感安全防护设备销售成功。该设备由 10 万个微小传感器组成，散布在墙头墙角及路面的传感器能根据声音、图像、震动频率等信息分析判断爬上墙的究竟是人还是猫狗等动物。多种传感手段组成一个协同系统可以防止人员的翻越、偷渡、恐怖袭击等攻击性入侵。

国家民航总局正式发文要求全国民用机场都要采用国产传感网防入侵系统，浦东机场直接采购传感网产品金额为 4 000 多万元，加上配件共 5 000 万元。若全国近 200 家民用机场都加装防入侵系统，将产生上百亿的市场规模。

（3）污水处理。

基于物联网、云计算技术的城市污水处理综合运营管理平台为污水运营企业安全管理、生产运行、水质化验、设备管理、日常办公等关键业务提供了统一业务信息管理平台，对企业实时生产、视频监控、工艺设计、日常管理等相关数据进行集中管理、统计分析与挖掘。并且为不同层面的生产运行管理者提供即时、丰富的生产运行信息，为辅助分析决策奠定了良好的基础。也为企业规范管理、节能降耗、减员增效和精细化管理提供强大的技术支持，从而形成完善的城市污水处理信息化综合管理解决方案。

武汉市污水处理综合运营管理平台依托云计算技术构建并利用互联网将各种广域异构计算资源整合形成一个抽象、虚拟和可以动态扩展的计算资源池，然后通过互联网为用户按需提供计算能力、存储能力、软件平台和应用软件等服务。系统可以对污水处理企业的进、产、排 3 个主要环节进行监控，将下属提升泵站和污水处理厂的水量、水位、水质、电耗、药耗、设备状态等信息通过云计算技术平台进行收集、整合、分析和处理。即建立各个环节的相互规约模型，分析生产环节水、电、药的消耗与处理水排水、生产、排放之间的隐含关系找出污水处理厂的优化生产过程管理方案。从而实现对污水处理企业生产过程的实时控制与精细化管理，达到规范管理、节能降耗、减员增效的目的。

（4）其他。

物联网把新一代 IT 技术充分运用在各行各业中，如把感应器嵌入和装备到电网、铁路、桥梁、隧道、公路、建筑、供水系统、大坝、油气管道等各种物体中。然后将物联网与互联网整合，实现人类社会与物理系统的整合，在整合中能力超级强大的中心计算机群能够对整合网络内的人员、机器、设备和基础设施实施实时的管理和控制。在此基础上人类可以更加精细和动态的方式管理生产和生活，达到"智慧"状态。从而提高资源利用率和生产力水平，改善人与自然间的关系。

6．物联网技术安全

物联网和互联网的安全问题永远都是一个被广泛关注的话题。由于物联网连接和处理的对象主要是机器或物，以及相关的数据，所以其"所有权"特性导致物联网信息安全要求比以处理文本为主的互联网要高，对隐私权（Privacy）保护的要求也更高；此外还有可信度（Trust）问题，包括防伪和 DoS（Denial of Services，拒绝服务。即用伪造的末端冒充替换等手段侵入系统，造成真正的末端无法使用等），由此要特别关注物联网的安全问题。

物联网系统的安全和一般 IT 系统的安全基本一样，主要有 8 个尺度，即读取控制、隐私保护、用户认证、不可抵赖性、数据保密性、通信层安全、数据完整性、随时可用性。前 4 项主要处在物联网架构的应用层，后 4 项主要位于传输层和感知层。如果从物联网系统体系架构的各个层面仔细分析，会发现现有的安全体系基本上可以满足物联网应用的需求，尤其在其初级和中级发展阶段。

物联网应用的特有（比一般 IT 系统更易受侵扰）安全问题有如下几种。

（1）Skimming：在末端设备或 RFID 持卡人不知情的情况下信息被读取。

（2）Eavesdropping：在一个通信通道的传输信息被中途截取。

（3）Spoofing：伪造复制设备数据冒名输入到系统中。

（4）Cloning：克隆末端设备冒名顶替。

（5）Killing：损坏或盗走末端设备。

（6）Jamming：伪造数据造成设备阻塞不可用。

（7）Shielding：用机械手段屏蔽电信号让末端无法连接。

针对上述问题，物联网发展的中、高级阶段面临如下5大特有的信息安全挑战。

（1）4大类（有线长、短距离和无线长、短距离）网路相互连接组成的异构（heterogeneous）、多级（multi-hop）、分布式网络导致统一的安全体系难以实现"桥接"和过渡。

（2）设备大小不一，以及存储和处理能力的不一致导致安全信息（如 PKI Credentials，公钥基础设施证书）的传递和处理难以统一。

（3）设备可能无人值守、丢失或处于运动状态，连接可能时断时续可信度差，这些因素增加了信息安全系统设计和实施的复杂度。

（4）在保证一个智能物件要被数量庞大，甚至未知的其他设备识别和接受的同时要保证其信息传递的安全性和隐私权。

（5）多租户单一实例（Instance）服务器中 SaaS 模式对安全框架的设计提出了更高的要求。

对于上述问题的研究和产品开发，国内外都还处于起步阶段。在 WSN（Wireless Sensor Networks，无线传感器网络）和 RFID 领域有一些针对性的研发工作，统一标准的物联网安全体系的问题尚未提上议事日程，比物联网统一数据标准的问题更滞后。这两个标准密切相关，甚至合并到一起统筹考虑，其重要性不言而喻。

物联网信息安全应对方式首先是调查，要理解当前物联网有哪些网络连接、如何连接、为什么连接等；其次是评估，要判定这些物联网设备会带来的威胁。如果这些物联网设备遭受攻击，会发生什么，以及有哪些损失；最后是增加物联网网络安全，物联网的设备、协议、环境的工具还要能够阻止攻击，并且能够帮助物联网企业选择加密和访问控制（能够对攻击者隐藏设备和通信）的解决方案。

✡任务 10.5　虚拟现实技术基础与应用✡

10.5.1 学习要点

学习要点如下。

◆ 虚拟现实技术定义。

◆ 虚拟现实技术特点。

◆ 虚拟现实技术应用领域。

10.5.2　知识准备

在讲授汽车发动机的组成、结构及工作原理时，传统的教学方法都是利用图示或者视频方式向学生展示，但是这种方法难以使学生对这种装置的运行过程、状态及内部原理有一个明确的了解。通过虚拟现实技术就可以直观地展示汽车发动机的复杂结构、工作原理及工作时各个零件的运行状态，而且还可以模仿各部件在出现故障时的表现和原因。为学生提供全面观察、操作及维修的模拟训练机会，使教学和实验效果事半功倍。

1. 虚拟现实技术定义

虚拟现实技术又称"灵境技术"，是 20 世纪发展起来的一项全新的实用技术。该技术集计算机、电子信息、仿真技术于一体，其基本实现方式是计算机模拟虚拟环境，从而给人以环境沉浸感。顾名思义，就是虚拟和现实相互结合。从理论上来讲，虚拟现实技术是一种可以创建和体验虚拟世界的计算机仿真系统。它利用计算机生成一种模拟环境，使用户沉浸其中。虚拟现实技术利用现实生活中的数据，通过计算机技术产生的电子信号将其与各种输出设备结合使其转化为能够让人们感受到的现象。这些现象可以是现实中真真切切的物体，也可以是人们肉眼看不到的物质，通过三维模型表现出来。因为这些现象不是我们直接能看到的，而是通过计算机技术模拟出来的现实中的世界，故称为"虚拟现实"。

虚拟现实技术受到了越来越多人的认可，用户可以在虚拟现实世界体验到最真实的感受。其模拟环境的真实性与现实世界难辨真假，让人有种身临其境的感觉；同时，虚拟现实技术具有一切人类所拥有的感知功能，如听觉、视觉、触觉、味觉、嗅觉等感知系统。具有超强的仿真系统，真正实现了人机交互，使人在操作过程中可以随意操作并且得到环境最真实的反馈。正是虚拟现实技术的存在性、多感知性、交互性等特征使其得到了许多人的喜爱，虚拟现实技术所用的设备有头盔、眼镜等，如图 10-15 所示。

图 10-15　虚拟现实技术所用的设备

2. 虚拟现实技术的发展阶段

（1）第 1 阶段（1963 年以前）有声形动态的模拟蕴含虚拟现实思想。

1929 年，Edward Link 设计出用于训练飞行员的模拟器。1956 年，Morton Heilig 开发出多通道仿真体验系统 Sensorama。

（2）第 2 阶段（1963—1972 年）虚拟现实萌芽。

1965 年，Ivan Sutherland 发表论文"Ultimate Display"（终极显示）。1968 年，Ivan Sutherland 研制成功带跟踪器的头盔式立体显示器（HMD）。1972 年，NolanBushell 开发出第 1 个交互式电子游戏 Pong。

（3）第 3 阶段（1973—1989 年）虚拟现实概念的产生和理论初步形成。

1977 年，Dan Sandin 等研制出数据手套 SayreGlove；1984 年，NASA AMES 研究中心开发出用于火星探测的虚拟环境视觉显示器。1984 年，VPL 公司的 JaronLanier 首次提出"虚拟现实"的概念。1987 年，JimHumphries 设计了双目全方位监视器（BOOM）的最早原型。

（4）第 4 阶段（1990 年至今）虚拟现实理论进一步完善和应用。

1990 年，提出虚拟现实技术包括三维图形生成技术、多传感器交互技术和高分辨率显示技术，VPL 公司开发出第 1 套传感手套"DataGloves"和第 1 套 HMD"EyePhoncs"。21 世纪以来，虚拟现实技术高速发展。软件开发系统不断完善，有代表性的如 MultiGen Vega、Open Scene Graph、Virtools 等。

3．虚拟现实技术的分类

虚拟现实技术涉及学科众多，应用领域广泛，系统种类繁杂。这是由其研究对象、研究目标和应用需求决定的，从不同角度出发可对虚拟现实技术系统做出不同分类。

（1）根据沉浸式体验角度分类。

沉浸式体验分为非交互式体验、人与虚拟环境交互式体验，以及群体与虚拟环境交互式体验等几类，该角度强调用户与设备的交互体验。相比之下，非交互式体验中的用户更为被动，所体验的内容均为提前规划好的。即便允许用户在一定程度上引导场景数据的调度也仍没有实质性交互行为，如场景漫游等，用户几乎全程无事可做；在人与虚拟环境交互式体验系统中，用户则可用诸如数据手套、数字手术刀等设备与虚拟环境交互。例如，驾驶战斗机模拟器等。此时用户可感知虚拟环境的变化，进而产生在相应现实世界中可能产生的各种感受。如果将该套系统网络化、多机化，使多个用户共享一套虚拟环境，便得到群体与虚拟环境交互式体验系统。例如，大型网络交互游戏等，此时的虚拟现实系统与真实世界无甚差异。

（2）根据系统功能角度分类。

系统功能分为规划设计、展示娱乐、训练演练等几类，规划设计系统可用于新设施的实验验证，可大幅缩短研发时长、降低设计成本并提高设计效率。城市排水、社区规划等领域均可使用，如虚拟现实模拟给排水系统可大幅减少原本需用于实验验证的经费；展示娱乐类系统适用于为用户提供逼真的观赏体验，包括数字博物馆、大型 3D 交互式游戏、影视制作等。例如，虚拟现实技术早在 20 世纪 70 年代便被 Disney 用于拍摄特效电影；训练演练类系统则可应用于各种危险环境及一些难以获得操作对象或实操成本极高的领域，如外科手术训练、空间站维修训练等。

4．虚拟现实技术的特点

（1）沉浸性。

沉浸性是虚拟现实技术最主要的特征，就是让用户成为并感受到自己是计算机系统所创造环境中的一部分，它取决于感知者的感知系统。当用户感知到虚拟世界的刺激，包括触觉、味觉、嗅觉、运动感知等时便会产生思维共鸣。从而造成心理沉浸，感觉如同进入真实世界。

（2）交互性。

交互性是指用户对模拟环境内物体的可操作程度和从环境得到反馈的自然程度，用户进入虚拟空间，相应的技术让其与环境产生相互作用。当用户执行某种操作时，周围的环境也会做出某种反应。例如，用户接触到虚拟空间中的物体，那么其手上应该能够感受到。若用户对物体有所动作，物体的位置和状态也应改变。

（3）多感知性。

多感知性表示计算机技术应该拥有多种感知方式，如听觉、触觉、嗅觉等，理想的虚拟现实技术应该具有一切人所具有的感知功能。由于相关技术，特别是传感技术的限制，所以目前大多数虚拟现实技术所具有的感知功能仅限于视觉、听觉、触觉、运动等几种。

（4）构想性。

构想性也称"想象性"，用户在虚拟空间中可以与周围物体进行互动并且拓宽认知范围，创造客观世界不存在的场景或不可能发生的环境。构想可以理解为用户进入虚拟空间根据自己的感觉与认知能力吸收知识，发散拓宽思维，创立新的概念和环境。

（5）自主性。

自主性是指虚拟环境中物体依据物理定律动作的程度，如当受到力的推动时物体会向力的方向移动或翻倒或从桌面落到地面等。

5．虚拟现实的关键技术

虚拟现实的关键技术如下。

（1）动态环境建模技术。

虚拟环境的建立是虚拟现实系统的核心，目的是获取实际环境的三维数据，并根据应用的需要建立相应的虚拟环境模型。

（2）实时三维图形生成技术。

三维图形的生成技术已经较为成熟，关键就是"实时"生成。为保证实时，至少保证图形的刷新频率不低于 15 帧/秒，最好高于 30 帧/秒。

（3）立体显示和传感器技术。

虚拟现实的交互能力依赖于立体显示和传感器技术的发展，现有的设备不能满足需要。力学和触觉传感装置的研究也有待进一步深入，虚拟现实设备的跟踪精度和跟踪范围也有待提高。

（4）应用系统开发工具。

虚拟现实应用的关键是寻找合适的场合和对象，选择适当的应用对象可以大幅度提高生产效率，减轻劳动强度并提高产品质量。为达到这一目的，需要研究虚拟现实的开发工具。

（5）系统集成技术。

由于虚拟现实系统中包括大量的感知信息和模型，因此系统集成技术起着至关重要的作用，包括信息的同步技术、模型的标定技术、数据转换技术、数据管理模型、识别与合成技术等。

6. 虚拟现实技术的应用领域

（1）在影视娱乐中的应用。

近年来，由于虚拟现实技术在影视业的广泛应用，所以以虚拟现实技术为主而建立了第 1 现场 9D VR 体验馆。自建成以来，在影视娱乐市场中的影响力非常大。此体验馆可以让观影者体会到置身于真实场景之中的感觉，沉浸在影片所创造的虚拟环境之中；同时，随着虚拟现实技术的不断创新，虚拟现实技术在游戏领域也得到了快速发展。虚拟现实技术是利用电脑产生的三维虚拟空间，而三维游戏刚好是建立在此技术之上。三维游戏几乎包含了虚拟现实的全部技术，使得游戏在保持实时性和交互性的同时也大幅提升了游戏的真实感。

（2）在教育中的应用。

如今，虚拟现实技术已经成为促进教育发展的一种新型教育手段。传统的教育只是一味地给学生灌输知识，而现在利用虚拟现实技术可以帮助学生打造生动、逼真的学习环境，使学生通过真实感受来增强记忆。相比被动性灌输，利用虚拟现实技术来进行自主学习更容易让学生接受，这种方式更容易激发学生的学习兴趣；此外，各大院校利用虚拟现实技术建立了与学科相关的虚拟实验室来帮助学生更好地学习。

（3）在设计领域中的应用。

虚拟现实技术在设计领域小有成就，如室内设计。人们可以利用虚拟现实技术把室内结构、房屋外形表现出来，使之变成可以看的物体和环境。在设计初期，设计师可以将自己的想法通过虚拟现实技术模拟出来，即在虚拟环境中预先看到室内的实际效果。这样既节省了时间，又降低了成本。

（4）在医学中的应用。

医学专家利用计算机在虚拟空间中模拟人体组织和器官，让学生在其中进行模拟操作。并且让学生感受到手术刀切入人体肌肉组织、触碰到骨头的感觉，使学生能够更快地掌握手术要领。而且主刀医生在手术前也可以建立一个病人身体的虚拟模型，在虚拟空间中先进行一次手术预演。这样能够大大提高手术的成功率，让更多的病人得以痊愈。

（5）在军事领域中的应用。

在军事领域人们将地图上的山川地貌、海洋湖泊等数据利用虚拟现实技术把地图变成一幅三维立体的地形图，然后通过全息技术将其投影出来，这样更有助于进行军事演习训练等。

除此之外，现代战争是信息化战争。战争机器都朝着自动化方向发展，无人机便是信息化战争的最典型产物。无人机由于自动化及便利性深受各国喜爱，在训练期间，可以利用虚拟现实技术模拟无人机的飞行、射击等工作模式；在战争期间，军人可以通过眼镜、头盔等设备操控无人机执行侦察和暗杀任务，减小伤亡率。由于虚拟现实技术能将无人机拍摄到的场景立体化，降低操作难度并提高侦查效率，所以无人机和虚拟现实技术的发展刻不容缓。

（6）在航空航天领域中的应用。

由于航空航天是一项耗资巨大且非常繁琐的工程，所以人们利用虚拟现实技术和计算机的统计模拟技术在虚拟空间中重现现实中的航天飞机与飞行环境。使飞行员在虚拟空间中进行飞行训练和实验操作，极大地降低了实验经费和实验的危险系数，如图 10-16 所示。

图 10-16　虚拟现实在航空航天领域中的应用

6. 虚拟现实技术的发展局限

即使虚拟现实技术前景较为广阔，但作为一项高速发展的科学技术，其自身的问题也随之渐渐浮现。例如，产品回报的稳定性问题、用户视觉体验问题等。对于虚拟现实企业而言，如何突破目前发展的瓶颈，使其技术成为主流仍是亟待解决的问题。

首先，部分用户使用虚拟现实设备会带来眩晕、呕吐等不适之感，这也造成其体验不佳的问题。部分原因来自清晰度的不足，另一部分来自刷新率无法满足要求。据研究显示 14 k 以上的分辨率才能基本使大脑认同，但目前来看国内所用的虚拟现实设备远不及骗过大脑的要求。消费者的不舒适感可能产生虚拟现实技术是否会对自身身体健康造成损害的担忧，这必将影响该技术未来的发展与普及。

虚拟现实体验的高价位同样是制约其扩张的原因之一，在国内市场中虚拟现实眼镜价位一般都在 3 000 元以上。如果用户想体验到高端的视觉享受，必然要为其内部更高端的电脑支付高昂的价格。若想要使得虚拟现实技术得到推广，确保其内容产出和回报率的稳定十分关键。其所涉及内容的制作成本与体验感决定了消费者接受虚拟现实设备的程度，而对于该高成本内容的回报率难以预估，其中对虚拟现实原创内容的创作无疑加大了其中的难度。

10.6　习题

1. 单选题

（1）企业的 IT 开销主要分为硬件开销、（　　）及管理成本 3 个部分。

　　A. 能耗　　　　　　B. 人工　　　　　　C. 软件　　　　　　D. 网络

（2）数据中心的（　　）和制冷成本占有相当大的比重。

    A．人工管理   B．场地租赁

    C．电力成本   D．服务器

（3）首次提出"云计算"概念的时间是（　　）。

    A．2005 年   B．2006 年

    C．2007 年   D．2008 年

（4）按照云计算服务的部署方式和服务对象的范围可以将云计算分为 3 类，即公共云、私有云和（　　）。

    A．混合云   B．网络云

    C．代理云   D．微云

（5）微服务就是一些（　　）、可协同工作的小的服务。

    A．可独立计算   B．可独立调用

    C．可独立运行   D．可独立部署

（6）大数据本身不产生价值，如何（　　）、挖掘和利用大数据对决策和业务产生帮助才是关键。

    A．采集   B．分析   C．查询   D．可视化

（7）Hadoop 的核心是（　　）和 MapReduce。

    A．YARN   B．Hive   C．Pig   D．HDFS

（8）HBase 是一个针对（　　）和半结构化松散数据的可伸缩、高可靠、高性能、分布式和面向列的动态模式数据库。

    A．数据行   B．非结构化

    C．数据列   D．结构化

（9）MapReduce 是一种计算模型，用于大规模数据集（大于 1 TB）的（　　）计算。

    A．并行   B．串行

    C．分布式   D．线性

（10）ZooKeeper 是一个分布式、开放源码的分布式应用程序（　　）。

    A．Web 服务   B．微服务

    C．协调服务   D．数据服务

（11）围棋机器人 AlphaGo 在同世界著名选手李世石的对局中获胜是（　　）年。

    A．2013   B．2014   B．2015   D．2016

（12）遗传算法模拟人类或生物的（　　）机制，人工神经网络则是模拟人类或动物大脑中神经细胞的活动方式。

    A．遗传-进化   B．遗传

    C．进化   D．进化－遗传

（13）机器学习是人工智能的一种途径或子集，它强调（　　），而不是计算机程序。

    A．数据收集   B．学习

    C．记忆   D．算法

（14）未来大数据将成为智能机器的基础，通过（　　）从海量数据中获取的内容将赋予人工智能更多有价值的发现与洞察。而人工智能也将成为进一步挖掘大数据宝藏的钥

匙，助力大数据释放具备人类智慧的优越价值。

A．记忆　　　　　　　　　　　　B．存储

C．深度学习　　　　　　　　　　D．挖掘

（15）计算机视觉技术运用由（　　）及其他技术所组成的序列来将图像分析任务分解为便于管理的小块任务。

A．图像识别操作　　　　　　　　B．图像存储操作

C．图像处理操作　　　　　　　　D．图像分析操作

（16）RFID 标签也是一种传感器技术，RFID 技术是融合了（　　）和嵌入式技术为一体的综合技术，在自动识别、物品物流管理方面有着广阔的应用前景。

A．无线射频技术　　　　　　　　B．传输技术

C．芯片技术　　　　　　　　　　D．自动识别技术

（17）物联网典型体系架构分为（　　）层。

A．4　　　　　B．3　　　　　C．5　　　　　D．2

（18）虚拟现实技术集计算机、电子信息、（　　）于一体，其基本实现方式是计算机模拟虚拟环境从而给人以环境沉浸感。

A．仿真技术　　　　　　　　　　B．通信技术

C．图像识别技术　　　　　　　　D．软件技术

（19）虚拟环境的建立是 VR 系统的核心内容，目的就是获取实际环境的（　　），并根据应用的需要建立相应的虚拟环境模型。

A．二维数据　　　　　　　　　　B．平面数据

C．真实数据　　　　　　　　　　D．三维数据

（20）三维图形的生成技术已经较为成熟，那么关键就是"实时"生成。为保证实时，至少保证图形的刷新频率不低于（　　）帧/秒，最好高于 30 帧/秒。

A．14　　　　　B．15　　　　　C．16　　　　　D．17

2．多选题

（1）云服务是把（　　）网络存储、热备份冗杂和虚拟化等技术混合演进并跃升的结果。

A．分布式计算　　　　　　　　　B．效用计算

C．负载均衡　　　　　　　　　　D．并行计算

（2）云计算技术的特点有（　　）、可靠性高、性价比高、可扩展性高等。

A．虚拟化技术　　　　　　　　　B．动态可扩展

C．按需部署　　　　　　　　　　D．灵活性高

（3）云计算的服务类型有（　　）。

A．基础设施即服务（IaaS）　　　B．平台即服务（PaaS）

C．微服务　　　　　　　　　　　D．软件即服务（SaaS）

（4）云计算体系结构分为（　　）。

A．物理资源层　　　　　　　　　B．资源池层

C．管理中间件　　　　　　　　　D．服务接口层

（5）云计算技术的安全威胁有（　　　）。

　　A．隐私被窃取　　　　　　　　　　B．资源被冒用

　　C．容易出现黑客的攻击　　　　　　D．容易出现病毒

（6）大数据特征有（　　　）。

　　A．数据量大（Volume）　　　　　　B．种类多（Variety））

　　C．速度快时效高（Velocity）　　　　D．价值密度低（Value）

（7）数据分析过程通常包括目标数据的确定、目标数据收集、（　　　）。

　　A．数据清理　　　　　　　　　　　B．数据存储

　　C．数据提升和分析　　　　　　　　D．结果可视化和决策支持

（8）MLlib（机器学习库）由一系列通用的机器学习算法和实用程序组成，包括（　　　）等，还包括一些底层优化的方法，如特征提取、特征转换、降维、构造、评估和调整管道的工具等。

　　A．分类　　　　　　　　　　　　　B．回归

　　C．聚类　　　　　　　　　　　　　D．协同过滤

（9）"机器学习"的数学基础是（　　　）。

　　A．统计学　　　　　　　　　　　　B．信息论

　　C．初等数学　　　　　　　　　　　D．控制论

（10）模式识别就是让电脑能够认识其周围的事物，使我们与电脑的交流更加自然与方便，包括（　　　）与电脑图形识别。

　　A．文字识别（读）　　　　　　　　B．语音识别（听）

　　C．语音合成（说）　　　　　　　　D．自然语言理解

（11）物联网是指通过信息传感设备按约定的协议将任何物体与网络相连接，物体通过信息传播媒介进行信息交换和通信，以实现（　　　）等功能。

　　A．智能化识别　　　　　　　　　　B．定位

　　C．跟踪　　　　　　　　　　　　　D．监管

（12）嵌入式系统技术是综合了（　　　）为一体的复杂技术。

　　A．计算机软硬件　　　　　　　　　B．传感器技术

　　C．集成电路技术　　　　　　　　　D．电子应用技术

（13）物联网典型体系架构分为（　　　）。

　　A．感知层　　　　　　　　　　　　B．控制层

　　C．传输层　　　　　　　　　　　　D．应用层

（14）虚拟现实技术特征有（　　　）和自主性。

　　A．沉浸性　　　　　　　　　　　　B．交互性

　　C．多感知性　　　　　　　　　　　D．构想性

（15）由于 VR 系统中包括大量的感知信息和模型，因此系统集成技术起着至关重要的作用，集成技术包括信息的同步技术、（　　　）等。

　　A．模型的标定技术　　　　　　　　B．数据转换技术

　　C．数据管理模型　　　　　　　　　D．识别与合成技术

3．判断题

（1）云计算是分布式计算的一种。　　　　　　　　　　　　　　　　（　　　）

（2）云存储是一个以数据存储和管理为核心的云计算系统。　　　　　（　　　）

（3）边缘计算指在靠近物或数据源头的网络边缘侧融合网络、计算、存储、应用核心能力为一体的开放平台，就近提供最近端服务。　　　　　　　　　　　　（　　　）

（4）对于消费者用户，大数据的价值主要体现在信息能够记录，能够查看数据。
　　　　　　　　　　　　　　　　　　　　　　　　　　　　　　　　（　　　）

（5）YARN 是对原有 Hadoop 资源管理器进行升级而成。　　　　　　（　　　）

（6）机器翻译就是利用计算机将一种自然语言（源语言）转换为另一种自然语言（目标语言）的过程。　　　　　　　　　　　　　　　　　　　　　　　　　（　　　）

（7）物联网是物与物、人与物之间的信息传递与控制。　　　　　　　（　　　）

（8）传感器把数字信号转换成模拟信号。　　　　　　　　　　　　　（　　　）

（9）虚拟现实具有一切人类所拥有的感知功能，如听觉、视觉、触觉、味觉、嗅觉等感知系统。　　　　　　　　　　　　　　　　　　　　　　　　　　　　　（　　　）

（10）部分用户使用 VR 设备会带来眩晕、呕吐等不适之感，这也造成其体验不佳的问题。　　　　　　　　　　　　　　　　　　　　　　　　　　　　　　　（　　　）

常用工具软件应用

☆任务 11.1 压缩文件软件应用☆

11.1.1 任务要点

任务要点如下。

◆ 常见的文件压缩工具软件。

◆ 文件压缩的概念。

◆ 常见的文件压缩格式。

◆ 文档压缩加密。

11.1.2 知识准备

1．无损压缩和有损压缩

（1）有损压缩：压缩之后无法完整还原原始信息，但是压缩率可以很高。这种压缩常常用于视频、话音、图像等数据，因为压缩损失的信息人肉眼很难察觉。

（2）无损压缩：用于需要完整还原原有信息的文件等，ZIP、RAR、GZIP 等均为无损压缩。

2．常见的压缩文件格式

（1）JAR 格式。

文件名是"Java Archive File"，与 Java 有关联。它也是一种文件格式，与其他压缩文件格式的区别是在压缩时会产生"META-INF…"文件。

（2）zip 格式。

zip 文件是最常用的文件压缩格式，在 Windows 操作系统中解压这种压缩文件时不需要下载单独的解压软件。

（3）rar 和 rar4 格式。

在 Windows 系统中很多压缩文件采用.rar 格式，因为压缩成功率更高。rar 采用默认的最新 rar5 算法，文档归档后老版本的 WinRAR 软件打不开，所以出现了 rar4 压缩格式。

（4）tar 和 tar.gz 格式。

tar 格式是 Linux 下面的打包文件，这种文件格式将多个文件打包为一个文件。

tar.gz 格式是 Linux 下打包并压缩文件后的格式，可以节约文件所占的存储空间。

3．压缩字典

字典编码本质上就是从头开始将在字典中出现过的字符串使用一个索引值代替，以此来达到压缩目的。通过字典编码重复出现的字符，并将编码的结果放入压缩文件中，解压时通过字典翻译对应原来的信息。字典大小指的是处理数据时用于查找和压缩重复数据模式所使用的内存区域的大小，较大的压缩字典有时会提高大文件的压缩率，但是也会降低压缩速度并增加内存的需求。所以我们一般选择一个中等大小的字典，如 32 MB或者 64 MB。

4．加密压缩

在加密压缩文件时可以设置压缩的密码，在解压时需要输入密码才能获取其中的信息。设置密码压缩有两种方式，即加密文件名，以及文件压缩可以看到压缩的文件名称。

11.1.3　任务要求

任务要求如下。

（1）用压缩软件压缩和解压视频文件，并查看压缩比例。

（2）使用压缩软件对文件进行密码压缩和加密压缩并比较效果。

11.1.4　实现过程

实现过程如下。

1．使用 WinRAR 压缩软件压缩和解压视频文件

（1）右击需要压缩的视频文件，选择快捷菜单中的"添加到压缩文件"命令，如图 11-1所示。

（2）打开"压缩文件名和参数"对话框，设置压缩的文件名（默认以文件名命名）、压缩格式为"RAR"、压缩方式为"标准"、字典大小为"32MB"等，如图 11-2 所示。

图 11-1 "添加到压缩文件"命令

图 11-2 设置压缩文件名和参数

（3）单击"确定"按钮，压缩进度如图 11-3 所示。

图 11-3 压缩进度

（4）双击压缩后的文件"课程培训.rar"，可以看到压缩前后文件的大小，如图 11-4 所示。

图 11-4 压缩前后文件的大小

（5）单击"解压到"按钮，显示"解压路径和选项"对话框。

（6）设置路径和有关选项，如图 11-5 所示。

图 11-5　设置路径和有关选项

（7）单击"确定"按钮。

2．带密码压缩文件

（1）右击需要进行带密码压缩的文件，单击快捷菜单中的"添加到压缩文件"命令，显示"压缩文件名和参数"对话框。

（2）设置压缩的文件名、压缩格式为"RAR"、压缩方式为"标准"、字典大小为"32MB"等。

（3）单击"设置密码"按钮，显示"输入密码"对话框，如图 11-6 所示。

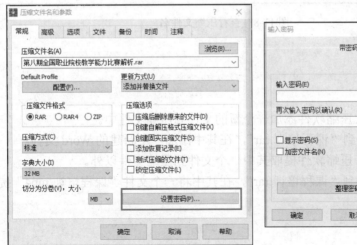

图 11-6　"输入密码"对话框

（4）输入密码后单击"确定"按钮。

如果选择"加密文件名"复选框，使用 WinRAR 软件双击文件看不到压缩文件中的文件。必须输入密码，如图 11-7 所示。

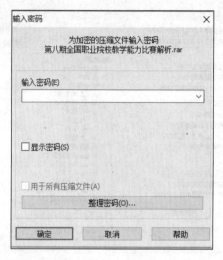

图 11-7   选择"加密文件名"查看压缩文件时需要输入密码

如果清除"加密文件名"复选框，则可以看到压缩文件名，如图 11-8 所示。

图 11-8   查看压缩文件名

11.1.5 技能训练

（1）使用 WinRAR 压缩软件添加一个新的文件到压缩文件中。

要求在课程包中找到"课程培训.rar"，在其中添加一个新建的 Word 文件。

（2）使用 WinRAR 压缩软件提取其中一个文件到压缩文件以外。

要求在课程包中找到"课程培训.rar"，在其中将一个文件"课程培训.mp4"提取到压缩文件以外。

✡ 任务 11.2　图形图像软件应用 ✡

11.2.1　任务要点

任务要点如下。
◆ 图像文件格式。
◆ 图像像素调整。
◆ 图像大小调整。
◆ 图像尺寸调整。
◆ 图像色彩饱和度调整。

11.2.2　知识准备

（1）图形图像处理软件。

常见的图形图像软件有 Photoshop、美图秀秀、Flash、3D Max、AutoCAD、Fireworks、Core Draw 等。

（2）图形图像的文件格式。

图形图像文件必须采用相应的文件格式保存，文件格式确定了文件存放为何种类型的信息，常见的图形图像文件格式有 PNG、JPEG/JPG、GIF（动态图）、BMP（位图）、RGB 位图、TIFF（标记图像文件）、SWF、SVG、WMF 等。

11.2.3　任务要求

任务要求如下。

（1）在 Photoshop CS6 中根据寸照的尺寸修改证件照的图像大小。

（2）修改图像背景颜色。使用魔术棒、边缘调整、调整半径大小等工具将证件照的背景色由原来的红色修改为白色。

11.2.4　实现过程

1．修改证件照的图片大小

（1）双击 Photoshop CS6 桌面图标，即可进入 Photoshop CS6 主界面。主界面包含了"菜单栏、工具栏、编辑区、操作记录、图层文件设置"等主要区域，如图 11-9 所示。

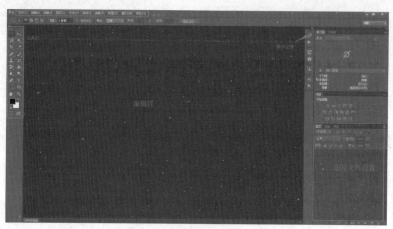

图 11-9　Photoshop CS6 主界面

（2）选择菜单栏中的"文件"→"打开"命令，找到证件照存储的路径将其加载到编辑区中，如图 11-10 所示。

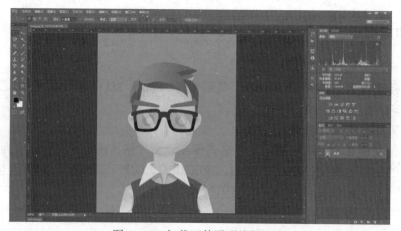

图 11-10　加载证件照到编辑区中

（3）设置图像的大小，选择"图像"→"图像大小"命令，如图 11-11 所示。

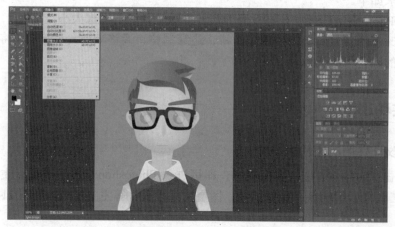

图 11-11　"图像大小"命令

（4）弹出"图像大小"对话框，设置证件照为1寸照片尺寸，分辨率为72 dpi，像素为71*99，如图11-12所示。

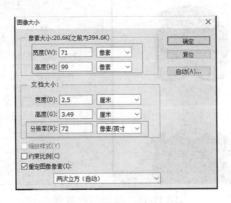

图11-12　设置证件照大小

（5）单击"确定"按钮。

2．修改证件照的背景色

（1）执行前面所述操作步骤加载证件照到编辑区中。

（2）将红色背景的证件照修改为白色背景的证件照，复制一个图层将最下面的图片隐藏，如图11-13所示。

（3）选择工具栏中的"魔术棒工具"点击证件照红色背景，选择菜单栏中的"选择"→"反相"命令即可选中人物，如图11-14所示。

图11-13　设置背景隐藏

图11-14　反相选择

（4）选择菜单栏中的"选择"→"调整边缘"命令，在弹出的对话框中选择"调整边缘"，设置"平滑度"、"羽化"、"对比度"、"移动边缘"分别为0。并且将多余的白色全部修正，效果如图11-15所示。

图 11-15　修正白色背景

（5）单击"确定"按钮后按下"Ctrl+J"组合键新建图层 1，然后再新建一个空白图层 2 并将空白图层 2 移动到图层 1 之下，效果如图 11-16 所示。

图 11-16　新建图层 1

（6）在空白图层 2 绘制一个矩形设置填充颜色为白色，右击矩形鼠标右键选择"栅格化图层"命令后，将多余的图层"背景"、"背景 副本"两个图层隐藏，如图 11-17 所示。

图 11-17　隐藏多余图层

（7）完成证件照的图片修改后选择保存文件的路径和文件格式，选择菜单栏中的"文件""存储为"命令，在弹出的"存储为"对话框中选择文件存放的路径，设置文件的名称"证件照"，文件的格式为"PNG"，如图 11-18 所示。

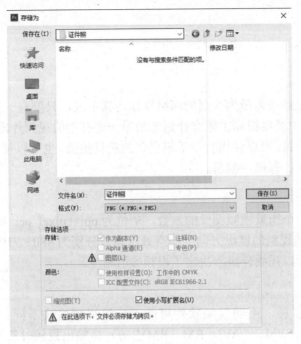

图 11-18　输出保存为"PNG"格式

（8）单击"保存"按钮。

11.2.5　技能训练

利用 Photoshop CS6 修改两寸证件照，要求为尺寸参考 3.5cm*5.3cm 或 626 像素*413 像素。并且背景颜色为蓝色，RGB 值分别为 67、142、219。

☆任务 11.3　视频软件应用☆

11.3.1　任务要求

任务要求如下。
- ◆ 视频拍摄。
- ◆ 视频分辨率的概念。

◆ 视频文件的格式。
◆ 视频剪辑。
◆ 视频特效。

11.3.2 知识准备

1．拍摄视频

拍摄视频现在已经成为最为火爆的网络媒体传播手段，只要有一部智能手机就可以拍摄视频。在拍摄过程中需要根据主题有计划地拍摄一些有趣的视频片段，时间不一定很长，可以是十几秒或几分钟。可以使用智能手机自带的相机拍摄，也可以使用第三方 APP 软件，最后将拍摄视频导入计算机中编辑。

2．视频分辨率

视频分辨率是一个衡量视频图像的参数，单位为 ppi（pixel per inch，每英寸像素）。例如，480×710 ppi 的视频的横纵方向上的有效像素数分别为 480、710。小窗口时 ppi 值比较高，反之亦反，所以视频分辨率决定了视频的清晰度。

3．视频格式

视频格式有很多种，不同视频软件可能支持的视频格式不同。常见的视频格式有 MP4、MPEG、3GP、WMV、AVI、RM、RMV 等，当输出视频时需要了解播放器支持的视频格式。

11.3.3 任务要求

任务要求如下。

（1）视频拍摄，使用智能手机完成"我的校园"主题场景的拍摄。拍摄的视频要清晰流畅，分辨率在 1 280x720 ppi 以上。

（2）视频剪辑，将视频片段导入"爱剪辑"软件中，选取视频片段中需要的内容。将视频进行合并在剪辑过程中设置转出效果，让视频片段和片段之间的衔接更强。

11.3.4 实现过程

实现过程如下。

（1）双击桌面上的"爱剪辑"图标，进入其编辑界面，如图 11-19 所示。

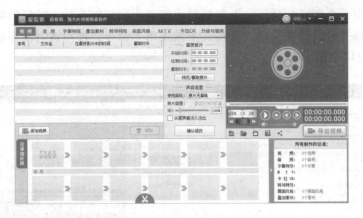

图 11-19　"爱剪辑"编辑界面

（2）单击"添加视频"按钮，找到校园宣传视频片段将所有的视频选中并添加到视频区域，如图 11-20 所示。

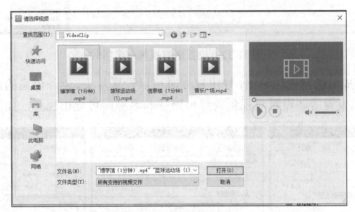

图 11-20　导入视频片段

（3）选择第 1 段博学馆视频片段，单击"预览/截取原片"命令截取 1 分钟的原视频，即开始时间和结束时间间隔为 1 分钟，如图 11-21 所示。

图 11-21　截取 1 分钟视频的原

（4）使用相同的方法截取另外 3 段原视频的有效片段，实现对原视频的剪辑。

（5）视频由一个切换到另外一个视频时中间存在的间隙特效为转场特效，选中需要转场的视频，选择"转场特效"→"变暗式淡入淡出"命令。使用该方法完成所有视频的转场特效，如图11-22所示。

图 11-22　设置所有视频转出特效

（6）制作完成后选择视频导出，导出视频时可以设置片头、创作信息的片名及制作者、版权信息、画质设置等。设置对视频的导出路径和名称即可导出视频，如图11-23所示。

图 11-23　导出视频

11.3.5　技能训练

以"我的校园"为主题拍摄短视频并剪辑制作，要求使用手机拍摄3～4段短视频并导入"爱剪辑"软件中完成制作。在视频中要包含转场特效、画风、字幕等效果，总时长2分钟。

✡ 任务 11.4　PDF 阅读软件应用 ✡

11.4.1　任务要点

任务要点如下。

◆ PDF（Portable Document Format，便携式文档格式）文档的概念。

◆ 应用 PDF 阅读器打印文档。

◆ 应用 PDF 阅读器添加注释。

11.4.2　知识准备

PDF 是 Adobe Systems 用于操作系统和应用程序进行文件交换所发展出的文件格式，以图像模型为基础。无论在任何打印机上都可保证正确的颜色、格式等信息的固定，确保打印的效果，即 PDF 会完整地再现原稿的字符、颜色和图像。

PDF 阅读器可以简单编辑 PDF 文档，包括添加注释、文本框，以及打印、保存等操作。在 PDF 文档中还可以添加数字签名，保障自己的知识产权，以上操作都不能修改和编辑文件内容。

PDF 阅读器有很多版本，常见的有 Adobe Reader（9/X/XI）、Adobe Acrobat pro、Adobe acrobat DC。Adobe Reader（9/X/XI）是免费的，具有基本的文件编辑功能。后面两款软件可以对文档进行更详细的编辑操作，如文档合并、分离文档、测量、标记密文等。PDF 阅读器软件还有很多，如稻壳阅读器、得力 PDF、万兴 PDF、金山 PDF 阅读器等。这里讲解 Adobe Reader XI 阅读器软件，其主界面如图 11-24 所示。

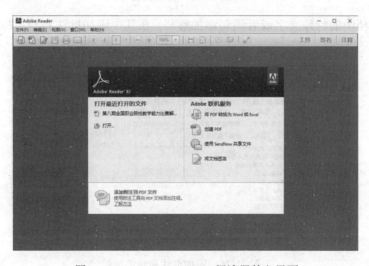

图 11-24　Adobe Reader XI 阅读器的主界面

11.4.3 任务要求

任务要求如下。

（1）使用 PDF 阅读器设置文件打印页面，如打印页面的范围及格式等并打印文件。

（2）使用 PDF 阅读器添加注释，帮助理解文档内容，最后保存并生成新的 PDF 文件。

11.4.4 实现过程

在 Adobe Reader XI 阅读器中可以执行打印文档、添加批注、内容检索等基本编辑操作。

（1）打开一个 PDF 文件"第八期全国职业院校教学能力比赛解析-笔记.pdf"，在 Adobe Reader XI 阅读器的界面中包含"文件""编辑""视图""窗口""帮助"5 个菜单项。使用通过他们可以对文档进行添加批注、数字签名、打印等操作，文档页面如图 11-25 所示。

图 11-25　文档页面

（2）为文档中的特殊文字或者词句添加解释，在其中添加批注和画笔标记，如图 11-26 所示。

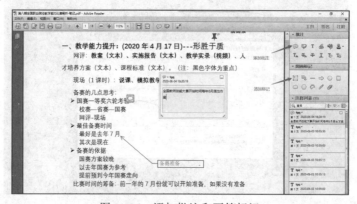

图 11-26　添加批注和画笔标记

（3）在查询内容时可以根据添加的注释定位内容所在的位置，也可以使用注释列表查看文档中的所有的注释内容，如图 11-27 所示。

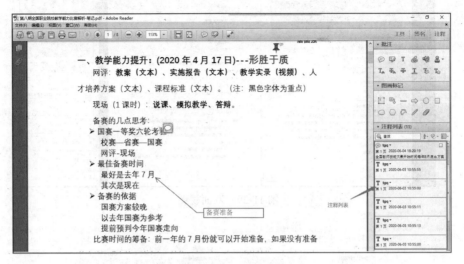

图 11-27　注释列表

（4）在 PDF 的文档中支持检索功能，可以对页面需要查找的内容进行检索。选择"文档"→"编辑"→"查找"命令，也可以使用组合键"Ctrl+F"。在对话框中输入需要检索的文字内容"月亮的心愿"，如图 11-28 所示。

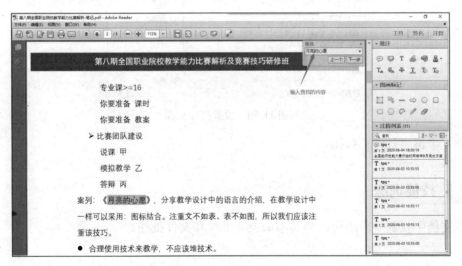

图 11-28　检索文件内容

（5）为了阅读便捷，选择"视图"→"页面显示"→"双面视图"命令将页面设置为双面视图，如图 11-29 所示。

（6）文档打印成册，可以对文档的奇偶页进行选择打印，以按照页码装订成册。单击页面"打印"按钮，打开"打印"对话框。

（7）设置打印界面如图 11-30 所示。

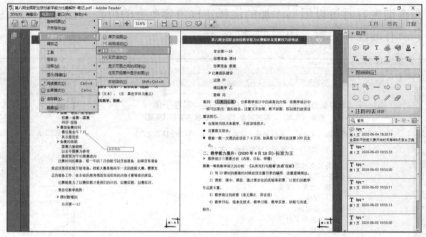

图 11-29　双面视图

图 11-30　设置打印页面

（8）单击"打印"按钮。

11.4.5 技能训练

在文档中找到一段语句，为其添加录音批注和文件批注。

✡ 任务 11.5　文件传输工具应用 ✡

11.5.1 任务要点

任务要点如下。

◆ 安装 FTP（File Transfer Protocol，文件传输协议）服务器。
◆ IP（Internet Protocol Address，互联网协议地址）的分类。
◆ FTP 的协议和端口号。
◆ FTP 的上传下载。

11.5.2　知识准备

1．创建 FTP 服务器

第 1 种方法是安装应用软件 Server-U，作为 Windows 和 Linux 平台的安全 FTP 服务器（FTPS、SFTP、HTTPS），它是一个优秀且安全的文件管理、文件传输和文件共享的解决方案，也是应用最广泛的 FTP 服务器软件；第 2 种方法是在 Windows 系统的"控制面板"中使用添加删除程序功能添加创建 FTP 服务器，如图 11-31 所示。

图 11-31　使用添加删除程序功能添加创建 FTP 服务器

2．IP 地址

IP 地址根据网络 ID 的不同可以分为 5 种常见的类型，编址方式有 A 类地址、B 类地址、C 类地址、D 类地址和 E 类地址。其中 A 类、B 类和 C 类地址的 IP 地址范围中都包含有私有 IP 地址范围，私有 IP 地址只能够在局域网中编址使用，而不能够用于互联网中；D 类和 E 类地址为特殊地址，D 类地址用作为组播地址，E 类地址一般用于科技研究领域。常见的 IP 地址分类如表 11-1 所示。

表 11-1　常见的 IP 地址分类

类　别	最大网络数	IP 地址范围	单个网段最大主机数	私有 IP 地址范围
A	126	1.0.0.1～127.255.255.254	16 777 214	10.0.0.0～10.255.255.255
B	16 384	128.0.0.0～191.255.255.255	65 534	172.16.0.0～172.31.255.255
C	2 097 152	192.0.0.0～223.255.255.255	254	192.168.0.0～192.168.255.255
D	--	224.0.0.1～239.255.255.254	--	--
E	--	240.0.0.1～255.255.255.254	--	--

3．FTP 服务器的协议和端口

FTP 服务器是在互联网帮助用户存放各类文档、视频、图片等数据的服务器，便于用户间文件共享。FTP 协议是 TCP/IP 协议组中的一种，主要包含两个部分，即 FTP 服务器和 FTP 客户端。FTP 协议使用的 TCP/IP 的端口是 20 和 21，分别用于传输数据和传输控制信息。

11.5.3　任务要求

任务要求如下。

（1）在"资源管理器"窗口中使用 FTP 协议访问 FTP 服务器，并下载服务器中的文件，或者上传义件到服务器中。

（2）使用 Xftp 6 软件访问 FTP 服务器，设置其访问端口和用户名密码，实现文件的上传下载。

11.5.4 实现过程

1. 通过资源管理器访问 FTP 服务器实现文件上传下载

利用 FTP 服务软件在一台主机中搭建一个小型的 FTP 服务器，并将其 IP 地址设置为"10.5.80.14"，配置相关用户名密码，以及访问目录。在服务器所在的网络中添加一台 FTP 客户端设备，要求客户端和服务器端可以进行正常网络连接，测试网络正常连接可以使用 CMD 执行 ping 命令。

（1）在客户端打开"资源管理器"窗口，在地址栏中输入 FTP 服务器的 IP 地址"ftp://10.5.80.14"，如图 11-32 所示。

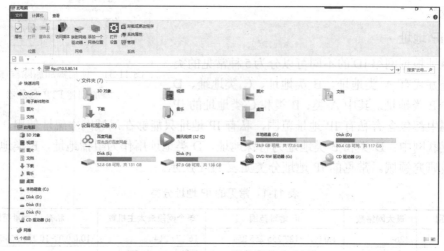

图 11-32　输入 FTP 服务器的 IP 地址

（2）输入用户名和密码，如图 11-33 所示。

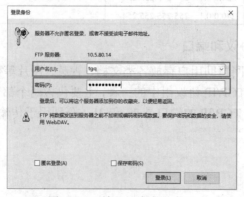

图 11-33　输入用户名和密码

如果服务器端设置了匿名访问，则选择"匿名登录"复选框，不用输入用户名密码即可访问服务文件。

（3）单击"确定"按钮。

（4）FTP 中文件下载，在访问地址的根目录中选择→Download 目录→右击"信息技术基础和应用.docx"文件→选择"复制"命令。然后粘贴到本地主机桌面中，实现文件的下载，如图 11-34 所示。

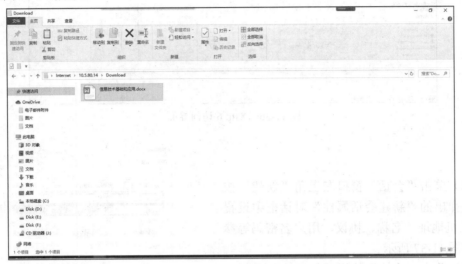

图 11-34　文件下载

（5）FTP 中文件上传，在本地主机桌面新建一个 Excel 文件并命名为"信息工程系资产清单.xlsx"，复制该文件。在访问 FTP 服务器的根目录中选择 Upload 目录→右击在页面空白区域→选择"粘贴"命令，实现文件的上传，如图 11-35 所示。

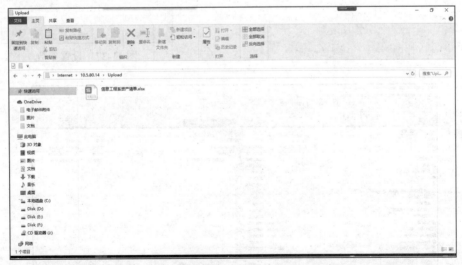

图 11-35　文件上传

2. 应用 Xftp 6 访问 FTP 服务器实现文件上传下载

（1）双击桌面 Xftp 6 软件，进入 Xftp 6 访问界面，如图 11-36 所示。

图 11-36　Xftp 6 访问界面

（2）单击"会话"窗口左上角"新建"按钮，在弹出的"新建会话属性"对话框中设置FTP 主机地址、名称、协议、用户名密码等参数，如图 11-37 所示。

（3）单击"连接"按钮后打开访问界面，如图 11-38 所示。

图 11-37　设置参数

图 11-38　访问界面

左边为本地计算机存的文件目录，右边为服务器的访问地址目录。

（4）设置界面的左边存放文件的路径为"桌面"，右击服务器访问地址目录中需要下载的文件"信息技术基础和应用.docx"5 选择→"传输"命令，实现文件下载，如图 11-39 所示。

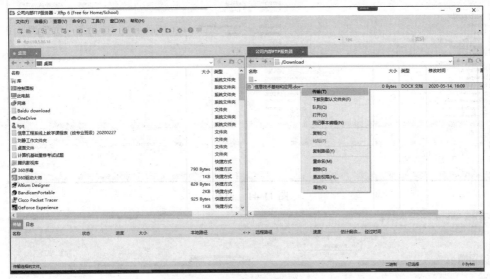

图 11-39　文件下载

（5）在本地主机桌面新建一个 Excel 文件，命名为"1 信息工程系资产清单.xlsx"。右击访问界面的该文件，选择"传输"命令，实现文件上传，如图 11-40 所示。

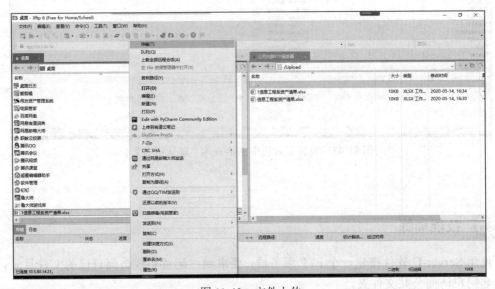

图 11-40　文件上传

注意事项：如果出现如图 11-41 所示的乱码，则设置工具栏中的语言为"默认语言"，如图 11-42 所示。

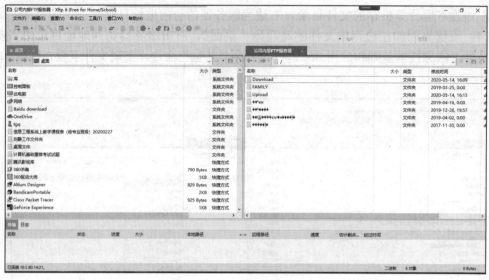

图 11-41　乱码

图 11-42　设置工具栏中的语言为"默认语言"

11.5.5　技能训练

使用 Server-U 软件搭建一个 FTP 服务器，要求通过配置实现访问自己的文件目录，以及匿名用户访问公共文件夹。

✡ 11.6　习题 ✡

1．单选题

（1）在 Photoshop CS6 中修改证件照为两寸大小的正确做法的是（　　）。

　A．将图片放入到编辑区→选择→图像大小→修改像素大小

　B．将图片放入到编辑区→图层→图像大小→修改像素大小

　C．将图片放入到编辑区→图像→图像大小→修改像素大小

　D．将图片放入到编辑区→编辑→裁剪→修改像素大小

（2）FTP 的主要组成部分是（　　）。

　A．服务器端和客户端　　　　　　　　B．用户端和计算机终端

　C．服务器端和计算机终端　　　　　　D．用户端和服务器端

（3）IP 地址主要分为（　　）类。

　A．3 类　　　　　　B．4 类　　　　　　C．5 类　　　　　　D．6 类

（4）将一个视频文件从本地计算机传输到 FTP 服务器中称之为（　　）。

　A．上传　　　　　　B．下载　　　　　　C．传送　　　　　　D．移动

2．多选题

（1）IP 地址编址中常用的是（　　）。

　A．A 类地址　　　　　　　　　　　　B．B 类地址

　C．C 类地址　　　　　　　　　　　　D．D 类地址

（2）FTP 协议端口常用的是（　　）。

　A．20　　　　　　B．21　　　　　　C．22　　　　　　D．23

（3）视频剪辑中可以操作（　　）。

　A．音频　　　　　　B．画面　　　　　　C．转场　　　　　　D．字幕特效

3．判断题

（1）计算机操作系统的安装文件有 ISO 和 Ghost 两种格式。　　　　　　　　（　　）

（2）JPEG 文件属于图片文件。　　　　　　　　　　　　　　　　　　　　　（　　）

（3）视频剪辑中只能够剪辑视频，不能处理音频。　　　　　　　　　　　　（　　）

（4）Photoshop 软件可以处理.MPEG 文件。　　　　　　　　　　　　　　　（　　）

第1部分

应 知 题 库

✡1 信息基础部分习题 ✡

1.1 单选题

1．"信息无处不在"表明信息具有（　　）特征。

   A．普遍性　　　　　　B．时效性　　　　　　C．传递性　　　　　　D．共享性

2．构成世界的3大要素中不包括（　　）。

   A．信息　　　　　　　B．能量　　　　　　　C．物质　　　　　　　D．意识

3．人类历史上最伟大的信息技术革命是（　　）。

   A．语言的产生与使用　　　　　　　　　　　B．文字的创造与使用

   C．印刷术的发明与使用　　　　　　　　　　D．电子计算机的发明与使用

4．把符号数字化的数称作（　　）。

   A．二进制数　　　　B．无符号数　　　　　C．有符号数　　　　　D．机器数

5．计算机内部一般使用（　　）表示一个数。

   A．原码　　　　　　B．补码　　　　　　　C．反码　　　　　　　D．真值

6．计算机中最小的信息单位是（　　）。

   A．位　　　　　　　B．字节　　　　　　　C．字　　　　　　　　D．双字

7．计算机中最基本的信息单位是（　　）。

   A．位　　　　　　　B．字节　　　　　　　C．字　　　　　　　　D．双字

8．目前计算机中使用最广泛的字符集和编码是（　　）。

   A．8421码　　　　　B．BCD码　　　　　　C．EBCDIC码　　　　D．ASCII码

9．标准的ASCII码是（　　）。

   A．2位码　　　　　　B．7位码　　　　　　C．10位码　　　　　　D．8位码

10. 通常使用的拼音输入法实际上是一种（　　）。

    A. 机内码   B. 字形码   C. 输入码   D. ASCII 码

11. 中国嫦娥五号探月取样实际上是（　　）的过程。

    A. 信息采集   B. 信息储存   C. 信息加工   D. 信息应用

12. 云计算技术中的"云"实质上是一种（　　）。

    A. 网络   B. 天上的云   C. 信息   D. 数据

13. （　　）的出现，使信息的存储和传递超越了时空的限制。

    A. 文字   B. 语言   C. 电视   D. 网络

14. 二进制数 111.01011 转换为十六进制数为（　　）。

    A. A. C   B. 3.58   C. A. 58   D. 7.58

15. 十进制数 2020 等值于八进制数（　　）。

    A. 3740   B. 3742   C. 3744   D. 3746

16. 已知字母 A 的 ASCII 码为 65，则字母 Z 的 ASCII 码为（　　）。

    A. 88   B. 89   C. 90   D. 91

17. 下面存储容量最小的是（　　）。

    A. 1 000 B   B. 1 KB   C. 1 MB   D. 1 GB

18. 32×32 点阵的汉字输出码需要（　　）个字节的存储空间。

    A. 16   B. 128   C. 1 024   D. 1 000

19. 国标码规定每个汉字由（　　）个字节代码表示。

    A. 1   B. 2   C. 3   D. 4

20. 字长为 8 的无符号二进制整数能表示的十进制整数范围是（　　）。

    A. 0～255   B. 0～256   C. 1～255   D. 1～256

1.2　多选题

1. 按载体分类可以将信息分为（　　）。

    A. 文字信息   B. 实物信息

    C. 声像信息   D. 自然信息

2. 按工作流程，信息技术可分为（　　）。

    A. 信息获取技术   B. 信息传递技术

    C. 信息存储技术   D. 信息加工技术

3. 云计算技术服务主要包括（　　）。

    A. 存储即服务   B. 平台即服务

    C. 基础设施即服务   D. 软件即服务

4. 属于大数据特征的有（　　）。

    A. 数据量大   B. 种类多

    C. 速度快，时效高   D. 价值密度低

5. 物联网的典型体系架构包括（　　）。

    A. 感知层   B. 数据链路层   C. 传输层   D. 应用层

6. 属于产业信息化的有（　　　）。

    A. 智慧交通　　　　B. 智慧农业　　　　C. ERP　　　　D. OA

7. 信息素养的要素主要包括（　　　）。

    A. 信息意识　　　　B. 信息知识　　　　C. 信息能力　　　　D. 信息道德

8. 进制的基本要素有（　　　）。

    A. 数码　　　　B. 基数　　　　C. 数字　　　　D. 位权

9. 在计算机内部信息的存储和处理采用二进制的主要原因是（　　　）。

    A. 易于用电子元件实现　　　　　　　　B. 运算简单

    C. 可靠性高　　　　　　　　　　　　　D. 数据输入方便

10. 有符号数的表示形式主要有（　　　）。

    A. 原码　　　　B. 反码　　　　C. 正码　　　　D. 补码

11. 十进制数 18 可表示为（　　　）。

    A. 18　　　　B. 22O　　　　C. 10010B　　　　D. 12H

12. 某汉字的区位码是 2083，则该汉字的国标码和机内码分别是（　　　）。

    A. 2083H　　　　B. 3473H　　　　C. B4F3H　　　　D. 40A3H

13. 常见的汉字编码有（　　　）。

    A. 输入码　　　　B. 输出码　　　　C. 机内码　　　　D. ASCII 码

1.3　判断题

1. 人类所接收的所有信息都是对事物的真实反映，不需要对其真伪进行辨别。（　　　）

2. 信息只有被人们利用才能体现其价值性。（　　　）

3. 信息并不是事物本身，不能离开所依附的载体而独立存在。（　　　）

4. 数据是经过加工的信息，是信息的内容和诠释。（　　　）

5. 从本质上来说信息就是信号，信号就是信息，二者没有区别。（　　　）

6. 人类发明广播后信息才得以传递。（　　　）

7. 人工智能就是指人的智能能像人一样思考。（　　　）

8. 数字化是指将信息载体以数字编码形式进行存储、传输、加工、处理和应用的技术途径。（　　　）

9. 数字化正从计算机化向数据化发展，其核心是大数据技术，这是当前社会信息化最重要的发展趋势之一。（　　　）

10. 信息技术为数字经济发展提供了技术支撑。（　　　）

11. 信息化具有极强的技术创新性和广泛的技术渗透性。（　　　）

12. 通常所说的 AI 指的是虚拟现实技术，又称"灵境技术"。（　　　）

13. 在计算机内部无论是指令还是数据，声音还是图像，都是以二进制形式存储和计算的。（　　　）

14. 扩展的 ASCII 码是 8 位码。（　　　）

15. 汉字比较复杂，它在计算机中往往采用十进制信息编码。（　　　）

16. BCD 码是一种常用的数字编码。（　　　）

17. 字母 A 的 ASCII 码值比字母 a 的 ASCII 码值要大 32。　　　　　（　　　）
18. 控制字符的 ASCII 码值比数字的 ASCII 码值小。　　　　　　　（　　　）
19. 国标码=机内码+8080H。　　　　　　　　　　　　　　　　　（　　　）
20. 国标码=区位码+2020。　　　　　　　　　　　　　　　　　　（　　　）

✡2　计算机基础部分习题 ✡

2.1　单选题

1. 关于电子计算机的特点，以下论述错误的是（　　　）。
　 A. 运行过程不能自动、连续进行，需人工干预
　 B. 运算速度快
　 C. 运算精度高
　 D. 具有记忆和逻辑判断能力
2. 计算机按用途可分为（　　　）。
　 A. 模拟机和数字机　　　　　　　　B. 专用机和通用机
　 C. 单片机和微机　　　　　　　　　D. 工业控制机和单片机
3. 计算机从规模上可分为（　　　）。
　 A. 科学计算、数据处理和人工智能计算机
　 B. 电子模拟和电子数字计算机
　 C. 巨型、大型、中型、小型和微型计算机
　 D. 便携、台式和微型计算机
4. 计算机存储器容量的基本单位是（　　　）。
　 A. 符号　　　　　B. 整数　　　　　C. 位　　　　　D. 字节
5. 某公司的财务管理软件属于（　　　）。
　 A. 工具软件　　　B. 系统软件　　　C. 编辑软件　　　D. 应用软件
6. 4 种设备中属于计算机输入设备的是（　　　）。
　 A. 鼠标　　　　　B. 音箱　　　　　C. 打印机　　　　D. 显示器
7. 存储器中存放的信息可以是数据，也可以是指令，这要根据（　　　）来判别。
　 A. 最高位是 0 还是 1　　　　　　　B. 存储单元的地址
　 C. CPU 执行程序的过程　　　　　　D. ASCII 码表
8. 下列不是外设的是（　　　）。
　 A. 打印机　　　　B. 中央处理器　　C. 读片机　　　　D. 绘图机
9. CPU 包括（　　　）。
　 A. 控制器、运算器和内存储器　　　B. 控制器和运算器

C．内存储器和控制器　　　　　　　D．内存储器和运算器

10．和外存储器相比，内存储器的特点是（　　　）。

A．容量大、速度快、成本低　　　　B．容量大、速度慢、成本高

C．容量小、速度快、成本高　　　　D．容量小、速度慢、成本低

11．基于冯·诺依曼思想而设计的计算机硬件系统包括（　　　）。

A．主机、输入设备、输出设备

B．控制器、运算器、存储器、输入设备、输出设备

C．主机、存储器、显示器

D．键盘、显示器、打印机、运算器

12．关于系统软件的 4 个叙述中正确的是（　　　）。

A．系统软件的核心是操作系统

B．系统软件是与具体硬件逻辑功能无关的软件

C．系统软件是使用应用软件开发的软件

D．系统软件并不提供具体的人机界面

13．关于硬件系统说法中错误的是（　　　）。

A．键盘、鼠标、显示器等都是硬件

B．硬件系统不包括存储器

C．硬件是指物理上存在的机器部件

D．硬件系统包括运算器、控制器、存储器，以及输入和输出设备

14．（　　　）是系统软件。

A．自编的一个 C 程序，功能是求解一个一元二次方程

B．Windows 操作系统

C．用汇编语言编写的一个练习程序

D．存储有计算机基本输入输出系统的 ROM 芯片

15．（　　　）不能作为微机的输出设备。

A．打印机　　　　B．显示器　　　　C．键盘和鼠标　　　　D．绘图仪

16．既是输入设备又是输出设备的是（　　　）。

A．内存储器　　　　B．外存储器　　　　C．键盘　　　　D．打印机

17．你购买了一个具有版权的软件时就获得了这个软件的（　　　）。

A．复制权　　　　B．修改权　　　　C．出售权　　　　D．使用权

18．多媒体计算机必须包括的是（　　　）。

A．软盘驱动器　　　　B．网卡　　　　C．打印机　　　　D．声卡

19．多媒体技术是（　　　）。

A．一种图像和图形处理技术　　　　B．文本和图形处理技术

C．超文本处理技术　　　　　　　　D．对多种媒体进行处理的技术

20．计算机的多媒体技术就是计算机能接收、处理和表现由（　　　）等多种媒体表示的信息的技术。

A．中文、英文、日文和其他文字　　　　B．硬盘、软盘、键盘和鼠标

C．文字、声音和图像　　　　　　　　　D．拼音码、五笔字形和自然码

21．世界上首台电子数字计算机问世后，冯·诺依曼在研制 EDVAC 计算机时提出两个重要的改进，它们是（　　）。
  A．引入 CPU 和内存储器的概念　　　　B．采用机器语言和十六进制
  C．采用二进制和存储程序控制的概念　　D．采用 ASCII 编码系统

22．关于世界上第 1 台电子计算机 ENIAC 的叙述中错误的是（　　）。
  A．它是 1946 年在美国诞生的
  B．它主要采用电子管和继电器
  C．它首次采用存储程序控制使计算机自动工作
  D．它主要用于弹道计算

23．第 2 代电子计算机所采用的电子元件是（　　）
  A．继电器　　　　B．晶体管　　　　C．电子管　　　　D．集成电路

24．英文缩写和中文名对照中错误的是（　　）。
  A．CAD ——计算机辅助设计　　　　B．CAM ——计算机辅助制造
  C．CIMS ——计算机集成管理系统　　D．CAI ——计算机辅助教育

25．世界上公认的第 1 台电子计算机诞生的年代是（　　）。
  A．1943 年　　　　B．1946 年　　　　C．1950 年　　　　D．1951 年

26．世界上公认的第 1 台电子计算机是（　　）。
  A．UNIVAC-I　　　B．EDVAC　　　　C．ENIAC　　　　D．IBM650

27．不能作为微机输出设备的是（　　）。
  A．激光打印机　　　　　　　　　　　B．专用票据打印机
  C．条码阅读器　　　　　　　　　　　D．投影仪

28．正确的叙述是（　　）。
  A．CPU 能直接读取硬盘中的数据　　B．CPU 能直接存取内存储器
  C．CPU 由存储器、运算器和控制器组成　D．CPU 主要用来存储程序和数据

29．在计算机中每个存储单元都有一个连续的编号，称为（　　）。
  A．地址　　　　B．位置号　　　　C．门牌号　　　　D．房号

30．在 CD 光盘上标记有 "CD-RW" 字样，表明此光盘是（　　）。
  A．只能写入一次，可以反复读出的一次性写入光盘
  B．可多次擦除型光盘
  C．只能读出，不能写入的只读光盘
  D．只能分别读一次和写入一次

31．组成微型机主机的部件是（　　）。
  A．CPU、内存和硬盘　　　　　　　　B．CPU、内存、显示器和键盘
  C．CPU 和内存　　　　　　　　　　　D．CPU、内存、硬盘、显示器和键盘套

32．构成 CPU 的主要部件是（　　）。
  A．内存和控制器　　　　　　　　　　B．内存、控制器和运算器
  C．高速缓存和运算器　　　　　　　　D．控制器和运算器

33．用来存储当前正在运行的应用程序的存储器是（　　）。
  A．内存　　　　B．硬盘　　　　C．软盘　　　　D．CD-ROM

34．完全属于计算机输出设备的设备组是（　　）。

　　A．喷墨打印机、显示器、键盘　　　　B．激光打印机、键盘、鼠标器

　　C．键盘、鼠标器、扫描仪　　　　　　D．打印机、绘图仪、显示器

35．把内存中数据传送到计算机硬盘中的操作称为（　　）。

　　A．显示　　　　　　B．写盘　　　　　C．输入　　　　　D．读盘

36．DVD-ROM 属于（　　）。

　　A．大容量可读可写外存储器　　　　　B．大容量只读外部存储器

　　C．CPU 可直接存取的存储器　　　　　D．只读内存储器

37．能直接与 CPU 交换信息的存储器是（　　）。

　　A．硬盘存储器　　　　　　　　　　　B．CD-ROM

　　C．内存储器　　　　　　　　　　　　D．软盘存储器

38．RAM 的特点是（　　）。

　　A．海量存储器

　　B．存储在其中的信息可以永久保存

　　C．一旦断电，存储在其中的信息将全部消失且无法恢复

　　D．只用来存储中间数据

39．控制器的功能是（　　）。

　　A．指挥、协调计算机各部件工作　　　B．执行算术运算和逻辑运算

　　C．存储数据和程序　　　　　　　　　D．控制数据的输入和输出

40．微机硬件系统中最核心的部件是（　　）。

　　A．内存储器　　　　　　　　　　　　B．输入输出设备

　　C．CPU　　　　　　　　　　　　　　D．硬盘

41．完全属于输入设备的一组设备是（　　）。

　　A．CD-ROM 驱动器、键盘、显示器　　B．绘图仪、键盘、鼠标器

　　C．键盘、鼠标器、扫描仪　　　　　　D．打印机、硬盘、条码阅读器

42．一个完整计算机系统的组成部分应该是（　　）。

　　A．主机、键盘和显示器　　　　　　　B．系统软件和应用软件

　　C．主机及其外部设备　　　　　　　　D．硬件系统和软件系统

43．运算器的主要功能是执行（　　）。

　　A．算术运算　　　　　　　　　　　　B．逻辑运算

　　C．加法运算　　　　　　　　　　　　D．算术和逻辑运算

44．存储计算机当前正在执行的应用程序和相应数据的存储器是（　　）。

　　A．硬盘　　　　　B．ROM　　　　　C．RAM　　　　D．CD-ROM

45．存取速度最快的是（　　）。

　　A．CD-ROM　　　　B．内存储器　　　C．U 盘　　　　D．硬盘

46．在外部设备中投影仪属于（　　）。

　　A．输出设备　　　B．存储设备　　　C．输入设备　　　D．特殊设备

47．用 MIPS 为单位来衡量计算机的性能，它指的是计算机的（　　）。

　　A．传输速率　　　B．运算速度　　　C．字长　　　　　D．存储器容量

48．ROM 中的信息是（　　　）。
　　A．由生产厂家预先写入的　　　　　　B．在安装系统时写入的
　　C．根据用户需求不同由用户随时写入的　D．由程序临时写入的

49．叙述错误的是（　　　）。
　　A．计算机硬件主要包括主机、键盘、显示器、鼠标器和打印机 5 大部件
　　B．计算机软件分为系统软件和应用软件两大类
　　C．CPU 主要由运算器和控制器组成
　　D．内存储器中存储当前正在执行的程序和处理的数据

50．当电源关闭后，关于存储器说法中正确的是（　　　）。
　　A．存储在 RAM 中的数据不会丢失　　B．存储在 ROM 中的数据不会丢失
　　C．存储在软盘中的数据会全部丢失　　D．存储在硬盘中的数据会丢失

51．通常打印质量最好的打印机是（　　　）。
　　A．针式打印机　　B．点阵打印机　　C．喷墨打印机　　D．激光打印机

52．影响一台计算机性能的关键部件是（　　　）。
　　A．CD-ROM　　　B．硬盘　　　　　C．CPU　　　　　D．显示器

53．关于磁道说法正确的是（　　　）。
　　A．盘面上的磁道是一组同心圆
　　B．由于每一磁道的周长不同，所以每一磁道的存储容量也不同
　　C．盘面上的磁道是一条阿基米德螺线
　　D．磁道的编号是最内圈为 0，并按次序由内向外逐渐增大，最外圈的编号最大

54．计算机操作员职业道德的特点主要表现为（　　　）。
　　A．具有异乎寻常的重要性　　　　　B．不与其他职业道德相融合
　　C．与其他职业道德不相互渗透　　　D．保守秘密是职业道德的核心

55．主机板上 CMOS 芯片的主要用途是（　　　）。
　　A．管理内存与 CPU 的通信
　　B．增加内存的容量
　　C．储存时间、日期、硬盘参数与计算机配置信息
　　D．存放基本输入输出系统程序、引导程序和自检程序

56．叙述正确的是（　　　）。
　　A．内存中存放的是当前正在执行的程序和所需的数据
　　B．内存中存放的是当前暂时不用的程序和数据
　　C．外存中存放的是当前正在执行的程序和所需的数据
　　D．内存中只能存放指令

57．现代微型计算机中所采用的电子器件是（　　　）。
　　A．电子管　　　　　　　　　　　B．晶体管
　　C．小规模集成电路　　　　　　　D．大规模和超大规模集成电路

58．组成计算机硬件系统的基本部分是（　　　）。
　　A．CPU、键盘和显示器　　　　　B．主机和输入/输出设备
　　C．CPU 和输入/输出设备　　　　　D．CPU、硬盘、键盘和显示器

59．计算机的系统总线是计算机各部件间传递信息的公共通道，它分为（　　）。

　　A．数据总线和控制总线　　　　　　B．地址总线和数据总线

　　C．数据总线、控制总线和地址总线　　D．地址总线和控制总线

60．下列选项中既可作为输入设备又可作为输出设备的是（　　）。

　　A．扫描仪　　　　B．绘图仪　　　　C．鼠标器　　　　D．磁盘驱动器

61．计算机技术中下列不是度量存储器容量单位的是（　　）。

　　A．KB　　　　　B．MB　　　　　　C．GHz　　　　　D．GB

62．存取速度最慢的是（　　）。

　　A．Cache　　　　B．DRAM　　　　C．CD-ROM　　　D．硬盘

63．（　　）可以接收用户输入的原始数据并转变为二进制。

　　A．输入设备　　　B．输出设备　　　C．主存储器　　　D．辅助存储器

64．当前流行的移动硬盘或 U 盘进行读/写利用的计算机接口是（　　）。

　　A．串行接口　　　B．平行接口　　　C．USB　　　　　D．UBS

65．随机存储器中有一种存储器需要周期性地补充电荷以保证所存储信息的正确，被称为（　　）。

　　A．静态 RAM（SRAM）　　　　　　B．动态 RAM（DRAM）

　　C．RAM　　　　　　　　　　　　　D．Cache

66．USB 1.1 和 USB 2.0 的区别之一在于传输率不同，USB 1.1 的传输率是（　　）。

　　A．150 KB/s　　　B．12 MB/s　　　C．480 MB/s　　　D．48 MB/s

67．关于随机存取存储器（RAM）的叙述正确的是（　　）。

　　A．静态 RAM（SRAM）集成度低，但存取速度快且无须"刷新"

　　B．DRAM 的集成度高且成本高，常做 Cache 用

　　C．DRAM 的存取速度比 SRAM 快

　　D．DRAM 中存储的数据断电后不会丢失

68．关于 USB 叙述错误的是（　　）。

　　A．USB 的中文名为"通用串行总线"

　　B．USB 3.0 的数据传输率大大高于 USB 2.0

　　C．USB 具有热插拔与即插即用的功能

　　D．USB 接口连接的外部设备（如移动硬盘、U 盘等）必须另外供应电源

69．显示器的主要技术指标之一是（　　）。

　　A．分辨率　　　　B．亮度　　　　　C．重量　　　　　D．耗电量

70．Cache 的中文译名是（　　）。

　　A．缓冲器　　　　　　　　　　　　B．只读存储器

　　C．高速缓冲存储器　　　　　　　　D．可编程只读存储器

71．在微型计算机中各硬件设备访问速度快慢表述正确的是（　　）。

　　A．CPU>内存>硬盘　　　　　　　　B．CPU>U 盘>硬盘

　　C．内存>高速缓存>硬盘　　　　　　D．内存>光盘>硬盘

72．在微机系统中麦克风属于（　　）。

　　A．输入设备　　　B．输出设备　　　C．放大设备　　　D．播放设备

73．为了防止计算机意外故障而丢失重要数据，对重要数据应定期备份，移动存储器中最不常用的一种是（　　）。

    A．软盘   B．USB 移动硬盘   C．U 盘   D．磁带

74．微型计算机中执行算术运算和逻辑运算的部件是（　　）。

    A．CU   B．ALU   C．CPU   D．SRAM

75．在计算机中条码阅读器属于（　　）。

    A．输入设备   B．存储设备   C．输出设备   D．计算设备

76．有关存储器读写速度的排序正确的是（　　）。

    A．RAM>Cache>硬盘   B．Cache>RAM>硬盘

    C．Cache>硬盘>RAM   D．RAM>硬盘>Cache

77．操作系统对磁盘进行读/写操作的单位是（　　）。

    A．磁道   B．字节   C．扇区   D．KB

78．属于应用软件的是（　　）。

    A．Windows 10   B．UNIX   C．Linux   D．MS Office 2016

79．计算机系统软件中最核心的是（　　）。

    A．语言处理系统   B．操作系统

    C．数据库管理系统   D．诊断程序

80．完整的计算机软件指的是（　　）。

    A．程序、数据与相应的文档   B．操作系统与系统软件

    C．操作系统与应用软件   D．操作系统和办公软件

81．对计算机操作系统的作用描述完整的是（　　）。

    A．管理计算机系统的全部软、硬件资源，合理组织计算机的工作流程，以充分发挥计算机资源的效率，并且为用户提供使用计算机的友好界面

    B．对用户存储的文件进行管理，方便用户

    C．执行用户键入的各类命令

    D．为汉字操作系统提供运行的基础

82．各组软件中全部属于应用软件的是（　　）。

    A．程序语言处理程序、操作系统、数据库管理系统

    B．文字处理程序、编辑程序、Unix 操作系统

    C．财务处理软件、金融软件、WPS、Office 2016

    D．Word 2016、Photoshop、Windows 10

83．计算机软件系统包括（　　）。

    A．程序、数据和相应的文档   B．系统软件和应用软件

    C．数据库管理系统和数据库   D．编译系统和办公软件

84．组成一个计算机系统的两大部分是（　　）。

    A．系统软件和应用软件   B．主机和外部设备

    C．硬件系统和软件系统   D．主机和输入/输出设备

85．计算机操作系统通常具有的 5 大功能是（　　）。

    A．CPU 管理、显示器管理、键盘管理、打印机管理和鼠标器管理

B．硬盘管理、软盘驱动器管理、CPU 管理、显示器管理和键盘管理

C．CPU 管理、存储管理、文件管理、设备管理和作业管理

D．启动、打印、显示、文件存取和关机

86．操作系统中的文件管理系统为用户提供的功能是（　　）。

A．按文件作者存取文件　　　　　　　B．按文件名管理文件

C．按文件创建日期存取文件　　　　　D．按文件大小存取文件

87．微机上广泛使用的 Windows 10 是（　　）。

A．单用户多任务操作系统　　　　　　B．多用户多任务操作系统

C．实时操作系统　　　　　　　　　　D．多用户分时操作系统

88．配置高速缓冲存储器（Cache）是为了解决（　　）。

A．内存和外存之间速度不匹配的问题

B．CPU 和外存之间速度不匹配的问题

C．CPU 和内存之间速度不匹配的问题

D．主机和其他外围设备之间速度不匹配的问题

89．关于操作系统的叙述正确的是（　　）。

A．操作系统是计算机软件系统中的核心软件

B．操作系统属于应用软件

C．Windows 是 PC 唯一的操作系统

D．操作系统的 5 大功能是启动、打印、显示、文件存取和关机

90．汇编语言是一种（　　）。

A．依赖于计算机的低级程序设计语言　　B．计算机能直接执行的程序设计语言

C．独立于计算机的高级程序设计语言　　D．面向问题的程序设计语言

91．用高级程序设计语言编写的程序（　　）。

A．计算机能直接执行　　　　　　　　B．具有良好的可读性和可移植性

C．执行效率高，但可读性差　　　　　D．依赖于具体机器，可移植性差

92．各类计算机程序语言中不属于高级程序设计语言的是（　　）。

A．Visual Basic 语言　　　　　　　　B．FORTAN 语言

C．Pascal 语言　　　　　　　　　　　D．汇编语言

93．用高级程序设计语言编写的程序要转换成等价的可执行程序必须经过（　　）。

A．汇编　　　　　B．编辑　　　　　　C．解释　　　　　　D．编译和链接

94．计算机能直接识别的语言是（　　）。

A．高级程序语言　　B．机器语言　　　C．汇编语言　　　　D．C++语言

95．组成计算机指令的两个部分是（　　）。

A．数据和字符　　　　　　　　　　　B．操作码和地址码

C．运算符和运算数　　　　　　　　　D．运算符和运算结果

96．正确的叙述是（　　）。

A．用高级程序语言编写的程序称为"源程序"

B．计算机能直接识别并执行用汇编语言编写的程序

C．机器语言编写的程序必须经过编译和连接后才能执行

D．机器语言编写的程序具有良好的可移植性

97．正确的叙述是（　　　）。

A．C++是高级程序设计语言的一种

B．用 C++程序设计语言编写的程序可以直接在计算机上运行

C．当代最先进的计算机可以直接识别、执行任何语言编写的程序

D．机器语言和汇编语言是同一种语言的不同名称

98．在计算机指令中规定其所执行操作功能的部分称为（　　　）。

A．地址码　　　　B．源操作数　　　　C．操作数　　　　D．操作码

99．正确的说法是（　　　）。

A．只要将高级程序语言编写的源程序文件（如 try.c）的扩展名更改为".exe"，则它就成为可执行文件

B．高档计算机可以直接执行用高级程序语言编写的程序

C．源程序只有经过编译和连接后才能成为可执行程序

D．用高级程序语言编写的程序可移植性和可读性都很差

100．为了提高软件开发效率，开发软件时应尽量采用（　　　）。

A．汇编语言　　　B．机器语言　　　C．指令系统　　　D．高级语言

101．把用高级语言写的程序转换为可执行程序，要经过的过程叫做（　　　）。

A．汇编和解释　　　　　　　　　　B．编辑和连接

C．编译和连接　　　　　　　　　　D．解释和编译

102．把用高级程序设计语言编写的源程序一次性全部翻译成目标程序（.obj）的程序称为（　　　）。

A．汇编程序　　　B．编辑程序　　　C．编译程序　　　D．解释程序

103．正确的叙述是（　　　）。

A．高级语言编写的程序的可移植性差

B．机器语言就是汇编语言，无非是名称不同而已

C．指令是由一串二进制数 0、1 组成的

D．用机器语言编写的程序可读性好

104．计算机的技术性能指标主要是指（　　　）。

A．计算机所配备语言、操作系统、外部设备

B．硬盘的容量和内存的容量

C．显示器的分辨率、打印机的性能等配置

D．字长、运算速度、主存容量和 CPU 的时钟频率

105．在微机的配置中常看到"Intel(R) Pentium(R) CPU G3460 @ 3.50 GHz"字样，其中数字"3.50"表示（　　　）。

A．处理器的时钟频率是 3.5 GHz

B．处理器的运算速度是 3.5 GIPS

C．处理器是 Pentium(R)第 3.54 代

D．处理器与内存间的数据交换速率是 3.5 GB/S

106. 度量计算机运算速度常用的单位是（　　　）。
    A. MIPS　　　　　　B. MHz　　　　　　C. MB　　　　　　D. Mb/s

107. CPU 的主要技术性能指标有（　　　）。
    A. 主频、内存容量和存取周期　　　　　B. 可靠性和精度
    C. 耗电量和效率　　　　　　　　　　　D. 冷却效率

108. UPS 的中文译名是（　　　）。
    A. 稳压电源　　　　　　　　　　　　　B. 不间断电源
    C. 高能电源　　　　　　　　　　　　　D. 调压电源

109. 字长是 CPU 的主要性能指标之一，它表示（　　　）。
    A. CPU 一次能处理二进制数据的位数　　B. 最长的十进制整数的位数
    C. 最大的有效数字位数　　　　　　　　D. 计算结果的有效数字长度

110. 度量单位中用来度量 CPU 时钟主频的是（　　　）。
    A. MB/s　　　　　　B. MIPS　　　　　　C. GHz　　　　　　D. MB

111. 度量单位中用来度量计算机外部设备传输速率的是（　　　）。
    A. MB/s　　　　　　B. MIPS　　　　　　C. GHz　　　　　　D. MB

112. 英文缩写和中文名字对照中错误的是（　　　）。
    A. CPU——中央处理器　　　　　　　　B. ALU——算术逻辑部件
    C. CU——控制部件　　　　　　　　　　D. OS——输出服务

113. 英文缩写和中文名字对照中正确的是（　　　）。
    A. URL——用户报表清单　　　　　　　B. CAD——计算机辅助设计
    C. USB——不间断电源　　　　　　　　D. RAM——只读存储器

114. 英文缩写和中文名字对照中正确的是（　　　）。
    A. CU——控制器　　　　　　　　　　　B. ISP——网卡
    C. DBMS——数据库管理系统　　　　　　D. RAM——只读存储器

115. 冯·诺依曼型体系结构的计算机包含的 5 大部件是（　　　）。
    A. 输入设备、运算器、控制器、存储器、输出设备
    B. 输入/输出设备、运算器、控制器、内/外存储器、电源设备
    C. 输入设备、中央处理器、只读存储器、随机存储器、输出设备
    D. 键盘、主机、显示器、磁盘机、打印机

116. 电子计算机按使用范围分类，可以分为（　　　）。
    A. 电子数字计算机和电子模拟计算机
    B. 科学与过程计算计算机、工业控制计算机和数据计算机
    C. 通用计算机和专用计算机
    D. 巨型计算机、大中型机、小型计算机和微型计算机

117. 正确的叙述是（　　　）。
    A. 裸机配置的应用软件是可运行的
    B. 裸机的第 1 次扩充要安装数据库管理系统
    C. 硬件配置要尽量满足机器的可扩充性
    D. 系统软件好坏决定计算机性能

118. 在描述信息传输中 bps 表示的是（　　）。
    A．每秒传输的字节数　　　　　　　　B．每秒传输的指令数
    C．每秒传输的字数　　　　　　　　　D．每秒传输的位数

119. 计算机显示器的性能参数中的 1 024×768 表示（　　）。
    A．显示器大小　　　　　　　　　　　B．显示字符的行列数
    C．显示器的分辨率　　　　　　　　　D．显示器的颜色最大值

120. 一般情况下，"裸机"是指（　　）。
    A．单板机　　　　　　　　　　　　　B．没有使用过的计算机
    C．没有安装任何软件的计算机　　　　D．只安装操作系统的计算机

121. 关于信息技术说法正确的是（　　）。
    A．信息技术是最近发明的技术
    B．自从有了计算机和网络才有了信息技术
    C．自从有了人类就有了信息技术
    D．自从有了电话、广播、电视才有了信息技术

122. 计算机辅助工程的英文缩写是（　　）。
    A．CAD　　　　　　B．CAM　　　　　　C．CAE　　　　　　D．CAI

123. 计算机启动时所要执行的基本指令信息存放在（　　）中。
    A．CPU　　　　　　B．内存　　　　　　C．BIOS　　　　　D．硬盘

124. 在格式化磁盘后将盘面划分为若干个同心圆，每个同心圆称为（　　）。
    A．扇区　　　　　　B．柱面　　　　　　C．盘面　　　　　D．磁道

125. 一般说来要求声音的质量越高，则（　　）
    A．分辨率越低和采样频率越低　　　　B．分辨率越高和采样频率越低
    C．分辨率越低和采样频率越高　　　　D．分辨率越高和采样频率越高

126. 位图与矢量图比较可以看出（　　）。
    A．位图比矢量图占用空间更少
    B．位图与矢量图占用空间相同
    C．对于复杂图形，位图比矢量图画对象更快
    D．对于复杂图形，位图比矢量图画对象更慢

127. CD-ROM 是由（　　）标准定义的。
    A．黄皮书　　　　　B．绿皮书　　　　　C．红皮书　　　　　D．白皮书

128. 数字音频采样和量化过程所用的主要硬件是（　　）。
    A．数字编码器　　　　　　　　　　　B．数字解码器
    C．模拟到数字的转换器（A/D 转换器）D．数字到模拟的转换器（A/D 转换器）

129. 声音卡是按（　　）分类的。
    A．采样量化位数　　B．声道数　　　　　C．采样频率　　　　D．压缩

130. JPEG 编码的原理简化框图中应包括（　　）。
    A．DCT 正变换、量化器、熵编码器
    B．把图像分成块、DCT 正变换、量化器、熵编码器
    C．把图像分成块、DCT 正变换、量化器

D．把图像分成块、DCT 正变换、熵编码器

2.2　多选题

1．计算机可分为通用计算机和专用计算机，这是按（　　）分类。

　A．功能　　　　　　B．工作原理　　　　C．性能　　　　　　D．用途

2．冯·诺依曼在 1946 年提出了计算机的程序存储原理，按此原理设计的计算机称为（　　）。

　A．存储程序计算机　　　　　　　　B．高性能计算机

　C．现代化的计算机　　　　　　　　D．冯·诺依曼结构计算机

3．微型计算机主板上安装的主要部件有（　　）。

　A．处理器　　　　　　　　　　　　B．内存条

　C．处理输入输出的芯片　　　　　　D．一些扩展槽

4．属于输入设备的部件有（　　）。

　A．磁盘驱动器　　B．光笔　　　　　C．话筒　　　　　　D．打印机

5．属于输入设备的部件有（　　）。

　A．RAM　　　　　　B．键盘　　　　　C．只读光盘　　　　D．条形码阅读器

6．在计算机突然断电时不丢失已保存数据的是（　　）。

　A．ROM　　　　　　B．DRAM　　　　　C．CU　　　　　　　D．U 盘

7．（　　）是系统软件。

　A．用 C 语言编写的求解圆面积的程序　　B．Unix

　C．用汇编语言编写的一个练习程序　　　　D．Windows

8．操作系统的重要功能包括（　　）。

　A．处理器管理　　B．存储管理　　　　C．设备管理　　　　D．文件管理

9．关于世界上第 1 台电子计算机说法正确的是（　　）。

　A．世界上第 1 台电子计算机诞生于 1946 年

　B．世界上第 1 台电子计算机是由德国研制的

　C．世界上第 1 台电子计算机使用的是晶体管逻辑部件

　D．世界上第 1 台电子计算机的名字为"埃尼阿克"（ENIAC）

10．光盘的主要特点有（　　）。

　A．读盘速度快　　　　　　　　　　B．写盘速度慢

　C．造价低　　　　　　　　　　　　D．保存时间长

11．在计算机突然断电时会丢失已保存数据的设备是（　　）。

　A．Cache　　　　　　B．RAM　　　　　C．ALU　　　　　　D．OS

12．属于应用软件的有（　　）。

　A．Windows 操作系统　　　　　　　B．汇编程序

　C．Word　　　　　　　　　　　　　D．编译程序

13．属于微型计算机主要技术指标的是（　　）。

　A．字长　　　　　　B．PIII　　　　　C．IDE　　　　　　D．主频

14. 说法不正确的是（　　）。

   A．ROM 是只读存储器，其中的内容只能读一次

   B．硬盘通常安装在主机箱内，所以属于内存

   C．CPU 不能直接与外存打交道

   D．任何存储器都有记忆能力，即其中的信息不会丢失

15. 正确的描述是（　　）。

   A．CPU 管理和协调计算机内部各个部件的操作

   B．主频是衡量 CPU 处理数据快慢的重要指标

   C．CPU 可以存储大量的信息

   D．CPU 直接控制显示器的显示

16. 将现有的 PC 升级为多媒体计算机通常需添加（　　）。

   A．声卡   B．CD-ROM 驱动器

   C．高速缓存   D．显示卡

17. （　　）属于多媒体素材。

   A．波形声音   B．文本   C．图像   D．视频

18. 关于计算机的发展过程及基本知识描述正确的是（　　）。

   A．目前计算机应用最广泛的领域是信息处理

   B．计算机正朝着两极方向发展，即微型计算机和巨型计算机，前者代表计算机的应用水平；后者代表国家的科技水平

   C．随着计算机所用电子器件的变化，人们通常将计算机的发展划分为 5 个时代

   D．从计算机诞生至今所使用的电子器件依次为晶体管、电子管、中小规模集成电路和大规模集成电路

19. 计算机的特点主要有（　　）。

   A．速度快、精度低   B．具有记忆和逻辑判断能力

   C．能自动运行、支持人机交互   D．适合科学计算，不适合数据处理

20. 对计算机软件的错误认识是（　　）。

   A．计算机软件都具有自我维护、修复功能

   B．受法律保护的计算机软件不能随便复制

   C．计算机软件只要是能复制的就不必购买

   D．计算机软件应有必要的备份

21. 关于冯·诺依曼体系结构描述正确的是（　　）。

   A．世界上第 1 台计算机就采用了冯·诺依曼体系结构

   B．将指令和数据同时存放在存储器中是冯·诺依曼计算机方案的特点之一

   C．计算机由控制器、运算器、存储器、输入设备、输出设备 5 个部分组成

   D．冯·诺依曼提出的计算机体系结构奠定了现代计算机的结构理论

22. 冯·诺依曼体系结构将计算机分成（　　）。

   A．控制器和运算器   B．存储器

   C．输入设备   D．输出设备

23. 关于计算机的特点、分类和应用表述正确的是（　　）。

A．目前刚刚出现运算速度达到亿次每秒的计算机

B．巨型电子计算机相对于大型计算机而言是一种运算速度更快、存储容量更大、功能更完善的计算机

C．气象预报是计算机在科学领域中的应用

D．大型计算机和巨型计算机仅仅是体积大，其功能并不比微机强

24．巨型计算机的特点是（　　　）。

A．运算速度更快　　B．存储容量更大　　C．功能更完善　　D．方便携带

25．属于计算机性能指标的有（　　　）。

A．字长　　　　　　B．运算速度　　　　C．字节　　　　　D．内存容量

26．关于计算机硬件系统组成正确的说法是（　　　）。

A．计算机硬件系统由控制器、运算器、存储器、输入设备、输出设备 5 部分组成

B．CPU 是计算机的核心部件，它由控制器、运算器组成

C．RAM 为随机存储器，其中的信息不能长期保存，关机即丢失

D．ROM 中的信息能长期保存，所以又称为"外存储器"

27．CPU 是计算机的核心，它的组成部分有（　　　）。

A．输入输出设备　　B．控制器　　　　　C．运算器　　　　D．鼠标

28．关于计算机软件系统正确的说法是（　　　）。

A．操作系统是软件中最基础的部分，它属于系统软件

B．计算机软件系统分为操作系统、语言处理系统、数据库管理系统

C．系统软件包括操作系统、编译软件、数据库管理系统及各种应用软件

D．文字处理软件、信息管理软件、辅助设计软件等都属于应用软件

29．属于操作系统软件的是（　　　）。

A．Word 2016　　　B．Linx　　　　　　C．MS-DOS　　　D．Windows 10

30．关于计算机组成正确的说法是（　　　）。

A．键盘是输入设备，打印机是输出设备，它们都是计算机的外部设备

B．显示器显示键盘输入的字符时是输入设备，显示程序运行结果时是输出设备

C．ROM BIOS 芯片中的程序都是计算机制造商写入的，通常用户不能更改其中的内容

D．打印机只能打印字符和表格，不能打印图形

31．属于外部设备的是（　　　）。

A．键盘/鼠标　　　　B．显示器　　　　　C．打印机　　　　D．硬盘

32．关于软件系统正确的说法是（　　　）。

A．系统软件的特点是通用性和基础性

B．高级语言是一种独立于计算机的语言

C．任何程序都可被视为计算机的系统软件

D．编译程序只能一次读取、翻译并执行源程序中的一行语句

33．系统总线是 CPU 与其他部件之间传送各种信息的公共通道，其类型有（　　　）。

A．数据总线　　　　B．地址总线　　　　C．控制总线　　　D．信息总线

34．关于解释程序和编译程序论述中不正确的是（　　　）。

A. 编译程序和解释程序均能产生目标程序

B. 编译程序和解释程序均不能产生目标程序

C. 编译程序能产生目标程序而解释程序则不能

D. 编译程序不能产生目标程序而解释程序能

35. 关于微型计算机正确的说法是（　　）。

A. 外存储器中的信息不能直接进入 CPU 处理

B. 系统总线是 CPU 与各部件之间传送信息的公共通道

C. 光盘驱动器属于主机，光盘属于外部设备

D. 家用电脑不属于微机

36. 小张同学的以下行为不属于侵犯知识产权的是（　　）。

A. 把自己从音响店购买的周杰伦《千里之外》原版 CD 唱片借给同学听了 1 天

B. 将《中国教育报》上的一篇文章稍作修改后向另外一家报社投稿

C. 从网络上下载一个具有试用期限的软件并试用

D. 在自己的作品中引用了他人的作品，并注明了引用作品的来源、作者

37. 对世界上第 1 台电子计算机的叙述中（　　）是错误的。

A. 它的主要元件是晶体管和继电器

B. 它的主要工作原理是存储程序和程序控制

C. 它是 1946 年在美国发明的

D. 它的主要作用是数据处理

38. 叙述错误的是（　　）。

A. 外存中的信息可以直接被 CPU 处理

B. 计算机使用的汉字编码和 ASCII 码是一样的

C. 键盘是输入设备，显示器是输出设备

D. 计算机的内存储器要比外存储器存储更多的信息且存取速度快

39. 对 CPU 描述正确的有（　　）。

A. CPU 是英文 "Central Processing Unit" 的缩写

B. 计算机指令是 CPU 执行操作的命令

C. 外存可与 CPU 直接交换信息

D. 计算机病毒发作时会破坏 CPU，使其运行速度变慢

40. 常用术语叙述中正确的是（　　）。

A. 高级语言种类很多，但有面向过程和面向对象之分

B. 汇编语言是一种面向机器的低级语言，用其编写的源程序计算机能直接执行

C. 总线是计算机系统中各部件之间传输信息的公共通路

D. 读写磁头是既能从磁表面存储器读出信息又能把信息写入磁表面存储器的装置

41. 关于软件系统说法正确的有（　　）。

A. 系统软件的功能之一是支持应用软件的开发和运行

B. 操作系统由一系列功能模块所组成，专门用来控制和管理全部硬件资源

C. 如不安装操作系统，仅安装应用软件，则计算机只能做一些简单的工作

D. 应用软件处于软件系统的最外层，直接面向用户，为用户服务

42．微型计算机中不属于控制器基本功能的是（　　　）。

A．执行算术运算和逻辑运算　　　　B．存储各种控制信息

C．保持各种控制状态　　　　　　　D．控制机器各个部件协调一致地工作

43．属于输出设备的有（　　　）。

A．磁盘驱动器　　　B．投影仪　　　C．扫描仪　　　D．打印机

44．叙述错误的是（　　　）。

A．激光打印机属于击打式打印机

B．计算机的运算速度可以用 MIPS 来表示

C．CAI 软件属于系统软件

D．就存取速度而论，U 盘比硬盘快，硬盘比内存快

45．计算机程序设计语言大致可以分为（　　　）。

A．自然语言　　　B．机器语言　　　C．汇编语言　　　D．高级语言

46．关于机器语言说法中正确的是（　　　）。

A．机器语言是机器指令的集合　　　B．机器语言由二进制代码组成

C．机器语言是计算机能直接识别的语言　D．机器语言用助记符说明操作码

47．（　　　）是系统软件。

A．鸿蒙软件　　　　　　　　　　　B．Unix

C．用 JAVA 编写的一个练习程序　　D．DOS

48．微机部件中的（　　　）在系统板上。

A．微处理器 CPU　　　　　　　　　B．内存

C．基本输入/输出系统（BIOS）　　　D．CMOS 芯片

49．正确的说法是（　　　）。

A．计算机的工作就是执行存放在存储器中的一系列指令

B．指令是一组二进制代码，它规定了计算机执行的最基本的一组操作

C．指令系统有一个统一的标准，所有计算机的指令系统都相同

D．指令通常由地址码和操作数构成

50．计算机的发展经历了（　　　）阶段。

A．电子管　　　　　　　　　　　　B．晶体管

C．中小规模集成电路　　　　　　　D．大规模和超大规模集成电路

51．计算机按照处理数据的类型可以分为（　　　）。

A．模拟计算机　　　　　　　　　　B．电路计算机

C．数字计算机　　　　　　　　　　D．数字和模拟混合计算机

52．计算机按照用途可以分为（　　　）。

A．通用计算机　　　　　　　　　　B．专用计算机

C．智能计算机　　　　　　　　　　D．数字计算机

53．计算机按照性能、规模和处理能力可以分为（　　　）。

A．巨型机　　　　　　　　　　　　B．大型通用机

C．微型计算机　　　　　　　　　　D．工作站和服务器

54．计算机在计算科学研究和应用中有（　　　）。

A．人工智能　　　B．网格计算　　　C．中间件技术　　D．云计算

55．电子计算机技术未来的发展方向是（　　）。

A．巨型化　　　　B．微型化　　　　C．网络化　　　D．智能化

56．在日常生活中媒体指的是（　　）。

A．文字、声音　　B．图像　　　　　C．动画　　　　D．视频

57．计算机系统中的内存储器指（　　）。

A．RAM　　　　　B．ROM　　　　　C．硬盘　　　　D．磁盘

58．说法错误的是（　　）。

A．RAM 是只读存储器，其中的内容只能读出，不能写入

B．RAM 中的信息断电后不会丢失

C．CPU 可以直接读取硬盘中的数据

D．SRAM 是动态随机存储器，断电后其中信息会丢失

59．保护光盘应该做到（　　）。

A．不能受重压，不能被弯折

B．不要用手触摸底面

C．保持盘片清洁，避免灰尘落到盘片上

D．可以放在通风、干燥、有阳光或电视机的旁边

60．在计算机突然断电时不丢失已保存数据的设备是（　　）。

A．磁带　　　　　B．RAM　　　　　C．CPU　　　　D．硬盘

61．在微型计算机中微处理器的主要功能是进行（　　）。

A．算术运算　　　B．逻辑运算　　　C．全机控制　　D．数据存储

62．说法正确的是（　　）。

A．一个完整的计算机系统由主机和软件组成

B．计算机区别于其他计算工具的主要特点是采用了存储程序控制

C．电源关闭后 RAM 中的信息会丢失

D．64 位字长的计算机能处理的最大数是 64 位的十六进制

63．（　　）是输入设备。

A．扬声器　　　　B．话筒　　　　　C．数码相机　　D．扫描仪

64．操作系统按其功能关系可分为（　　）层次。

A．系统层　　　　B．管理层　　　　C．应用层　　　D．数据层

65．叙述错误的有（　　）。

A．计算机指令指挥 CPU 输出信息　　B．显示器既是输出设备又是操作设备

C．微机就是体积很小的计算机　　　　D．光驱属于主设，光盘属于外存

66．描述操作系统的是（　　）。

A．用户主要使用操作系统来开发软件　　B．用户与计算机进行信息交流的接口

C．组织管理计算机的工作流程　　　　　D．管理计算机的软硬件资源

67．内存是计算机的重要部分之一，描述正确的是（　　）。

A．内存用来存放运行的程序和当前使用的数据

B．内存都是可扩充的

C. 内存中存放的数据只能由中央处理器直接存取

D. 内存分为 ROM 和 RAM

68. 关于 ROM 说法正确的是（　　）。

A. ROM 是只读存储器

B. 计算机只能从 ROM 中读取事先存储的数据

C. ROM 中的数据可以快速改写

D. ROM 中存放固定的程序和数据

69. 关于计算机的叙述正确的是（　　）。

A. 在微型计算机中应用最普遍的字符编码是 ASCII 码

B. 计算机病毒就是一种程序

C. 计算机中所有信息的存储采用二进制

D. 混合计算机就是混合各种硬件的计算机

70. 属于系统软件的是（　　）。

A. 操作系统　　　　　　　　　　B. 数据库管理系统

C. 客户管理系统　　　　　　　　D. 语言处理程序

71. 属于输出设备的有（　　）。

A. 键盘　　　　B. 磁盘驱动器　　　C. 扫描仪　　　D. 绘图仪

72. 与硬盘相比，内存具有（　　）特点。

A. 速度慢　　　　B. 容量小　　　　C. 速度快　　　　D. 携带方便

73. 计算机硬件包括（　　）。

A. 操作系统　　　B. 存储器　　　　C. 输入设备　　　D. 输出设备

74. CPU 能直接访问的存储器是（　　）。

A. ROM　　　　　B. RAM　　　　　C. Cache　　　　D. 硬盘

75. 属于计算机应用领域的有（　　）。

A. MTBF　　　　B. CAM　　　　　C. CAT　　　　　D. CIMS

76. 内存相对于外存而言，具有（　　）特点。

A. 存取速度快　　B. 存取速度慢　　C. 存储容量小　　D. 存储容量大

77. 关于计算机系统组成知识正确的说法是（　　）。

A. 软盘驱动器属于主机，软盘属于外设

B. 键盘和显示器都是计算机的 I/O 设备

C. 键盘和鼠标均为输入设备

D. 软盘存储器由软盘、软盘驱动器和软盘驱动卡 3 个部分组成

78. 多媒体中的媒体元素包含（　　）

A. 文本　　　　　B. 动画　　　　　C. 图像　　　　　D. 光驱

79. 关于计算机中使用的软件说法正确的是（　　）。

A. 软件凝结着专业人员的劳动成果

B. 软件像书籍一样，借来复制不损害他人

C. 未经软件著作权人的同意复制其软件是侵权行为

D. 软件如同硬件一样也是一种商品

80．ROM 存储器是（　　　）。

　A．光盘存储器　　　　　　　　　　B．插在主板上的一个集成块

　C．只读存储器　　　　　　　　　　D．随机存储储器

81．说法正确的是（　　　）。

　A．计算机的字长越长，处理信息的效率越高

　B．计算机的字长越长，内部所存储的数值精度就越高

　C．计算机的字长越长，所能识别的指令位就越多

　D．计算机的字长越长，能输入的字符长度就越长

82．计算机的主要性能指标有（　　　）。

　A．DBMS　　　　　B．MIPS　　　　　C．MTBF　　　　　D．MTTR

83．计算机的性能指标中影响计算机运行速度的有（　　　）。

　A．主频　　　　　B．内存容量　　　　C．分辨率　　　　D．字长

84．（　　　）属于计算机外部设备。

　A．运算器　　　　B．硬盘　　　　　　C．显示器　　　　D．打印机

85．描述错误的是（　　　）。

　A．计算机病毒发作时可把 CPU 烧坏使电脑死机

　B．所有 Windows 系统都是多用户、多任务操作系统

　C．CPU 是计算机的核心部件

　D．软件包括程序和文档

86．CD-ROM 驱动器的接口标准有（　　　）。

　A．专用接口　　　B．SCSI 接口　　　C．IDE 接口　　　D．RS232 接口

87．多媒体的引入对多媒体数据库会产生的影响是（　　　）。

　A．数据库的组织和存储方法

　B．种类繁多的媒体类型增加了数据处理的困难

　C．改变了数据库的操作形式，其中最重要的是查询机制和查询方法，但不改变数据库的接口

　D．必须增加处理长事务的能力

88．影响视频质量的主要因素是（　　　）。

　A．数据速率　　　B．信噪比　　　　　C．压缩比　　　　D．显示分辨率

89．数字视频的重要性体现在（　　　）

　A．可以用新的与众不同的方法对视频进行创造性编辑

　B．可以不失真地进行无限次复制

　C．可以用计算机播放电影节目

　D．易于存储

90．多媒体技术未来发展的方向是（　　　）。

　A．高分辨率，提高显示质量　　　　B．高速度化，缩短处理时间

　C．简单化，便于操作　　　　　　　D．智能化，提高信息识别能力

91．论述错误的是（　　　）。

　A．音频卡的分类主要是根据采样的频率，频率越高，音质越好

B．音频卡的分类主要是根据采样信息的压缩比，压缩比越大，音质越好

C．音频卡的分类主要是根据采样量化的位数，位数越高，音质越好

D．音频卡的分类主要是根据接口功能，接口功能越多，音质越好

92．说法正确的是（　　　）。

A．预测编码是一种只能针对冗余空间进行压缩的方法

B．预测编码是根据某一模型进行的

C．预测编码需将预测的误差进行存储或传输

D．预测编码中典型的压缩方法有 DPCM、ADPCM

93．多媒体技术的主要特性有（　　　）。

A．实时性　　　　B．信息载体多样性　　　C．集成性　　　　D．交互性

94．在多媒体计算机中常用的图像输入设备是（　　　）。

A．数码照相机　　　　　　　　　　B．彩色扫描仪

C．视频信号数字化仪　　　　　　　D．彩色摄像机

95．商标权的内容包括（　　　）。

A．使用权　　　　B．不可转让权　　　　C．禁止权　　　　D．许可使用权

96．专有软件是指由开发者开发出来之后，保留软件的（　　　）权利。

A．修改权　　　　B．发行权　　　　C．复制权　　　　D．出租权

97．多媒体数据的表示方法有（　　　）。

A．文字　　　　B．声音　　　　C．动画　　　　D．影视

98．关于计算机硬件组成说法中的（　　　）是正确的。

A．主机和外设　　　　　　　　B．运算器、控制器和 I/O 设备

C．CPU 和 I/O 设备　　　　　　D．运算器、控制器、存储器、输入设备和输出设备

99．属于系统软件的有（　　　）。

A．UNIX　　　　B．DOS　　　　C．CAD　　　　D．IOS

100．说法正确的是（　　　）。

A．一个完整的计算机系统由硬件系统和软件系统组成

B．计算机区别于其他计算工具最主要的特点是能存储程序和数据

C．电源关闭后，ROM 中的信息会丢失

D．16 位的字长计算机能处理的最大数是 16 位十进制

101．（　　　）属于应用软件。

A．CAD　　　　B．Word　　　　C．汇编程序　　　　D．C 语言编译程序

102．属于应用软件的有（　　　）。

A．鸿蒙软件　　　　B．Word　　　　C．汇编程序　　　　D．C 语言源程序

103．多媒体计算机的主要硬件必须包括（　　　）。

A．CD-ROM　　　　B．EPROM　　　　C．网卡　　　　D．音频卡与视频卡

104．属于外存储器的有（　　　）。

A．RAM　　　　B．EPROM　　　　C．U 盘　　　　D．CD-ROM

105．计算机程序设计语言的翻译程序有（　　　）。

A．编辑程序　　　　B．编译程序　　　　C．连接程序　　　　D．汇编程序

106．可以作为输入设备的是（　　）。

　　A．CD-ROM　　　　B．绘图仪　　　　C．扫描仪　　　　D．数字相机

107．说法正确的是（　　）。

　　A．计算机的工作就是存储指令

　　B．指令是一组二进制代码，它规定了计算机执行的最基本的一组操作

　　C．指令系统有一个统一的标准，所有计算机的指令系统都相同

　　D．指令通常由地址码和操作数构成

108．与光盘相比，硬盘具有（　　）特点。

　　A．速度慢　　　　B．容量大　　　　C．速度快　　　　D．携带方便

109．冯·诺依曼结构计算机的基本思想是（　　）。

　　A．存储程序　　　　B．程序注册　　　　C．程序指挥　　　　D．程序控制

110．混合计算机主要由（　　）组成。

　　A．数字计算机　　　　B．模拟计算机　　　　C．混合接口　　　　D．A/D转换接口

111．（　　）不属于计算机应用领域。

　　A．MIPS　　　　B．CIMS　　　　C．DBMS　　　　D．MTBF

112．（　　）属于计算机应用领域。

　　A．数值计算　　　　B．过程控制　　　　C．人工智能　　　　D．网络与通信

113．（　　）指标可以衡量计算机的性能。

　　A．CIMS　　　　B．DBMS　　　　C．MTBF　　　　D．MTTR

114．CPU主要由（　　）组成。

　　A．运算器　　　　B．控制器　　　　C．寄存器　　　　D．高速缓冲存储器

115．移动存储已经与我们的日常办公密不可分，其中用的最多的就是U盘，U盘所使用的接口类型有（　　）。

　　A．USB 1.0　　　　B．USB 2.0　　　　C．USB 3.0　　　　D．PCI

116．机器语言的主要特征有（　　）。

　　A．执行速度快　　　　　　　　　　B．执行时占用空间少

　　C．可读性强　　　　　　　　　　　D．可移植性好

117．机器语言的主要特征有（　　）。

　　A．计算机唯一能直接识别的语言

　　B．所有指令是由0和1组成的二进制代码

　　C．编写简单、方便

　　D．通用性强，可以在不同型号的计算机中使用

118．（　　）不属于汇编语言的主要特征。

　　A．相比机器语言执行速度更快

　　B．相比机器语言编写更方便

　　C．相比机器语言通用性强，可以在不同型号计算机中使用

　　D．计算机可以直接识别和执行

119．（　　）不属于高级语言的主要特征。

　　A．易于编程、阅读和维护

B. 指令一般采用相近英语词汇来编写

C. 相比其他低级语言执行速度更快

D. 必须经过汇编程序转换成机器语言才能执行

120. 存储器断电后信息会丢失的有（　　　）。

A. SRAM　　　　　B. DRAM　　　　　C. EPROM　　　　　D. PROM

121. 存储器断电后信息不会丢失的有（　　　）。

A. Cache　　　　　B. MROM　　　　　C. ROM　　　　　D. DRAM

122. 磁盘的存储容量可以用（　　　）公式计算。

A. 磁盘存储容量=磁道数×扇区数×扇区内字节数×每张磁盘面数×磁盘片数

B. 磁盘存储容量=柱面数×扇区数×扇区内字节数×磁头数

C. 磁盘存储容量=磁道数×扇区数×扇区内字节数×磁头数×磁盘片数

D. 磁盘存储容量=磁道数×扇区数×扇区内字节数×柱面数×磁盘片数

123. 在信息技术条件下保护个人信息应采取的措施有（　　　）。

A. 接收不明移动硬盘复制个人计算机资料

B. 不在电脑中保存自己的信箱密码

C. 不将计算机交给不明人员修理

D. 不得随意将自己的计算机借给他人

124. 图形与图像的区别有（　　　）。

A. 图形可以变换而不会出现失真

B. 图形能以图元为单位进行属性修改、编辑等操作

C. 图像可以变换而不会出现失真

D. 图像能以图元为单位进行属性修改、编辑等操作

125. （　　　）设备不能够将信息转换为计算机识别的二进制代码。

A. 扫描仪　　　　　B. 照相机　　　　　C. 打印机　　　　　D. 绘图仪

126. 多媒体计算机硬件系统包括（　　　）。

A. 多媒体计算机　　　　　　　　B. 多媒体输入输出设备

C. 多媒体存储设备　　　　　　　D. 多媒体功能卡和操作操纵控制设备

127. 计算机的主要特点有（　　　）。

A. 运算速度快　　　　　　　　　B. 计算机精度高

C. 具有逻辑判断能力　　　　　　D. 能模拟人的思维自动工作

128. （　　　）属于电子数字计算机的特点。

A. 运算快速　　　　　B. 计算精度高　　　　　C. 体积庞大　　　　　D. 通用性强

129. 说法错误的是（　　　）。

A. 计算机系统包括硬件系统和软件系统

B. 小型机亦称为"微机"

C. 数字计算机可直接处理连续变化的模拟量

D. 主机包括 CPU、显示器

130. 关于软件配置叙述中正确的是（　　　）。

A. 软件配置独立于硬件　　　　　B. 软件配置影响系统功能

C．软件配置影响系统性能　　　　　D．软件配置受硬件的制约

2.3　判断题

1．计算机的发展经历了 4 代，代的划分基于计算机的运算速度。（　　）

2．计算机目前最主要的应用还是数值计算。（　　）

3．世界上第 1 台计算机的电子元器件主要是继电器。（　　）

4．PC 主板上电池的作用是在计算机断电后为 CMOS 芯片供电，保持芯片中的信息不丢失。（　　）

5．RAM 中的数据并不会因关机或断电而丢失。（　　）

6．USB 接口是一种数据的高速传输接口，目前通常连接的设备有移动硬盘、U 盘、鼠标、扫描仪等。（　　）

7．操作系统既是硬件与其他软件的接口，又是用户与计算机之间的接口。（　　）

8．计算机必须要有主机、显示器、键盘和打印机这 4 个部分才能工作。（　　）

9．计算机常用的输入设备为键盘、鼠标，常用的输出设备有显示器、打印机。（　　）

10．计算机的外部设备指计算机的输入设备和输出设备。（　　）

11．计算机硬件系统中最核心的部件是 CPU。（　　）

12．内存储器是主机的一部分，可与 CPU 直接交换信息。其存取速度快，但价格较贵，比外存储器存储的信息少。（　　）

13．软件通常分为系统软件和应用软件两大类。（　　）

14．微机的硬件系统与一般计算机硬件组成一样，由运算器、控制器、存储器、输入和输出设备组成。（　　）

15．计算机系统由软件和硬件组成，没有软件的计算机被称为"裸机"，使用裸机难以完成信息处理任务。（　　）

16．绘图仪、扫描仪、显示器、音箱等均属于输出设备。（　　）

17．在计算机中，可以使用电压的高、低分别表示 1 或 0。（　　）

18．计算机系统包括主机、键盘、鼠标、显示器和打印机 5 大部分。（　　）

19．jpg 格式的图片文件可以转换为 gif 类型。（　　）

20．常见音频文件有 MP3、WMA、MID、WAV、AAC、AMR 等。（　　）

21．冯·诺依曼原理是计算机的唯一工作原理。（　　）

22．计算机能直接识别汇编语言程序。（　　）

23．计算机能直接执行高级语言源程序。（　　）

24．计算机掉电后 ROM 中的信息会丢失。（　　）

25．计算机掉电后外存中的信息会丢失。（　　）

26．应用软件的作用是扩大计算机的存储容量。（　　）

27．操作系统的功能之一是提高计算机的运行速度。（　　）

28．一个完整的计算机系统通常是由硬件系统和软件系统两大部分组成的。（　　）

29．第 3 代计算机的逻辑部件采用的是中小规模集成电路。（　　）

30．计算机发展的各个阶段是以采用的物理器件作为标志的。 （　　）

31．CPU 是由执行器和寄存器组成的。 （　　）

32．只读存储器的英文名称是"ROM"，其英文原文是"Read Only Memory"。 （　　）

33．随机访问存储器的英文名称是"RAM"，其英文原文是"Random Access Memory"。 （　　）

34．计算机软件按其用途及实现的功能不同可分为系统软件和应用软件两大类。 （　　）

35．键盘和显示器都是计算机的 I/O 设备，键盘是输入设备，显示器是输出设备。 （　　）

36．输入和输出设备是用来存储程序及数据的装置。 （　　）

37．RAM 中的信息在计算机断电后会全部丢失。 （　　）

38．中央处理器和主存储器构成计算机的主体，称为"主机"。 （　　）

39．主机以外的大部分硬件设备称为"外围设备"或"外部设备"，简称"外设"。 （　　）

40．任何存储器都有记忆能力，其中的信息不会丢失。 （　　）

41．光盘属于外存储器，也属于辅助存储器。 （　　）

42．运算器是执行算术和逻辑运算的部件，通常称为"CPU"。 （　　）

43．16 位字长的计算机是指能计算最大为 16 位十进制数据的计算机。 （　　）

44．鼠标可分为机械式鼠标和光电式鼠标。 （　　）

45．CRT 显示器又称"阴极射线管显示器"。 （　　）

46．打印机按照印字的工作原理可以分为击打式打印机和非击打式打印机。 （　　）

47．计算机中分辨率和颜色数由显示卡设定，但显示的效果由显示器决定。 （　　）

48．计算机处理音频主要借助于声卡。 （　　）

49．计算机的中央处理器简称为"ALU"。 （　　）

50．CPU 的主要任务是取出指令，解释指令和执行指令。 （　　）

51．CPU 主要由控制器、运算器和若干寄存器组成。 （　　）

52．CPU 的时钟频率是专门用来记忆时间的。 （　　）

53．微机总线主要由数据总线、地址总线、控制总线 3 类总线组成。 （　　）

54．外存中的数据可以直接进入 CPU 处理。 （　　）

55．第 4 代电子计算机主要采用中小规模集成电路元件制造。 （　　）

56．计算机的硬件系统由控制器、显示器、打印机、主机、键盘组成。 （　　）

57．计算机的内存储器与硬盘存储器相比存储量大。 （　　）

58．20 世纪末期时电子计算机的主要元件是晶体管。 （　　）

59．第 1 代电子计算机的主要元件是晶体管。 （　　）

60．世界上第 1 台电子计算机诞生于 1946 年。 （　　）

61．磁道是硬盘中最小的信息存储单位。 （　　）

62．一个完整计算机硬件系统应包括主机和显示系统。 （　　）

63．计算机存储器中的 ROM 只能读出数据不能写入数据。 （　　）

64．ROM 和 RAM 的最大区别是 ROM 为只读，RAM 为可读可写。（　　）

65．运算器的主要功能是执行算术运算，不包括逻辑运算。（　　）

66．和内存储器相比，外存储器的特点是容量小、速度快、成本高。（　　）

67．内存储器用来存储正在执行的程序和所需的数据。（　　）

68．与 U 盘比较，硬盘的存取速度快且存储容量大。（　　）

69．影响个人计算机系统功能的因素除了系统使用哪种位数的微处理器外，还有 CPU 的时钟频率、CPU 主内存容量、CPU 所能提供的指令集。（　　）

70．计算机的硬件系统是由运算器、控制器、存储器、输入和输出设备 5 个部分组成的。（　　）

71．CPU 主要由运算器、ALU 及一些寄存器组成。（　　）

72．微机的主要性能指标有字长、时钟频率、运算速度、存取周期。（　　）

73．目前计算机语言可分为机器语言、汇编语言和高级语言。（　　）

74．反映计算机存储容量的基本单位是字节。（　　）

75．计算机的主频指的是 CPU 的时钟频率，它的计量单位是 MHz。（　　）

76．微机中的控制器由 ALU、CU 和寄存器组成。（　　）

77．Office 2016 是一种办公自动化软件。（　　）

78．帧动画是对每一个活动的对象分别进行设计并构造每一个对象的特征，然后用这些对象组成完整的画面。（　　）

79．若 CD-ROM 光盘存储的内容是文本（程序和数字），则对误码率的要求较低；若存储声音和图像，则要求较高。（　　）

80．寻道时间反映了 DVD 驱动器接受系统指令到指定的位置读出数据的快慢。（　　）

81．在扫描照片图像时为获得最佳的效果，往往选择最大的分辨率，这是正确的选择。（　　）

82．激光打印机是用受主机中图像信息调制的激光束直接照射在纸张上成像。（　　）

83．红外线式触摸屏价格便宜，但分辨率低。其适合室外用，属低档产品。（　　）

84．电容式触摸屏分辨率高、寿命长、抗腐蚀、耐磨损，紧贴显像管安装于显示器壳内。其不易损坏，属低档产品。（　　）

85．多媒体数据的特点是数据量巨大、数据类型少、数据类型间区别大和输入输出复杂。（　　）

86．采用一位位图时每个像素可以有黑白两种颜色，而用二位位图时每个像素则可以有 3 种颜色。（　　）

87．在 CD-ROM 的设计中应考虑 4 个因素，即数据文件的命名和定位、存储能力、数据传输速率，以及平均查找时间。（　　）

88．音频（Audio）指的是大约在 20 Hz～20 kHz 频率范围的声音。（　　）

89．音频卡是按声道数分类的。（　　）

90．多媒体的引入影响了数据库的组织和存储方法。（　　）

91．在音频数字处理技术中要考虑采样、量化的编码问题。（　　）

92．对音频数字化来说，在相同条件下立体声比单声道占的空间大。分辨率越高，则

占的空间越小；采样频率越高，则占的空间越大。　　　　　　　　　　　（　　）

93. 在相同的条件下，位图所占的空间比矢量图小。　　　　　　　　　（　　）

94. 位图可以用画图程序、在荧光屏上直接抓取、用扫描仪或视频图像抓取设备从照片等抓取、购买现成的图片库获得。　　　　　　　　　　　　　　　（　　）

95. 因为硬盘是装在计算机内部的，所以它属于主机。　　　　　　　　（　　）

96. 计算机最基本的应用领域是数据处理。　　　　　　　　　　　　　（　　）

97. 在没有安装任何应用软件的裸机上只能完成基本的数值计算。　　　（　　）

98. 计算机的主要性能指标有字长、运算速度和外存容量大小等。　　　（　　）

99. 计算机指令就是给计算机下达的命令，告诉计算机要干什么，然后其他命令到相应位置读取数据。　　　　　　　　　　　　　　　　　　　　　　　（　　）

100. DRAM 中主要存放正在执行的程序和临时数据。　　　　　　　　（　　）

101. SRAM 中主要存放固定不变的控制计算机的系统程序和数据。　　（　　）

102. PROM 中主要存放正在执行的程序和临时数据。　　　　　　　　（　　）

103. EPROM 中主要存放固定不变的控制计算机的系统程序和数据。　（　　）

104. 高速缓存主要存放正在执行的程序和临时数据。　　　　　　　　（　　）

105. 高速缓存中的信息断电后不会丢失。　　　　　　　　　　　　　（　　）

106. 扇区是硬盘中最小的信息存储单位。　　　　　　　　　　　　　（　　）

107. 世界上第 1 台电子计算机诞生于德国。　　　　　　　　　　　　（　　）

108. 硬盘中的柱面数和磁道数相同。　　　　　　　　　　　　　　　（　　）

109. 硬盘中的磁头数和盘片数相同。　　　　　　　　　　　　　　　（　　）

110. 硬盘中的磁头数和磁道数相同。　　　　　　　　　　　　　　　（　　）

111. 硬盘的盘片数越多存储容量越大，通常在 10 片以上。　　　　　（　　）

112. 在其他参数不变的情况下，柱面数越多硬盘存储容量越大。　　　（　　）

113. 在其他参数不变的情况下，系统存取周期越短计算机性能越好。　（　　）

114. 在其他参数不变的情况下，系统平均无故障工作时间越长计算机性能越好。
　　　　　　　　　　　　　　　　　　　　　　　　　　　　　　　（　　）

115. 在其他参数不变的情况下，系统平均故障修复时间越长计算机性能越好。（　　）

116. 《中华人民共和国著作权法》于 1990 年 9 月 7 日在全国人大获得通过。（　　）

117. 计算机能自动处理数据的基础是其具有逻辑判断能力。　　　　　（　　）

118. 计算机能自动、连续地工作是因为其中可以存储程序和数据。　　（　　）

119. 计算机集成制造技术（CMIS）是将 CAD、CAM 和数据库技术集成在一起形成的技术。　　　　　　　　　　　　　　　　　　　　　　　　　　　（　　）

120. 世界上第 1 台计算机使用的元器件主要是晶体管。　　　　　　　（　　）

121. 现在计算机的字长通常是 32 位或 62 位。　　　　　　　　　　　（　　）

122. 运算器的主要任务是执行各种算术运算，执行器的主要任务是执行各种逻辑运算。　　　　　　　　　　　　　　　　　　　　　　　　　　　　　　　（　　）

✡3　操作系统部分习题 ✡

3.1　单选题

1. 属于系统软件的是（　　）。
　　A．C 程序语言　　　　　　　　　　B．Windows 10 操作系统
　　C．汇编语言编写的练习程序　　　　D．Java 语言编写的网站程序

2. 在 Windows 中能够自动识别和配置硬件设备，这种特性称为（　　）。
　　A．自动配置　　　B．自动识别　　　C．即插即用　　　D．自适应

3. 在 Windows 中所有窗口都是基于图形界面，该界面的主要作用是（　　）。
　　A．提高系统的安全性　　　　　　　B．提升系统的响应
　　C．提升用户与系统的交互性　　　　D．加快数据的存储

4. Windows 操作系统中的"回收站"所存放的数据在（　　）。
　　A．ROM 中　　　B．高速缓存中　　　C．RAM 中　　　D．硬盘

5. Windows 中称整个显示屏幕为（　　）。
　　A．窗口　　　　B．桌面　　　　C．壁纸　　　　D．界面

6. 在 Windows 的任务栏中可以看到的活动窗口程序属于（　　）。
　　A．系统正在运行的程序　　　　　　B．系统后台运行的程序
　　C．系统即将关闭的程序　　　　　　D．系统保护的程序

7. 在 Windows 10 操作系统的菜单中打开程序的正确方法是（　　）。
　　A．单击程序　　　B．双击程序　　　C．右击程序　　　D．右双击程序

8. 在 Windows 的"写字板"中如果执行"另存为"操作，则选择（　　）菜单。
　　A．文件　　　　B．编辑　　　　C．视图　　　　D．插入

9. Windows 操作系统属于系统软件，主要作用是（　　）。
　　A．实现硬件和软件的交互　　　　　B．把源程序转变为目标程序
　　C．协调和管理系统的软硬件资源　　D．处理系统数据

10. 在 Windows 中可以通过（　　）查询硬件信息。
　　A．资源管理器　　　B．控制面板　　　C．计算机管理　　　D．计算机存储

11. Windows 操作系统安装完成以后为了保障所有的硬件资源能够正常使用需要（　　）。
　　A．安装应用软件　　B．安装办公软件　　C．安装驱动程序　　D．安装系统软件

12. 在 Windows 中分辨率可以在（　　）中设置。
　　A．个性化　　　B．显示设置　　　C．控制面板　　　D．外观和个性化

13. 在 Windows 操作系统中采用文件夹的形式存放文件，在文件所在位置的地址栏中称该地址为（　　）。

A．绝对地址　　　　B．相对地址　　　　C．混合地址　　　　D．链接地址

14．Windows 中的"资源管理器"窗口主要的作用是（　　　）。

  A．管理磁盘数据　　　　　　　　　　B．管理文件夹

  C．管理文件　　　　　　　　　　　　D．查看文件路径

15．在 Windows 中单击任务栏最右边可以（　　　）。

  A．打开任务栏管理器　　　　　　　　B．打开菜单栏

  C．显示桌面　　　　　　　　　　　　D．关闭打开的活动窗口

16．在 Windows 中显示桌面使用的快捷键是（　　　）。

  A．Ctr+T　　　　B．Win+D　　　　C．Win+E　　　　D．Ctr+P

17．在 Windows 中打开"资源管理器"窗口使用的快捷键是（　　　）。

  A．Ctr+T　　　　B．Win+D　　　　C．Win+E　　　　D．Ctr+P

18．在 Windows 中打开"运行"窗口的快捷键是（　　　）。

  A．Ctr+T　　　　B．Win+R　　　　C．Win+E　　　　D．Win+P

19．在 Windows 中的磁盘分区格式为（　　　）。

  A．NTFS　　　　B．FAT32　　　　C．FAT　　　　D．EXT

20．在 Windows 10 操作系统中为笔记本电脑配置 IP 地址的正确方法是（　　　）。

  A．通过桌面网络属性更改适配器设置，找到对应网卡的属性后设置

  B．通过"控制面板"窗口中的"系统与安全"设置

  C．通过任务栏右侧无线网络 SSID 号的属性设置

  D．通过防火墙设置

21．在 Windows 操作系统运行中打开"控制面板"窗口的命令是（　　　）。

  A．ipconfig　　　　B．config　　　　C．cmd　　　　D．control

22．在 Windows 10 操作系统的"管理员：命令提示符"中输入查看到本机 MAC 地址的命令是（　　　）。

  A．config　　　　B．ipconfig　　　　C．ipconfig /all　　　　D．MSConfig

23．在 Windows 10 操作系统中切换桌面的快捷方式是按（　　　）组合键。

  A．Win+Tab　　　　B．Shift+Tab　　　　C．Alt+Tab　　　　D．Ctrl+Tab

24．在 Windows 10 操作系统的"资源管理器"窗口中，如果选中一个文件后选择另一个不连续位置的文件可以按（　　　）键。

  A．Shift　　　　B．Alt　　　　C．Ctrl　　　　D．Shift+Ctrl

25．在 Windows 10 操作系统中可以在（　　　）中查看本机磁盘分区的详细信息。

  A．资源管理器　　　B．计算机管理　　　C．计算机属性　　　D．控制面板

26．在 Windows 操作系统的（　　　）中查看计算机的系统版本。

  A．计算机管理　　　B．计算机属性　　　C．控制面板　　　D．资源管理器

27．在 Windows 10 操作系统的（　　　）中修改计算机的全名。

  A．系统属性　　　B．控制面板　　　C．资源管理器　　　D．高级系统设置

28．在 Windows 10 中组成文件名的两个部分分别是（　　　）。

  A．文件名称和文件后缀　　　　　　　B．文件名称和文件类型

  C．文件名称和扩展名　　　　　　　　D．文件类别和扩展名

29．在 Windows 10 操作系统的"资源管理器"窗口中可以显示隐藏扩展名的菜单是（　　）。

　　A．文件　　　　　　B．主页　　　　　　C．共享　　　　　　D．查看

30．在 Windows 10 中默认切换输入法的快捷键是（　　）。

　　A．Shift+Ctrl　　　B．Shift+Alt　　　　C．Ctrl+Alt　　　　D．Shift+Tab

31．在安装 Windows 10 操作系统时只给磁盘一个分区，安装后可以在（　　）中分区剩余的磁盘空间。

　　A．资源管理器　　　B．计算机管理　　　C．计算机属性　　　D．控制面板

32．在 Windows 10 操作系统中可以在"资源管理器"窗口的（　　）中查看最近打开的文档。

　　A．电脑　　　　　　B．网络　　　　　　C．快速访问　　　　D．文档

33．在 Windows 10 操作系统"控制面板"窗口的（　　）菜单中关闭防火墙。

　　A．系统和安全　　　　　　　　　　　　　B．网络和 Internet

　　C．用户账户　　　　　　　　　　　　　　D．外观和个性化

34．在 Windows 10 操作系统中可以在"系统和安全"菜单的（　　）中修改屏幕睡眠时间。

　　A．系统　　　　　　　　　　　　　　　　B．电源选项

　　C．管理工具　　　　　　　　　　　　　　D．安全和维护

35．在 Windows 中的远程登录命令是（　　）。

　　A．control　　　　　B．mstsc　　　　　　C．MSConfig　　　　D．reflash

36．在 Windows 10 中可以在（　　）中开启远程登录功能。

　　A．此电脑属性-远程设置　　　　　　　　B．控制面板

　　C．计算机管理　　　　　　　　　　　　　D．高级系统设置

37．在 Windows 10 的"控制面板"窗口中如果需要设置鼠标的类型，则将"控制面板"窗口显示的查看方式修改为（　　）。

　　A．小图标或者大图标　　　　　　　　　　B．类别

　　C．类别或者小图标　　　　　　　　　　　D．类别或者大图标

38．在 Windows 10 中安装打印机应该选择（　　）

　　A．添加设备　　　　　　　　　　　　　　B．安装程序

　　C．设备管理　　　　　　　　　　　　　　D．高级打印机设置

39．Windows 10 系统默认没有安装 Telnet 工具，可以在（　　）中安装该工具。

　　A．卸载程序　　　　　　　　　　　　　　B．启用或关闭 Windows 功能

　　C．Windows 程序控制　　　　　　　　　　D．管理工具

40．Windows 10 中系统自带的截图工具在（　　）中。

　　A．Windows 附件　　　　　　　　　　　　B．Windows 系统

　　C．Windows 管理工具　　　　　　　　　　D．Windows 轻松使用

41．在操作系统中修改本机 IP 地址为静态 IP 地址时修改的是（　　）。

　　A．Internet 协议版本 4　　　　　　　　　B．Internet 协议版本 6

　　C．Microsoft 网络客户端　　　　　　　　 D．Microsoft 网络适配器多路传输送器协议

42．在 Windows 10 中关闭活动窗口的组合键是（　　　）。

    A．Alt+F4　　　　　　B．Ctrl+F4　　　　　　C．Shift+F4　　　　　　D．Tab+F4

43．在 Windows 10 中检索文件时使用*可以代替（　　　）个字符？

    A．1 个　　　　　　　B．2 个　　　　　　　C．10 个　　　　　　　D．无数个

44．在 Windows 运行中输入"shutdown -s -t 00"表示的意思是（　　　）。

    A．重启　　　　　　　B．关机　　　　　　　C．休眠　　　　　　　D．注销

45．微软公司正式发布 Windows 10 操作系统的时间是（　　　）。

    A．2012 年 10 月 26 日　　　　　　　　B．2016 年 10 月 5 日

    C．2015 年 7 月 29 日　　　　　　　　D．2018 年 8 月 11 日

46．Windows 10 系统中内置的两款浏览器是（　　　）。

    A．IE11 和 Microsoft Edge　　　　　　B．IE11 和谷歌浏览器

    C．IE11 和微软浏览器　　　　　　　　D．Microsoft Edge 和谷歌浏览器

47．将 Modern 界面（动态磁铁）应用到了（　　　）中。

    A．Windows 10　　　B．Windows 8　　　　C．Windows 7　　　　D．Windows XP

48．在 Windows 10 中的语音助理名称是（　　　）。

    A．Cortana　　　　　B．Siri　　　　　　　C．小艾　　　　　　　D．小艺

49．Cortana 语音的主要作用是（　　　）。

    A．语音搜索　　　　　B．聊天　　　　　　　C．通信　　　　　　　D．设置

50．打开 Cortana 语音助理的组合键是（　　　）。

    A．Win+C　　　　　　B．Win+D　　　　　　C．Win+I　　　　　　D．Win+X

51．在 Windows 10 中锁住屏幕的组合键是（　　　）。

    A．Win+L　　　　　　B．Win+X　　　　　　C．Win+P　　　　　　D．Win+Q

52．在 Windows 10 中打开"控制面板"窗口的组合键是（　　　）。

    A．Win+ /　　　　　　B．Win+|　　　　　　C．Win+.　　　　　　D．Win+=

53．在 Windows 10 中打开"任务视图"窗口的组合键是（　　　）。

    A．Alt+Esc　　　　　B．Alt+Tab　　　　　C．Win+Esc　　　　　D．Win+Tab

54．在 Windows 10 中新建"虚拟桌面"的组合键是（　　　）。

    A．Ctrl+Win+D　　　　　　　　　　　B．Ctrl+Win+F4

    C．Ctrl+Win+E　　　　　　　　　　　D．Ctrl+Win+→

55．在 Windows 10 中删除"虚拟桌面"的组合键是（　　　）。

    A．Ctrl+Win+F4　　　　　　　　　　　B．Ctrl+Win+E

    C．Ctrl+Win+Delete　　　　　　　　　D．Ctrl+Win+→

56．在 Windows 10 中的 Windows Timeline 拥有历史记录功能，用户使用该功能可以查询（　　　）的访问记录。

    A．10 天　　　　　　B．20 天　　　　　　C．30 天　　　　　　D．60 天

57．在 Windows 10 中使用组合键（　　　）打开设置界面。

    A．Win+E　　　　　　B．Win+L　　　　　　C．Win+I　　　　　　D．Win+O

58．Windows 10 系统支持多点触控，使用 4 指滑动的操作打开（　　　）。

    A．link 工作区　　　　B．设置　　　　　　　C．语言助理　　　　　D．操作中心

59．属于 Windows 操作系统的是（　　）。

　　A．Windows 10　　　　B．Linux　　　　　C．Android　　　　D．Harmony OS

60．以下不属于操作系统特性的是（　　）。

　　A．并发性　　　　　　B．共享性　　　　　C．异步性　　　　　D．协同性

61．操作系统的功能不包括（　　）。

　　A．进程管理　　　　　B．存储管理　　　　C．逻辑运算　　　　D．设备管理

62．关于 Windows 操作系统 64 位和 32 位之间区别描述错误的是（　　）。

　　A．64 位操作系统是为了科学计算设计，32 位操作系统是为普通用户设计

　　B．64 位操作系统只能安装在 64 位计算机中

　　C．32 位操作系统可以安装在 64 位或者 32 位计算机中

　　D．32 位操作系统最大可以支持 8 GB 内存

63．在操作系统中 X86 代表的是（　　）。

　　A．32 位操作系统　　　　　　　　　　　B．64 位操作系统

　　C．8 位操作系统　　　　　　　　　　　　D．16 位操作系统

64．在 Windows 系统启动中会首先进行自检，自检不包括（　　）。

　　A．硬盘　　　　　　　B．内存　　　　　　C．键盘　　　　　　D．BIOS 程序

65．关闭 Windows 操作系统的正确操作是（　　）。

　　A．直接关闭计算机电源

　　B．直接关闭计算机的开机键

　　C．执行"开始"→"电源"→"关机"命令

　　D．关闭所有正在运行程序→执行"开始"→"电源"→"关机"命令

66．在 Windows 10 中启动"开始"菜单的组合键是（　　）。

　　A．Ctrl+E　　　　　　B．Ctrl+Esc　　　　C．Shift+E　　　　　D．Shift+Esc

67．在 Windows 10 操作系统中"画图"工具存放在（　　）菜单中。

　　A．Windows 附件　　　　　　　　　　　B．Windows 系统

　　C．Windows 轻松访问　　　　　　　　　D．Windows 管理工具

68．在 Windows 操作系统中启动"任务管理器"窗口的组合键是（　　）。

　　A．Ctrl+Alt+Del　　　　　　　　　　　B．Ctrl+Shift+Esc

　　C．Ctrl+Alt+Esc　　　　　　　　　　　D．Ctrl+Shift+Del

69．在 Windows 10 操作系统中不能够按（　　）排序桌面图标。

　　A．名称　　　　　　　B．大小　　　　　　C．日期　　　　　　D．项目类型

70．在 Windows 操作系统中如果要永久删除文件，可以（　　）。

　　A．按 Ctrl+Delete 组合键　　　　　　　B．按 Shift+Delete 组合键

　　C．选中文件后右击　　　　　　　　　　　D．选中文件后按 Delete 键

71．在 Windows 10 操作系统中使用组合键（　　）切换活动窗口。

　　A．Alt+Tab　　　　　　B．Win+Tab　　　　C．Shift+Tab　　　　D．Ctrl+Tab

72．在 Windows 10 中使用组合键（　　）将活动窗口复制到剪贴板中。

　　A．Ctrl+P　　　　　　　　　　　　　　　B．Ctrl+C

　　C．Alt+Print Screen　　　　　　　　　　D．Ctrl+Print Screen

73．在 Windows 操作系统中有效的文件或文件名是（　　　）。

    A．Aux   B．Com2   C．Nul   D．Unix

74．在 Windows 操作系统中命名的文件或文件夹有效的是（　　　）。

    A．以 Linux-2020 命名的文件   B．以 Unix/2020 命名的文件

    C．以 Com2*2020 命名的文件夹   D．以 Com4|2020 命名的文件夹

75．Windows 10 操作系统中中英文切换按 Shift 键或者（　　　）组合键。

    A．Shift+空格   B．Ctrl+空格   C．Alt+空格   D．Tab+空格

3.2　多选题

1．Windows 10 操作操作系统中的桌面图标可以按照（　　　）命名。

    A．修改日期   B．项目类型   C．名称   D．大小

2．在 Windows 操作系统的命令行中可以查看 IP 地址的命令是（　　　）。

    A．ipconfig   B．ipconfig /all   C．msconfig   D．control

3．在 Windows 10 操作系统桌面背景图契合度中可以设置（　　　）。

    A．填充   B．适应   C．拉伸   D．居中

4．Windows 10 背景可以设置为（　　　）。

    A．图片   B．纯色   C．幻灯片放映   D．视频

5．Windows 10 操作系统可以设置任务栏在桌面的（　　　）。

    A．靠左   B．靠右   C．底部   D．顶部

6．删除文件的操作是（　　　）。

    A．按 Delete 键   B．选中文件后右击

    C．按 Shift+Delete 组合键   D．按 Alt+Delete 组合键

7．在 Windows 操作系统中设置静态 IP 地址时必须要设置（　　　）。

    A．IP 地址   B．子网掩码   C．网管地址

    D．DHCP 服务器   E．DNS 服务器

8．在 Windows 10 的安全中心"防火墙和网络保护"中可以访问的网络是（　　　）。

    A．域网络   B．专用网络   C．公用网络   D．私有网络

9．Windows 操作系统中描述进程任务正确的是（　　　）。

    A．可以有一个前台任务

    B．可以有多个后台任务

    C．进程任务可以由前台变为后台

    D．后台任务需要变成前台后才可以有效完成

10．在 Windows 操作系统默认环境中打开文件的正确操作是（　　　）。

    A．右击选中文件后选择"打开"命令 B．双击选中的文件

    C．选中文件后按 Enter 键   D．右键双击选中的文件

11．在 Windows 10 中设置文件显示视图的方式有（　　　）。

    A．超大图标   B．大图标   C．小图标

    D．列表   E．详细列表

12．在 Windows 10"资源管理器"窗口的"查看"选项卡的"显示/隐藏"中可以设置（　　）。

　　A．项目复选框　　　B．文件扩展名　　　C．隐藏的项目　　　D．排序方式

13．在 Windows 10 中"查看"选项卡中的"排序"方式可以选择按照（　　）。

　　A．标记　　　　　　B．类型　　　　　　C．大小　　　　　　D．修改日期

14．在 Windows 10 操作系统中文件的权限包含（　　）。

　　A．完全控制　　　　B．修改　　　　　　C．写入　　　　　　D．读取

15．Windows 10 操作系统中文件的属性包含（　　）。

　　A．只读　　　　　　B．隐藏　　　　　　C．修改　　　　　　D．读取

16．Windows 10 操作系统中默认环境下设置文件夹选项包含的选项卡是（　　）。

　　A．常规　　　　　　B．查看　　　　　　C．搜索　　　　　　D．布局

17．Windows 10 操作系统的"个性化设置"可以设置系统的（　　）。

　　A．桌面背景　　　　B．系统字体　　　　C．锁屏界面　　　　D．系统主题

18．在 Windows 10 操作系统中可以实现中英文输入法切换的操作是（　　）。

　　A．按 Shift 键　　　　　　　　　　　　B．按 Win+空格组合键

　　C．按 Shift+空格组合键　　　　　　　　D．按 Ctrl+Shift 组合键

19．Windows 操作系统中的磁盘管理工具可以对磁盘执行（　　）操作。

　　A．查看属性　　　　B．格式化　　　　　C．清理　　　　　　D．碎片整理

20．属于 Windows 命令的是（　　）。

　　A．dir　　　　　　　B．cd　　　　　　　C．ls　　　　　　　D．use

21．在操作系统"Windows 附件"中包含的工具是（　　）。

　　A．写字板　　　　　B．画图　　　　　　C．屏幕、键盘　　　D．截图工具

22．在 Windows 10 系统的"Windows 轻松使用"中包含（　　）。

　　A．Windows 语音识别　　　　　　　　　B．屏幕键盘

　　C．讲述人　　　　　　　　　　　　　　D．放大镜

23．Windows 操作系统镜像文件的主要格式有（　　）。

　　A．ISO　　　　　　　B．GHO　　　　　　C．ZIP　　　　　　D．Tar

24．在 Windows 10 系统进行还原设置时重启电脑可以进入"高级选项"，其中包含（　　）。

　　A．系统还原　　　　　　　　　　　　　B．命令提示符

　　C．系统镜像恢复　　　　　　　　　　　D．启动修复

25．操作系统的分类为（　　）。

　　A．实时操作系统　　　　　　　　　　　B．分时操作系统

　　C．批处理操作系统　　　　　　　　　　D．网络操作系统

26．操作系统的特性为（　　）。

　　A．并发性　　　　　B．共享性　　　　　C．虚拟性　　　　　D．异步性

27．操作系统的功能包含（　　）。

　　A．进程管理　　　　B．存储管理　　　　C．设备管理　　　　D．作业管理

28．在 Windows 10 操作系统中命名文件时可以使用的字符为（　　）。

A．Nul   B．Com2   C．=   D．；

29．在 Windows 10 系统中不同文件的扩展名不同，属于图片文件的是（   ）。

A．.png   B．.jpg   C．.gif   D．.bmp

30．在 Windows 10 操作系统中不同文件的扩展名不同，属于 Office 文档的是（   ）。

A．doc   B．xls   C．PPT   D．Wps

31．在 Windows 操作系统中命名文件时可以使用（   ）。

A．汉字字符   B．26 个大小写字母

C．0～9 阿拉伯数字   D．无限制

32．在 Windows 操作系统中关于剪贴板描述正确的是（   ）。

A．选择"粘贴"命令后剪贴板中的内容依旧存在

B．选择"剪切"命令后剪贴板中的内容将被覆盖

C．选择"复制"命令后剪贴板中的内容将被覆盖

D．剪贴板中的内容只要未选择"粘贴"命令则一直保存在系统中

33．Windows 10 操作系统中可以设置的显示方向为（   ）。

A．横向   B．纵向

C．横向（翻转）   D．纵向（翻转）

34．Windows 10 操作系统的锁屏界面的背景包含（   ）。

A．Windows 聚焦   B．图片   C．纯色   D．幻灯片

35．Windows 10 操作系统中可以设置系统任务栏为（   ）。

A．自动隐藏   B．最小   C．锁定   D．删除

36．Windows 10 操作系统中能够访问"资源管理器"的操作是（   ）。

A．单击"此电脑"，右击选择"资源管理器"

B．在默认环境下选择任务栏中的"资源管理器"

C．右击"开始"按钮

D．选中"此电脑"后找到"快速访问"选项

37．Windows 10 操作系统支持多点触控，使用触摸板 3 指同时上滑、下滑、单击分别代表（   ）。

A．打开虚拟桌面   B．最小化窗口

C．打开任务管理器   D．启用 Cortana 搜索框

38．在 Windows 10 操作系统中选中多个文件的方法是（   ）。

A．Shift+拖动   B．Ctrl+单击

C．拖动文件所在区域   D．右键拖动文件所在区域

39．属于操作系统的是（   ）。

A．Windows 10   B．Unix   C．IOS   D．汇编程序

40．输入系统应用软件的是（   ）。

A．Office 办公软件   B．PHP 编程软件

C．Photoshop   D．Linux

41．Windows 10 操作系统和 Windows 7 操作系统相比，其主要特点是（   ）。

A．更方便   B．更快捷   C．更安全   D．更多功能

42．Windows 操作系统的窗口类型有（　　　）。
　　A．文档窗口　　　　　　　　　　　B．应用程序窗口
　　C．对话框窗口　　　　　　　　　　D．工具窗口

43．对 Windows 10 写字板描述正确的是（　　　）。
　　A．可以保存为文本文件　　　　　　B．可以保存为 Word 文件
　　C．可以保存为 PDF 文件　　　　　　D．可以插入图表

44．Windows 10 提供了备份功能，备份的文件可以存放在（　　　）中。
　　A．本地磁盘　　　　B．网络服务器　　　　C．光盘　　　　D．移动存储

45．在 Windows"控制面板"窗口中的"查看方式"包括（　　　）。
　　A．类别　　　　　　B．大图标　　　　　　C．小图标　　　　D．类型

46．在 Windows 10 默认防火墙设置中主要有（　　　）类型的网络防火墙。
　　A．广域网络　　　　B．专用网络　　　　　C．公用网络　　　　D．局域网络

47．在 Windows 操作系统的本地计算机的高级安全防火墙设置中主要包含（　　　）。
　　A．入站规则　　　　　　　　　　　B．出站规则
　　C．连接安全规则　　　　　　　　　D．监视

48．启动任务管理器的方法有（　　　）。
　　A．右击任务栏空白区域　　　　　　B．按组合键 Ctrl+Alt+Delete
　　C．按组合键 Ctrl+Shift+Delete　　　D．右击"开始"菜单

49．在 Windows 10 中选择切合度时可以设置（　　　）。
　　A．填充　　　　　　B．适应　　　　　　　C．拉伸
　　D．平铺　　　　　　E．居中　　　　　　　F．跨区

50．中文版 Windows 10 操作系统自带的输入法为（　　　）。
　　A．中文微软拼音　　　　　　　　　B．中文微软五笔
　　C．美式键盘　　　　　　　　　　　D．中文拼音输入法

51．Windows 10 窗口最小化的操作是（　　　）。
　　A．右击窗口顶端空白区域　　　　　B．单击窗口
　　C．3 指向下滑动触控板　　　　　　D．双击窗口顶端空白部分

52．关于 Windows 10 操作系统描述正确的是（　　　）。
　　A．用户与软件的接口　　　　　　　B．一个图形界面的操作系统
　　C．用户与计算机的接口　　　　　　D．属于应用软件

53．在 Windows 10 操作系统的任务栏中可以执行的操作是（　　　）。
　　A．排列桌面图标　　　　　　　　　B．设置系统日期
　　C．切换应用窗口　　　　　　　　　D．启动"开始"菜单

54．在 Windows 10 的网络设置的"网络连接详细信息"中可以查看（　　　）。
　　A．DHCP 服务器地址　　　　　　　B．DNS 服务器地址
　　C．IPV4 地址　　　　　　　　　　　D．IPV4 子网掩码

55．Windows 10"任务管理器"窗口中的主要菜单有（　　　）。
　　A．进程　　　　　　B．性能　　　　　　　C．启动
　　D．用户　　　　　　E．服务

56．Windows 10 操作系统中"计算器"的计算模式包括（　　　）。

　　A．标准　　　　　　　B．科学　　　　　　C．绘图

　　D．程序员　　　　　　E．日期

57．Windows 10 系统默认的账户是（　　　）。

　　A．用户账户　　　　　　　　　　　B．Guest 账户

　　C．Administrator 账户　　　　　　　D．Admin 账户

58．Windows 10 中切换窗口的操作是（　　　）。

　　A．使用鼠标　　　　　　　　　　　B．按组合键 Alt+Tab

　　C．按组合键 Win+Tab　　　　　　　D．按组合键 Shift+Tab

59．Windows 10 操作系统中关闭窗口的操作是（　　　）。

　　A．按组合键 Alt+F4

　　B．单击窗口右上角的"×"按钮

　　C．右击窗口顶部空白区域后选择"关闭"命令

　　D．右击活动窗口后选择"关闭窗口"命令

60．Windows 10 操作系统中关闭操作系统的操作是（　　　）。

　　A．选择"开始"下拉菜单中的"电源"命令，右击"关机"命令

　　B．按组合键 Alt+F4

　　C．按组合键 Ctrl+Alt+Delete 后在"任务管理器"窗口中选择关闭

　　D．右击选择"开始"菜单中的"关机"命令

61．Windows 操作系统磁盘分区有（　　　）。

　　A．主分区　　　　　　B．扩展分区　　　　C．数据分区　　　D．系统分区

62．对于 Windows 操作系统而言，目前兼容性最好的 3 个版本是（　　　）。

　　A．Windows XP　　　　　　　　　　B．Windows Vista

　　C．Windows 7　　　　　　　　　　　D．Windows 10

63．属于服务器版本的 Windows 操作系统是（　　　）。

　　A．Windows 2008　　　　　　　　　B．Windows 2012

　　C．Windows 2016　　　　　　　　　D．Windows 10

64．Windows 10 操作系统中默认快速访问的文件有（　　　）。

　　A．桌面　　　　　　B．下载　　　　　　C．文档　　　　　　D．图片

65．在 Windows 10 操作系统中不可以文件命名的是（　　　）。

　　A．Com2　　　　　　B．UNIX　　　　　C．Lpt1　　　　D．Nul

66．在 Windows 操作系统中创建桌面快捷方式的操作是（　　　）。

　　A．右击文件选择"创建快捷方式"命令

　　B．在"开始"菜单中将程序的图标拖动到桌面

　　C．选中需要创建的图标后按住 Ctrl 键拖动

　　D．选中图标后复制到桌面

67．属于 Windows 操作系统中打包格式的是（　　　）。

　　A．tar　　　　　　　B．zip　　　　　　　C．rar　　　　　　D．rar4

68．在 Windows 的命令行中可以使用的命令是（　　　）。

A．dir　　　　B．cd　　　　C．copy　　　　D．ls

69．Windows 10 提供的截图工具中可以按（　　）截图。

A．矩形　　　　B．窗口　　　　C．任意形状　　　　D．全屏

70．Windows 10 任务栏中提供的搜索功能可以搜索（　　）。

A．文件　　　　B．程序　　　　C．网页　　　　D．人员

71．在 Windows 中快速显示桌面的操作是（　　）。

A．按组合键 Win+D

B．单击任务栏最右侧

C．单击任务栏后右击选择"显示桌面"命令

D．单击"开始"菜单后右击选择"显示桌面"命令

72．在 Windows 10 的安全中心可以设置（　　）。

A．防病毒和威胁防护　　　　B．账户保护

C．防火墙和网络保护　　　　D．应用和浏览器控制

73．Windows 10 操作系统提供的设备登录方式包括（　　）。

A．人脸识别　　　　B．指纹解锁　　　　C．PIN 密码　　　　D．账户密码

74．Windows 操作系统提供的系统管理工具包括（　　）。

A．添加与删除程序　　　　B．服务

C．系统配置　　　　D．ISCSI 发起程序

75．在 Windows 10 的高级共享设置中可以针对（　　）网络配置文件更改共享选项。

A．专用网络　　　　B．来宾或公用　　　　C．局域网络　　　　D．所有网络

3.3　判断题

1．操作系统既是硬件与其他软件的接口，也是用户与计算机交互的接口。（　　）

2．只有计算机设备才需要操作系统，智能手机、平板等设备只运行交互平台和程序。（　　）

3．计算机主要的操作系统有 Windows、Linux、UNIX、IOS 共 4 种。（　　）

4．Windows 10 操作系统只有一个桌面且不能够调整。（　　）

5．Windows 操作系统具备多任务协同的能力，可以同时运行多个应用程序。（　　）

6．Windows 操作系统具备多用户协同的能力，可以同时被多个用户登录使用。（　　）

7．Windows 10 操作系统的任务栏只能够显示在页面底端。（　　）

8．Windows 启动以后显示器呈现的内容称为"窗口"。（　　）

9．Windows 中所有的活动窗口都可以调整大小。（　　）

10．Windows 系统中进入"回收站"的文件在没有清空"回收站"前是可以恢复的，但是被清空属于永久删除，文件将不能恢复。（　　）

11．在 Windows 系统中打包文件操作通常称为"压缩文件"。（　　）

12．在 Windows 系统中文件的属性只有 4 种，分别是只读、隐藏、存档、系统。（　　）

13. 在 Windows 系统的"回收站"中使用 Delete 键删除文件属于永久删除文件。
（　）

14. Windows 操作系统不可以对除 C 盘以外没有使用的磁盘进行再分区。　（　）

15. 在 Windows 10 操作系统中选择不连续存放的文件时可以按住 Ctrl 键单击需要的文件。　（　）

16. 在 Windows 操作系统中删除文件时不能够删除已经打开的文件。　（　）

17. Windows 10 操作系统目前已知有 7 个版本。　（　）

18. Windows 10 操作系统 X86 和 X64 系统只是运算速度不同，其他功能都是一致的。
（　）

19. Windows 10 操作系统中系统的时间不可以修改，只能与网络中的时间服务器相连接。　（　）

20. Windows 10 桌面显示的图标可以按修改日期排序。　（　）

21. 在 Windows 10 操作系统中卸载不需要的程序可以直接将其放入"回收站"。
（　）

22. 在 Windows 10 系统中可以使用组合键 Alt+PrtSc 把活动窗口单独复制到剪贴板中。
（　）

23. Windows 10 系统中的"回收站"最大为 9 547 MB。　（　）

24. Windows 10 属于应用软件。　（　）

25. 在 Windows 10 操作系统中复制文件可以选中文件后按住 Ctrl 键拖动。　（　）

26. Windows 操作系统中可以使用数字、字母、通配符（*、/、|）等为文件或者文件夹命名。　（　）

27. Windows 系统中文件的路径使用/来分隔各个文件夹。　（　）

28. Windows 10 系统中存储文件时将每一个盘符作为一个文件夹，通常称为"根文件"。
（　）

29. 对操作系统进行 Ghost 备份时生成的镜像文件的扩展名为".GHO"。　（　）

30. Windows 10 操作系统中自带系统备份的功能，该功能备份的文件格式为一个文件夹。　（　）

31. Format 命令是磁盘格式化命令，不支持修改磁盘的文件格式。　（　）

32. Windows 10 操作系统提供了两种 PowerShell。　（　）

33. Windows 10 磁盘清理中的"碎片整理和优化驱动器"的作用是重新整理磁盘中的文件，并把文件整理到其他磁盘的连续存储单元中，从而达到节约磁盘空间的目的。　（　）

34. 在操作系统中查询本机 MAC 地址可以在命令行中输入"ipconfig"。　（　）

35. 在操作系统中查询本机 MAC 地址的命令是"ipconfig /all"。　（　）

36. 在 Windows 10 中查看磁盘内容可以使用 ls 命令。　（　）

37. 在 Windows 10 中进入磁盘可以在命令行中输入磁盘盘符，如"D:"。　（　）

38. 在 Windows 10 中进入磁盘后可以使用命令 cd 进入到文件夹中。　（　）

39. 在 Windows 10 的命令行中不能够完全拼写的命令可以使用 Tab 键补全。（　）

40. Windows 10 卸载程序只可以使用第三方软件管理软件。　（　）

41. Windows 10 操作系统中位于窗口左上角的是"快速访问"工具栏，可以实现窗口

的最大化、最小化、关闭等功能。（　　）

42．Windows 10 操作系统窗口主要是指"此电脑"及"文件资源管理器"等窗口，用于管理计算机的软件和硬件资源。（　　）

43．Windows 10 操作系统的"应用程序"窗口包含"文档"窗口和"程序"窗口。（　　）

44．在 Windows 10 中打开 Excel 程序时可以看到"应用程序"窗口和"文档"窗口。（　　）

45．Windows 10"资源管理器"窗口中的"快速访问"工具栏包含撤销、恢复、删除、重命名、新建文件夹、属性等功能。（　　）

46．Windows 10 在检索文件时可以使用通配符"*""？"。（　　）

47．Windows 10 在检索文件使用的通配符*表示代替单个字符，？表示代替零个字符、单个字符、多个字符。（　　）

48．Windows 10 的桌面图标只可以按照名称、大小、项目类型、修改日期 4 种方式排序。（　　）

49．Windows 10 中的窗口只能够最大化、最小化，不能够任意改变大小。（　　）

50．使用组合键 Alt+F4 可以打开关闭 Windows 系统的命令。（　　）

51．在 Windows 10 操作系统中创建的虚拟桌面可以使用组合键 Win+Ctrl+→/←快速切换。（　　）

52．重命名 Windows 系统的文本文件时可以命名为"Con.txt"。（　　）

53．在 Windows 系统中文件名称由两部分组成，分别是主文件名和扩展文件名。（　　）

54．在 Windows 系统中文件夹或文件打包格式常见的有".zip"".rar"等。（　　）

55．Windows 操作系统中设置桌面背景时图片的格式只能够是".bmp"位图格式。（　　）

56．在 Windows 10 操作系统中自带的截图工具在 Windows 管理工具中。（　　）

57．Windows 10 操作系统安装时需要准备的系统文件主要有.ISO 和.GHO 两种格式。（　　）

58．在安装操作系统时需要进入计算机的 BIOS 中设置启动项顺序，将安装光盘或者 U 盘设置为第 1 启动项方可。（　　）

59．在 Windows 操作系统中执行 move 和 copy 两个命令的作用分别是移动和克隆文件。（　　）

60．在 Windows 操作系统的命令行中执行 del 命令可以删除文件夹。（　　）

61．在 Windows 操作系统的命令行中执行命令 rmdir /s filename 可以删除非空的目录。（　　）

62．在 Windows 10 操作系统专业版中提供了"bitlocker 驱动器加密"功能，主要用于磁盘驱动器加密。（　　）

63．Linux 操作系统支持多用户、多任务。（　　）

64．在 Windows 操作系统中可以在命令行中使用 ipconfig 命令查看本机的 MAC 地址信息。（　　）

65．Windows 10 操作系统对没有安装的 Windows 工具软件，如 Telnet、FTP 等可以通

过"启用或关闭 Windows 功能"安装。 （　　）

66．Windows 10 只用两个账户，分别是 Administrator 和 Guest 账户。 （　　）

67．在 Windows 10 操作系统的计算机管理中可以修改磁盘驱动符。 （　　）

68．Windows 10 系统中的库可以包含很多文件，将文件整理到一起便于用户访问与查找。 （　　）

69．如果对 Windows 10 操作系统中的库执行删除命令，可以将库及其中的文件一起删除。 （　　）

70．在 Windows 10 操作系统中可以使用组合键 Alt+Enter 查看文件的属性。 （　　）

71．Windows 10 自带的两款浏览器分别是 IE 和 Microsoft Edge。 （　　）

72．Windows 10 配置可用静态 IP 地址时需要配置 IPV4 地址和 DNS 服务地址才可以正常浏览网页。 （　　）

73．在 Windows 10 系统中如果需要将格式为".docx"的文件转换为".pdf"格式，则修改文件的扩展名即可。 （　　）

74．Windows 10 操作系统的 X64 比 X86 版本的兼容性更强。 （　　）

75．Windows 10 加入的人工智能语音助理（Cortana）的作用是记录并了解用户的使用习惯，帮助用户查找资料，以及与用户聊天等。 （　　）

✡4　文字处理部分习题✡

4.1　单选题

1．在 Word 2016 中可同时看到（　　）文档的内容。

　　A．多个　　　　　　　B．一个　　　　　　　C．2 个　　　　　　　D．3 个

2．在 Word 2016 的编辑状态下，执行"文件"下拉菜单中的"保存"命令后（　　）。

　　A．将所有打开的文件存盘

　　B．只能将当前文档存储在已有的原文件夹中

　　C．可以将当前文档存储在已有的任意文件夹中

　　D．建立一个新文件夹后将文档存储在其中

3．在 Word 2016 编辑中，如果在某一个页面未满的情况下强行分页，可以插入（　　）。

　　A．边框　　　　　　　B．项目符号　　　　　C．分页符　　　　　　D．换行符

4．关于 Word 2016 表格功能说法正确的是（　　）。

　　A．表格一旦建立，不能随意增、删行或列　　　B．表格中的数据不能计算

　　C．单元格中不能插入图形文件　　　　　　　　D．可以拆分单元格

5．在编辑 Word 2016 文档时英文单词下面有红色波浪下画线表示（　　）。

　　A．已修改文档　　　　　　　　　　　　　　　B．对输入的确认

C．可能是拼写错误　　　　　　　　D．可能是语法错误

6．在 Word 2016 中，帮助信息的组织形式采用了（　　　）。

A．关系结构　　　　　　　　　　B．超文本结构

C．线性文本结构　　　　　　　　D．树形目录结构

7．关于 Word 2016 分栏功能描述正确的是（　　　）。

A．最多可以分为 3 栏　　　　　　B．各栏的宽度可以不同

C．各栏之间的间距固定　　　　　D．各栏的宽度必须相同

8．在 Word 2016 中同一节中的（　　）必然相同。

A．段落缩进　　　　　　　　　　B．段落对齐方式

C．中文字体　　　　　　　　　　D．纸张方向

9．关于 Word 2016 页眉和页脚说法错误的是（　　　）。

A．在页眉和页脚编辑框内可以和在段落中一样设置字符的格式

B．页眉和页脚可以设置奇偶页不同

C．设置页眉和页脚后页面的上、下边距将减小

D．在页眉和页脚中也可以插入图片

10．在 Word 2016 中当前段落中产生新的一行，其格式与当前段落格式相同，满足此要求的操作是（　　　）。

A．按下 Ctrl + Enter 组合键　　　B．按下 Enter 组合键

C．按下 Alt + Enter 组合键　　　D．按下 Shift + Enter 组合键

11．关于 Word 2016 查找与替换说法错误的是（　　　）。

A．可以使用*和？通配符

B．可以查找段落标记和手动换行符

C．可以查找^e 标记和^f 标记

D．在文本中可以向下操作，不能向上操作

12．在 Word 2016 中，剪切的文本保存在（　　　）中。

A．临时文件　　　B．剪贴板　　　C．硬盘　　　D．回收站

13．在 Word 2016 中，打印第 1、5、7、9、10、11、12 和 19 页文档时设置的打印页数正确的是（　　　）。

A．1～5，7，9～12，19　　　　B．1～7，9～12，19

C．1，5，7，9～12，19　　　　D．1～5，7，9～12，19

14．在 Word 2016 中为修改下一页与本页纸张方向不同，可以（　　　）。

A．插入分栏符　　　　　　　　　B．插入分页符

C．插入分节符　　　　　　　　　D．自动换行符

15．在 Word 2016 中把艺术字作为（　　）对象处理。

A．文字　　　B．图形　　　C．超级链接　　　D．特殊标记

4.2　多选题

1．在 Word 2016 中（　　　）。

A．可以任意移动和改变工作窗口的尺寸　　B．不可移动最大化窗口

C．可同时激活两个窗口　　　　　　　　　D．只能在激活窗口中输入文字

2．可在 Word 2016 文档中插入的对象有（　　）。

A．Excel 工作表　　　B．声音　　　　C．图像文档　　　D．幻灯片

3．在 Word 2016 中关于"间距"叙述正确的是（　　）。

A．单击"字体"可以设置"字符间距"

B．单击"段落"可以设置"字符间距"

C．单击"段落"可以设置"行间距"

D．单击"段落"可以设置"段落前后间距"

4．关于 Word 2016 批注说法正确的是（　　）。

A．在文档中需要解释说明的部分可以添加批注起到注释作用

B．批注可以打印出来

C．批注只是作为解释说明，不能够打印出来

D．可以隐藏批注

5．关于 Word 2016 修订说法正确的是（　　）。

A．可以突出显示修订

B．不同修订者的修订会用不同颜色显示

C．所有修订都用同一种比较鲜明的颜色显示

D．可以接受或拒绝某一修订

6．在 Word 2016 中创建新样式通常的类型是（　　）。

A．表格　　　　B．字符　　　　C．段落　　　　D．图片

7．关于 Word 2016 表格描述不正确的是（　　）。

A．可以添加斜线　　　　　　　　B．数据不能排序

C．其中的数据不能使用函数　　　D．不能插入图片

8．关于 Word 2016 分页描述错误的是（　　）。

A．可以人工分页　　　　　　　　B．可以自动分页

C．可以打印分页符　　　　　　　D．可以按 Shift+Enter 组合键分页

9．关于 Word 2016 样式说法错误的是（　　）。

A．用户可以创建样式　　　　　　B．用户不能创建样式

C．用户不能删除系统自带内置样式　　D．用户可删除系统自带内置样式

10．Word 2016 页面设置主要包括（　　）。

A．字号大小　　　B．纸张方向　　　C．页边距　　　D．文字方向

11．关于 Word 2016 描述错误的是（　　）。

A．不可将文档保存为网页格式　　　B．不可将文档保存为富文本格式

C．可将文档保存为.dotx 格式　　　D．可将文档保存为非富文本格式

12．Word 2016 视图包括（　　）。

A．阅读视图　　　B．页面视图　　　C．大纲视图　　　D．草稿视图

13．在 Word 2016 状态栏中可以显示（　　）。

A．文档名称　　　B．文档当前页码　　　C．字数统计　　　D．"大写"状态

14．在 Word 2016 中选定一个文本矩形区域后可以执行的操作是（　　）。

A．删除该文本矩形区域中的文字　　　　B．设置该矩形区域中的文字大小

C．复制该矩形区域中的文字　　　　　　D．为该矩形区域中的文字加下画线

15．关于 Word 2016 叙述错误的是（　　）。

A．"突出显示"可以查找和替换　　　　B．"突出显示"不能查找和替换

C．"突出显示"与"底纹"功能相同　　　C．"突出显示"与"底纹"功能不同

4.3　判断题

1．Word 2016 只能编辑文稿，不能编辑图片。　　　　　　　　　　　　　　　（　　）

2．Word 2016 可以将编写的 Word 文档直接通过 Internet 发送。　　　　　　（　　）

3．Word 2016 使用标尺可以设置首行缩进和悬挂缩进。　　　　　　　　　　（　　）

4．Word 2016 不可以将现有的文本转换成表格。　　　　　　　　　　　　　（　　）

5．在 Word 2016 文档中插入一些特殊符号时可以手动输入。　　　　　　　　（　　）

6．在 Word 2016 最近打开的文档选项中可以固定常用文档。　　　　　　　　（　　）

7．在 Word 2016 中可以插入表格，并执行绘制、合并、拆分单元格、插入和删除行列

等操作。　　　　　　　　　　　　　　　　　　　　　　　　　　　　　　（　　）

8．在 Word 2016 中选取一种表格样式后不能修改表格。　　　　　　　　　　（　　）

9．在 Word 2016 中可以插入页眉和页脚，但不能插入日期和时间。　　　　　（　　）

10．Word 2016 能实现英文字母的大小写互相转换。　　　　　　　　　　　　（　　）

11．在 Word 2016 中插入页码时页码的起始页只能从 1 开始。　　　　　　　（　　）

12．在 Word 2016 中生成目录后会单独占一页，正文内容会自动从下一页开始。（　　）

13．Word 2016 表格中的数据可以排序。　　　　　　　　　　　　　　　　　（　　）

14．Word 2016 在打印预览时不能同时查看多页编辑效果。　　　　　　　　　（　　）

15．设置 Word 2016 文档加密生效后无法更改密码。　　　　　　　　　　　　（　　）

✡5　电子表格处理部分习题

5.1　单选题

1．在 Excel 2016 工作表中当前单元格只能是（　　）。

A．单元格指针选定的一个　　　　　　　B．选中的一行

C．选中的一列　　　　　　　　　　　　D．选中的区域

2．在 Excel 2016 中，若单元格引用随公式所在单元格位置的变化而改变，则称之为

（　　）。

A．绝对引用　　　　B．相对引用　　　　C．混合引用　　　D．3-D 引用

3．在 Excel 2016 中，要打开一个已建立的工作簿，应选择 Excel 主菜单栏中的（　　）菜单项。

　　A．文件　　　　B．数据　　　　C．工具　　　　D．窗口

4．对 Excel 2016 工作簿和工作表理解正确的是（　　）。

　　A．要保存工作表中的数据，必须将工作表以单独的文件名存盘

　　B．一个工作簿可包含至多 16 个工作表

　　C．工作表的默认文件名为"BOOK1""BOOK2"等

　　D．保存工作簿就等于保存了其中所有的工作表

5．在 Excel 2016 中，如果某单元格显示为若干个#号（如#######），则表示（　　）。

　　A．公式错误　　　B．数据错误　　　C．行高不够　　　D．列宽不够

6．在 Excel 2016 中，当公式中的被除数为 0 时，则该单元格显示的值为（　　）

　　A．#N/A!　　　B．#DIV/0!　　　C．#NUM!　　　D．#VALUE! /0!

7．在 Excel 2016 中，设定 A1 单元格的数字格式为整数，当输入"33.51"时显示为（　　）。

　　A．33.51　　　B．33　　　C．34　　　D．ERROR

8．在 Excel 2016 中，排序某一数据区域使用的对话框是（　　）。

　　A．自动筛选　　　B．高级筛选　　　C．排序　　　D．分类汇总

9．在 Excel 2016 的筛选功能包括（　　）和自动筛选。

　　A．直接筛选　　　B．高级筛选　　　C．简单筛选　　　D．间接筛选

10．在 Excel 2016 中，分类汇总数据表前要（　　）。

　　A．筛选　　　B．选中　　　C．按任意列排序　　　D．按分类列排序

11．在 Excel 2016 中，用筛选条件"成绩 1>60 与总分>360"，筛选考生成绩数据表后在筛选结果中显示的是（　　）。

　　A．所有成绩为 1>60 的记录　　　B．所有成绩为 1>60 且总分>360 的记录

　　C．所有总分 1>360 的记录　　　D．所有成绩为 1>60 或者总分>360 的记录

12．有关 Excel 2016 工作表、工作簿说法中正确的是（　　）。

　　A．一个工作簿可包含多个工作表，默认工作表名为"Sheet1"/"Sheet2"/"Sheet3"

　　B．一个工作簿可包含多个工作表，默认工作表名为"Book1"/"Book2"/"Book3"

　　C．一个工作表可包含多个工作簿，默认工作表名为"Sheet1"/"Sheet2"/"Sheet3"

　　D．一个工作表可包含多个工作簿，默认工作表名为"Book1"/"Book2"/"Book3"

13．在 Excel 2016 中，不属于引用运算符的是（　　）。

　　A．空格　　　B．:（冒号）　　　C．,（逗号）　　　D．&

14．在 Excel 2016 中，绝对单元格的引用形式是在列号和行号前加上（　　）符号。

　　A．&　　　B．$　　　C．%　　　D．!

15．在 Excel 2016 中，工作表之间的引用形式是在工作表名称后面加上（　　）符号。

　　A．&　　　B．$　　　C．[ ]　　　D．!

16．在 Excel 2016 中，不属于比较运算符的是（　　）。

　　A．>=　　　B．><　　　C．<=　　　D．=

17. 在 Excel 2016 中，正确引用 D2 和 E5 数据的表达式为（　　　）。

　　A．D2:E5　　　　　B．D2,E5　　　　　C．D2 E5　　　　　D．D2;E5

18. 在 Excel 2016 中，与文件对应的是（　　　）。

　　A．工作表　　　　　B．单元格　　　　　C．工作簿　　　　　C．行和列

19. 在 Excel 2016 中，属于绝对引用的是（　　　）。

　　A．AA1　　　　　B．AA2　　　　　C．AA2　　　　　D．AA$1

20. 在 Excel 2016 中，符号%属于（　　　）运算符。

　　A．引用　　　　　B．比较　　　　　C．算术　　　　　D．文本

21. 在 Excel 2016 中，不同工作薄之间引用，使用的符号是（　　　）。

　　A．#　　　　　B．{ }　　　　　C．!　　　　　D．[ ]

22. 在 Excel 2016 中，运算符优先级最低的是（　　　）。

　　A．&　　　　　B．>　　　　　C．+　　　　　D．:

23. 在 Excel 2016 中，产生一个随机数的函数是（　　　）。

　　A．round( )　　　　　B．rand( )　　　　　C．rank( )　　　　　D．sqrt( )

24. 关于 Excel 2016 单元格描述错误的是（　　　）。

　　A．可以拆分单元格　　　　　　　　　B．能合并选中的单元格

　　C．可以为单元格添加底纹　　　　　　D．可以设置单元格文字方向的角度

25. 在 Excel 2016 中，符号<属于（　　　）。

　　A．逻辑运算符　　　　B．文本运算符　　　　C．算术运算符　　　　D．引用运算符

26. 在 Excel 2016 中，单元格区域 A1:E6 C3:F7 包含（　　　）个单元格。

　　A．38　　　　　B．12　　　　　C．30　　　　　D．20

27. 在 Excel 2016 中，若将一个班级同学成绩表按学科平均分进行统计，需要执行的操作是（　　　）。

　　A．自动筛选　　　　B．高级筛选　　　　C．合并计算　　　　D．分类汇总

28. 关于 Excel 2016 列描述错误的是（　　　）。

　　A．列中的数据不能使用鼠标移动　　　　B．列中的数据可以使用鼠标移动

　　C．列中的数据可以自动填充　　　　　　D．列中的数据可以手动填充

29. 在 Excel 2016 中，默认情况下文本在单元格中（　　　）。

　　A．左对齐　　　　B．右对齐　　　　C．两端对齐　　　　D．居中

30. 在 Excel 2016 中，单元格显示"#NUM!"，表示（　　　）。

　　A．在单元格中输入了文本信息　　　　B．公式中数字错误

　　C．单元格宽度不够　　　　　　　　　D．公式中除数为0

31. 在 Excel 2016 中，计算平均值的函数是（　　　）。

　　A．AVERAGE　　　　B．SUM　　　　C．MAX　　　　D．MIN

32. 在 Excel 2016 中，关于高级筛选描述正确的是（　　　）。

　　A．条件区域放置在不同行中的条件表示为与的关系

　　B．条件区域放置在不同行中的条件表示为或的关系

　　C．条件区域放置在不同行中的条件表示为非的关系

　　D．条件区域放置在不同行中的条件表示为异或的关系

33．关于 Excel 2016 工作表描述错误的是（   ）。

A．工作表可以重命名　　　　　　　　B．工作表之间不能互相引用

C．工作表可以删除　　　　　　　　　　D．工作表可以建立副本

34．在 Excel 2016 中，在单元格中输入学号"20200001"，系统默认识别为（   ）数据。

A．日期型　　　　　B．文本型　　　　　C．数值型　　　　　D．逻辑值

35．在 Excel 2016 中，默认的工作簿名称为（   ）。

A．Book1　　　　　B．Sheet1　　　　　C．工作簿 1　　　　D．文档 1

36．在 Excel 2016 中，选中一列后按 Delete 键可以（   ）。

A．删除该列　　　　　　　　　　　　　B．只删除该列中的数据

C．删除该列中的数据和格式　　　　　　D．只删除该列的格式

37．在 Excel 2016 中，运算符优先级最高的是（   ）。

A．%　　　　　　　B．>=　　　　　　　C．*　　　　　　　D．^

38．在 Excel 2016 中，地址引用正确的是（   ）。

A．AB66　　　　　B．A$B66　　　　　C．AB$6$6　　　　D．$A$B66

39．在 Excel 2016 中，数据清单的行相当于数据库表中的（   ）。

A．序号　　　　　　B．列标　　　　　　C．字段　　　　　　D．记录

40．在 Excel 2016 中，单元格区域 C3:F5 包含的行数为（   ）。

A．4　　　　　　　B．3　　　　　　　C．12　　　　　　D．5

41．在 Excel 2016 中，图表和数据表放在一起的方法称为（   ）。

A．自由式图表　　　B．分离式图表　　　C．合并式图表　　　D．嵌入式图表

42．在 Excel 2016 中，工作表中同一行的数据（   ）。

A．必须是相同类型　　　　　　　　　　B．必须都是汉字字符

C．必须都是 ASCII 码字符　　　　　　　D．可以是任意类型

43．在 Excel 2016 中，排序数据主要的关键字段有（   ）个。

A．1　　　　　　　B．2　　　　　　　C．3　　　　　　　D．4

44．在 Excel 2016 中，同一工作簿中的工作表之间（   ）。

A．必须有一定关系　　　　　　　　　　B．其中的数据必须有一定的关系

C．可以没有任何关系　　　　　　　　　D．相同列标的数据类型必须相同

45．在 Excel 2016 工作表中，格式化单元格不能改变单元格的（   ）。

A．数值大小　　　　B．边框　　　　　　C．列宽行高　　　　D．底纹和颜色

46．在 Excel 2016 中，关于数据排序叙述正确的是（   ）。

A．排序时关键字只能有一个

B．排序时关键字可以有多个，所有关键字段必须选用相同的排序方式（递增或递减）

C．在"排序"对话框中用户必须指定有无标题行

D．在排序选项中可以指定关键字按字母排序或按笔画排序

47．在 Excel 2016 排序中，如果关键字的一列中有空白单元格，则该行数据（   ）。

A．不能排序，提示数据出错　　　　　　B．保持原始次序

C．排在最前　　　　　　　　　　　　　D．排在最后

48．在 Excel 2016 中，已创建图表中的图例（　　　）。

  A．可以删除   B．不可改变其位置

  C．不能修改   D．不可以删除

49．在 Excel 2016 中，描述正确的是（　　　）。

  A．可以只打印输出表中的部分数据   B．打印文稿中不能设置页眉页脚

  C．Excel 2016 图表不能单独打印   D．未添加打印机也可打印预览

50．在 Excel 2016 中，描述正确的是（　　　）。

  A．Excel 2016 将工作簿的每一个工作表都以不同文件名保存

  B．Excel 2016 允许同时打开多个工作簿

  C．Excel 2016 的图表必须与该图表的数据放置在同一个工作表中

  D．Excel 2016 工作表名称以文件名确定

5.2　多选题

1．Excel 2016 的 3 要素是（　　　）。

  A．工作簿   B．工作表   C．单元格   D．数字

2．在 Excel 2016 中，重命名工作表的正确操作是（　　　）。

  A．按 F2 功能键   B．右击工作表标签选择"重命名"命令

  C．双击工作表标签   D．单击选定要改名的工作表，然后单击其名称

3．在 Excel 2016 中可选取（　　　）。

  A．单个单元格   B．多个单元格

  C．连续单元格   D．不连续单元格

4．在 Excel 2016 中，公式 SUM(B1:B4)等价于（　　　）。

  A．SUM(A1:B4B1:C4)   B．SUM(B1+B4)

  C．SUM(B1+B2,B3+B4)   D．SUM(B1,B2,B3,B4)

5．Excel 2016 "公式审核"功能可以实现（　　　）功能。

  A．显示公式   B．公式求值   C．追踪引用单元格   D．错误检查

6．属于 Excel 2016 图表类型的有（　　　）。

  A．饼图   B．XY 散点图   C．曲面图   D．圆环图

7．Excel 2016 的打印预览功能（　　　）。

  A．可以缩放显示   B．可以打印   C．可以设置页面   D．可以分页显示

8．关于 Excel 2016 筛选掉记录叙述正确的有（　　　）。

  A．不打印   B．不显示   C．永远丢失   D．可以恢复

9．在 Excel 2016 中，选取大范围区域首先单击区域左上角的单元格并将鼠标指针移到区域的右下角，然后（　　　）。

  A．按住 Shift 键单击对角单元格   B．按住 Shift 键用方向键拉伸要选区域

  C．按住 Ctrl 键单击单元格   D．按住 Ctrl 键双击对角单元格

10．在 Excel 2016 中，将 A 列的内容插入到 B 列和 C 列之间正确的操作为（　　　）。

  A．选中 A 列，将其剪贴到 B 列和 C 列之间的空列中

B．选中 A 列，将其复制到 B 列和 C 列之间的空列中，然后删除 A 列

C．选中 A 列，按住 Ctrl 键将其拖动到 B 列和 C 列之间的空列中

D．选中 A 列，将其剪贴到 C 列上

11．在 Excel 2016 中，属于引用运算符的是（ ）。

    A．冒号   B．引号   C．空格   D．逗号

12．在 Excel 2016 中，利用填充功能可以填充（ ）。

    A．等差数列   B．多项式   C．等比数列   D．图片

13．在 Excel 2016 中，在输入公式前须输入（ ）。

    A．=   B．*   C．+   D．%

14．Excel 2016 具有自动填充功能，可以填充（ ）。

    A．公式   B．数字   C．日期   D．时间

15．在 Excel 2016 中，如要在"成绩"表中找出"信息技术"一列中成绩大于 90 分以上的同学，可以通过（ ）实现。

    A．自动筛选   B．高级筛选   C．条件格式   D．数据验证

16．关于在 Excel 2016 中地址引用描述错误的是（ ）。

    A．当填充公式时，单元格绝对引用地址不改变

    B．当填充公式时，单元格绝对引用地址要改变

    C．当填充公式时，单元格混合引用地址要改变

    C．当填充公式时，单元格混合引用地址不改变

17．在 Excel 2016 中，说法错误的有（ ）。

    A．求和函数只能操作同列的数据   B．求和函数只能操作同行的数据

    C．求和函数能操作不同列的数据   D．求和函数能操作不同行的数据

18．在 Excel 2016 中，关于查找与替换描述正确的是（ ）。

    A．可以区分大小写   B．可以区分全半角

    C．查找范围只限于工作表   D．能查找文本，不能查找数字

19．在 Excel 2016 中，正确的公式有（ ）。

    A．=D5+Sheet1!A2   B．=D5+$Sheet1!A2

    C．=D5+Sheet1$A2   D．=D5+Sheet1!A$2

20．如果 Excel 2016 单元格的值为-100，则正确的输入形式是（ ）。

    A．（-100）   B．（100）   C．-100   D．0 100

21．不能用来命名 Excel 2016 文件名的是（ ）。

    A．*   B．?   C．| D．数字

22．Excel 2016 "快速访问"工具栏中默认包括（ ）。

    A．撤销   B．恢复   C．打开   D．格式刷

23．关于 Excel 2016 描述正确的是（ ）。

    A．工作簿可以隐藏   B．工作表可以隐藏

    C．行可以隐藏   D．列可以隐藏

24．在 Excel 2016 中，条件格式可以使用的规则包括（ ）。

    A．用户新建   B．色阶

C．数据条　　　　　　　　　　　D．突出显示单元格

25．关于 Excel 2016 公式与函数描述正确的是（　　　　）

A．函数中可以使用空格引用运算符

B．函数中可以使用文本运算符

C．公式中可以使用冒号引用运算符

C．公式以等号开头，函数不需要用等号开头

26．关于 Excel 2016 函数说法正确的是（　　　）。

A．Vlookup 函数可以用来截取字符串　　　B．函数可以嵌套使用

C．函数必须要有参数　　　　　　　　　　D．函数必须要有括号

27．Excel 2016 所包含的视图有（　　　）。

A．普通视图　　　　B．大纲视图　　　　C．页面视图　　　　D．分页预览

28．关于 Excel 2016 的排序功能说法正确的有（　　　）。

A．按单元格值排序　　　　　　　　　　　B．按字体颜色排序

C．按单元格颜色排序　　　　　　　　　　D．按条件格式图标排序

29．关于 Excel 2016 复制与粘贴功能说法正确的是（　　　）。

A．可以复制粘贴批注　　　　　　　　　　B．可以复制粘贴列宽

C．可以复制粘贴公式　　　　　　　　　　D．可以复制粘贴单元格的格式

30．关于 Excel 2016 页面设置说法正确的是（　　　）。

A．可以设置页眉和页脚　　　　　　　　　B．可以设置打印区域

C．可以设置打印标题　　　　　　　　　　D．可以设置打印背景

31．关于 Excel 2016 筛选说法不正确的是（　　　）。

A．自动筛选后未显示的记录自动在原表中被删除

B．高级筛选后未显示的记录自动在原表中被删除

C．高级筛选需要创建条件区域

D．自动筛选需要创建条件区域

32．在一个 Excel 2016 "成绩" 表中列标题为 "序号" "学号" "姓名" "性别" "考试分数" 等，需按性别统计考试分数的总和，可以使用的方法有（　　　）。

A．自动筛选功能　　　　　　　　　　　　B．SUMIF 函数

C．分类汇总　　　　　　　　　　　　　　D．数据透视表

33．在 Excel 2016 中正确输入身份证号码的操作是（　　　）。

A．将需要存放身份证号码的单元格格式设置成文本，然后输入身份证号码

B．输入单引号，然后输入身份证号码

C．不需要设置，可直接输入身份证号码

D．输入等号，然后输入身份证号码

34．在 Excel2016 中，下列各项中关于打印描述正确的是（　　　）。

A.可以设置 "打印区域"

B.可以选择打印 "网格线"

C.可以设置 "单色打印"

D.可以设置 "先行后列" 的打印顺序

35．在 Excel 2016 中可以从（　　　）获取外部数据。

　　A．Access　　　　　　B．文本　　　　　　C．Web　　　　　　D．SQL Server

36．在 Excel 2016 中，单元格内默认右对齐的是（　　　）。

　　A．时间型数据　　　　　　　　　　　　B．文本型数据

　　C．数值型数据　　　　　　　　　　　　D．日期型数据

37．在 Excel 2016 中，要对 A1、A2、A3 单元格中的数求平均值，正确的是（　　　）。

　　A．=AVERAGE(A1:A3)　　　　　　　B．=SUM(A1:A3)

　　C．=(B2+B3+B4)/3　　　　　　　　D．=AVERAGE(A1,A2,A3)

38．在 Excel 2016 公式中格式不正确的是（　　　）。

　　A．=SUMIF(A1:D3)　　　　　　　　B．=SUM(A1:D3)

　　B．=SUM("a",10,100)　　　　　　　D．=AVERAGE(a,10,100)

39．在 Excel 2016 中，引用区域单元格数为 6 个的选项是（　　　）。

　　A．(AA1:AF1)　　　　　　　　　　B．(A1:A3,C1:C3)

　　C．(A1:E5 C4:G8)　　　　　　　　C．(A1:A6)

40．在 Excel 2016 中，说法正确的是（　　　）。

　　A．在 A1 单元格中输入"+11+2"，按 Enter 键确认后显示 13

　　B．在 A1 单元格中输入"1/2"，按 Enter 键确认后显示 0.5

　　C．在 A1 单元格中输入"=10=1"，按 Enter 键确认后显示 FALSE

　　D．在 A1 单元格中输入"=11+2"，按 Enter 键确认后显示 13

41．在 Excel 2016 中，保护工作簿可以实现（　　　）功能。

　　A．保护工作簿结构　　　　　　　　B．不能删除工作表

　　C．始终以只读方式打开　　　　　　D．不能工作表中的数据

42．在 Excel 2016 中，单元格可以存储（　　　）。

　　A．图表　　　　　　B．数据　　　　　　C．公式　　　　　　D．文本

43．在 Excel 2016 中，关于工作表描述正确的是（　　　）。

　　A．工作表可以移动或复制

　　B．工作表由单元格组成

　　C．在公式中引用工作表时在其名称后加"!"

　　D．工作表的命名支持*和?

44．在 Excel 2016 中，设置单元格数据格式描述正确的是（　　　）。

　　A．可以为某一个单元格中的数据加单下画线

　　B．可以为某一个单元格中的数据加双下画线

　　C．可以为某一个单元格中的数据加会计用单下画线

　　D．可以为某一个单元格中的数据加会计用双下画线

45．在 Excel 2016 中，关于数据透视表功能描述正确的是（　　　）。

　　A．生成的数据透视表可以选择放置在现有工作表中

　　B．生成的数据透视表可以选择放置在新工作表中

　　C．生成的数据透视表可以选择放置在现有工作表中，数据源会丢失

　　D．数据源只能选择使用 Excel 2016 工作表中的数据

46．在 Excel 2016 中，分类汇总的汇总方式包括（　　）。

  A．计数   B．平均值   C．乘积   D．最大值

47．在 Excel 2016 中，关于合并计算描述正确的是（　　）。

  A．合并计算前必须排序数据

  B．合并计算标签位置可以是最左列

  C．合并计算标签位置可以是首行

  D．合并计算中的引用位置必须是一个连续的区域

48．在 Excel 2016 中，关于图表说法正确的是（　　）。

  A．可以使用柱形图和折线图组合生成图表。

  B．图表中的数据会随着表格中数据变化而自动变化

  C．图表中的数据不会随着表格中数据变化而自动变化

  D．Excel 2016 可以根据用户选择的数据自动推荐图表

49．在 Excel 2016 中，描述错误的是（　　）。

  A．可以将图片插入到表格的单元格中

  B．可以将艺术字插入到表格的单元格中

  C．可以在工作表中插入文本框

  D．不可以将图片插入到工作表中

50．在 Excel 2016 中，关于保存功能描述正确的是（　　）。

  A．可以设置保存自动恢复信息的时间间隔，间隔时间最长为 20 分钟

  B．保存的格式可以是模板，扩展名为".xltx"

  C．可以将文件保存为 Excel 的低版本格式

  D．可以将文件保存为文本文件

5.3　判断题

1．在 Excel 2016 中，自动求和功能可以由用户选定求和区域。（　　）

2．在 Excel 2016 中，单元格是工作表最基本的数据单元。（　　）

3．在 Excel 2016 中，文本型数据在单元格中一定靠左对齐。（　　）

4．在 Excel 2016 中，编辑栏中显示的是单元格地址。（　　）

5．在 Excel 2016 中，不仅可以引用不同工作表的单元格，还可以引用不同工作簿中工作表的单元格。（　　）

6．在 Excel 2016 中，能执行算术运算、关系运算，不能执行文本运算。（　　）

7．在 Excel 2016 中，不能在多个不连续的单元格中一次性输入相同数据。（　　）

8．在 Excel 2016 工作簿中，至少需要一个可见工作表。（　　）

9．在 Excel 2016 中，关系运算的结果只能是 TURE 和 FALSE。（　　）

10．在 Excel 2016 中，RAND 函数是无参函数。（　　）

11．在 Excel 2016 中，使用的是 1900-1-1 开始的日期系统。（　　）

12．在 Excel 2016 中，可以用 COUNT 函数统计单元格的个数。（　　）

13．在 Excel 2016 中，在不同列中条件为"或"时要用高级筛选才能实现。（　　）

14．在 Excel 2016 中，在不同列中条件为"与"时用自动筛选可以实现。　　　（　　　）

15．在 Excel 2016 中，符号&是文本运算符，可以连接两个不同单元格中的文本。（　　　）

16．在 Excel 2016 中，可以删除某个单元格。　　　　　　　　　　　　　（　　　）

17．在 Excel 2016 中，可以嵌套使用函数。　　　　　　　　　　　　　　（　　　）

18．在 Excel 2016 中，函数=INT(-8.9)的结果为-8。　　　　　　　　　　（　　　）

19．在 Excel 2016 中，函数=ROUND(15.14, -1)的结果为 20。　　　　　　（　　　）

20．在 Excel 2016 中，函数=AVERAGE(1, 12, 15, TRUE)的结果为 1。　　（　　　）

21．在 Excel 2016 中，工作表自动分页，不能手动分页。　　　　　　　　（　　　）

22．在 Excel 2016 中，工作表删除后可以选择放入"回收站"中。　　　　（　　　）

23．在 Excel 2016 单元格中，保留的数字精度为 15 位。　　　　　　　　（　　　）

24．在 Excel 2016 中，单元格的名称必须由列号和行号组成。　　　　　　（　　　）

25．在 Excel 2016 中，可以保护工作表，不允许用户删除行和列。　　　　（　　　）

26．在 Excel 2016 中，可以插入分节符。　　　　　　　　　　　　　　　（　　　）

27．在 Excel 2016 中，分别复制 3 个不连续的单元格中数据，只能粘贴最后一次复制的数据。　　　　　　　　　　　　　　　　　　　　　　　　　　　　　（　　　）

28．在 Excel 2016 中，复制功能可以将某个单元格复制为一张图片粘贴到工作表中。
　　　　　　　　　　　　　　　　　　　　　　　　　　　　　　　　　（　　　）

29．在 Excel 2016 中，公式不可以复制。　　　　　　　　　　　　　　　（　　　）

30．在 Excel 2016 中，合并居中与跨列居中功能没有区别。　　　　　　　（　　　）

31．在 Excel 2016 中，将公式输入到单元格中后，单元格中一定会显示公式计算结果。
　　　　　　　　　　　　　　　　　　　　　　　　　　　　　　　　　（　　　）

32．在 Excel 2016 中，只能在单元格中输入公式或者函数。　　　　　　　（　　　）

33．在 Excel 2016 中，可以使用 Delete 键将单元格中内容和格式一并清除。（　　　）

34．在 Excel 2016 中，将公式复制到其他单元格时，公式中引用的地址一定会发生改变。　　　　　　　　　　　　　　　　　　　　　　　　　　　　　　　　（　　　）

35．在 Excel 2016 中，只能排序列中的数据，不能排序行中的数据。　　　（　　　）

36．在 Excel 2016 工作表中，冻结首行后第 1 行将不能输入数据。　　　　（　　　）

37．在 Excel 2016 中，可以隐藏工作表中的行和列标题。　　　　　　　　（　　　）

38．在 Excel 2016 中，不能指定打印区域。　　　　　　　　　　　　　　（　　　）

39．在 Excel 2016 单元格中，输入"4/5"，其单元格的值为 0.8。　　　　（　　　）

40．在 Excel 2016 中，"清除"菜单不能清除单元格中的内容。　　　　　（　　　）

41．在 Excel 2016 中，函数 Min(9, 100, 23, 1, 61)的返回值是 9。　　　　（　　　）

42．在 Excel 2016 中，函数 PI( )是一个有参函数。　　　　　　　　　　（　　　）

43．在 Excel 2016 中，区域(A1:C3 B3:D5)引用的单元格个数为 2。　　　（　　　）

44．在 Excel 2016 中，图表可以不用设置图例。　　　　　　　　　　　　（　　　）

45．在 Excel 2016 中，不能设置页边距。　　　　　　　　　　　　　　　（　　　）

46．在 Excel 2016 中，输入公式前必须输入等号。　　　　　　　　　　　（　　　）

47．在 Excel 2016 中，将 A1 单元格的格式设置为日期且输入 366 后，该单元格显示为"1900-12-31"。
　　　　　　　　　　　　　　　　　　　　　　　　　　　　　　　　　（　　　）

48．在 Excel 2016 中，工作表是二维表。（　　　）

49．在 Excel 2016 高级筛选中，条件区域中的条件在同一行表示"与"关系。（　　　）

50．在 Excel 2016 中，可以通过切换窗口功能在同一工作簿的不同工作表之间进行切换。（　　　）

✡6　演示文稿处理部分习题

6.1　单选题

1．在 PowerPoint 中，如果一组幻灯片中的几张暂时不想让观众看见，则（　　　）。

A．隐藏这几张幻灯片

B．删除这几张幻灯片

C．新建一组不含这几张幻灯片的演示文稿

D．自定义放映方式时取消这几张幻灯片

2．在 PowerPoint 中，使用（　　　）组合键可以快速到达最后一页幻灯片。

A．Ctrl+Shift+A　　　　　　　　　B．Ctrl+Home

C．Ctrl+A　　　　　　　　　　　　D．Ctrl+End

3．幻灯片中占位符的作用是（　　　）

A．表示文本的长度　　　　　　　　B．限制插入对象的数量

C．表示图形的大小　　　　　　　　D．为文本和图形预留位置

4．在 PowerPoint 中布局幻灯片母版视图时，在页面中的虚线框属于（　　　）。

A．占位符　　　　　　　　　　　　B．图文框

C．显示符　　　　　　　　　　　　D．页面边框

5．无法打印输出的幻灯片元素是（　　　）。

A．幻灯片图片　　　　　　　　　　B．幻灯片动画

C．模板设置的企业标记　　　　　　D．幻灯片页码

6．在 PowerPoint 2016 浏览视图中，按住 Ctrl 键并拖动某幻灯片可以完成的操作是（　　　）。

A．移动幻灯片　　　　　　　　　　B．复制幻灯片

C．删除幻灯片　　　　　　　　　　D．选定幻灯片

7．在 PowerPoint 中幻灯片从当前幻灯片中播放的组合键是（　　　）。

A．F5　　　　　　B．Shift + F5　　　　C．Ctrl + F5　　　　D．Alt + F5

8．在 PowerPoint 的"浏览视图"中不可以对幻灯片执行的操作是（　　　）。

A．移动幻灯片　　　　　　　　　　B．复制幻灯片

C．删除幻灯片　　　　　　　　　　D．编辑幻灯片中的具体对象

9. 打开制作好的演示文稿时能够自动放映，则可以将文件另存为（　　　）格式。

　　A．PPSX　　　　　　B．PPTX　　　　　　C．DOCX　　　　　　D．XLSX

10. 在幻灯片中插入超级链接后只有在（　　　）视图中才能激活超链接。

　　A．幻灯片视图　　　　　　　　　　　B．大纲视图

　　C．幻灯片浏览视图　　　　　　　　　D．幻灯片放映视图

6.2　多选题

1. PowerPoint 2016 演示文稿中常见的演示文稿视图有（　　　）。

　　A．普通　　　　　　　B．大纲视图　　　　　C．幻灯片浏览

　　D．母版视图　　　　　E．阅读视图

2. 在 PowerPoint 2016 演示文稿中可以插入的对象有（　　　）。

　　A．图片　　　　　　　B．超链接　　　　　C．书签　　　　　　D．视频

3. PowerPoint 2016 演示文稿支持的文件格式有（　　　）。

　　A．MP4　　　　　　　B．JPG　　　　　　C．PNG　　　　　　D．PPSX

4. PowerPoint 2016 演示文稿的放映方式有（　　　）。

　　A．从头开始　　　　　　　　　　　　B．从当前幻灯片开始

　　C．自定义放映　　　　　　　　　　　D．排练计时

5. PowerPoint 2016 演示文稿中的母版视图有（　　　）。

　　A．幻灯片母版　　　　B．讲义母版　　　　C．备注母版　　　　D．阅读母版

6. PowerPoint 2016 演示文稿中的动画类型有（　　　）。

　　A．进入　　　　　　　B．强调　　　　　　C．退出　　　　　　D．动作路径

7. PowerPoint 2016 演示文稿文本框中的文本方向可以设置为（　　　）。

　　A．横排　　　　　　　B．竖排　　　　　　C．所有文字旋转 90°

　　D．所有文字旋转 270°　　　　　　　E．堆积

8. 在 PowerPoint 2016 演示文稿中可以插入的图表类型有（　　　）。

　　A．柱形图　　　　　　B．折线图　　　　　C．饼状图

　　D．条形图　　　　　　E．雷达图

9. 在 PowerPoint 2016 中幻灯片的切换方式有（　　　）。

　　A．单击　　　　　　　　　　　　　　B．按键盘空格键

　　C．按键盘上下键　　　　　　　　　　D．设置自动换片时间

10. PowerPoint 2016 演示文稿中幻灯片显示设置包含（　　　）。

　　A．标尺　　　　　　　B．网格线　　　　　C．参考线　　　　　D．备注

6.3　判断题

1. 在 PowerPoint 2016 演示文稿中插入艺术字体，可以对艺术字体进行放大缩小、字体旋转、镜像。　　　　　　　　　　　　　　　　　　　　　　　　　　　（　　　）

2. 在 PowerPoint 2016 演示文稿中选中一张幻灯片，通过设计模板可以选择将该模板

应用于所有的幻灯片，也可以选择应用于当前选择的幻灯片。　　　　　　　（　　）

3．PowerPoint 2016 演示文稿可以为幻灯片页面设置页眉和页脚，方式是通过设置幻灯片母版视图来实现页眉和页脚功能的相关功能。　　　　　　　　　　　　　（　　）

4．在 PowerPoint 2016 演示文稿中如果要同时显示幻灯片和备注，则可以编辑的页面是幻灯片的普通视图。　　　　　　　　　　　　　　　　　　　　　　　（　　）

5．在 PowerPoint 2016 演示文稿的"文件—信息"中可以查看幻灯片的创作者和上次修改文件的修改者的信息。　　　　　　　　　　　　　　　　　　　　　　　（　　）

6．在 PowerPoint 2016 中结束幻灯片放映的快捷键是 Esc。　　　　　　　　（　　）

7．PowerPoint 2016 演示文稿的"快速访问"工具栏中只可以有 5 个快速访问工具，即"保存""撤销""重复""从头开始""从此幻灯片开始"。　　　　　　　　（　　）

8．在 PowerPoint 2016 中设置幻灯片切换时可以设置好的切换动画、换片时间等一键应用全部。　　　　　　　　　　　　　　　　　　　　　　　　　　　　　（　　）

9．在 PowerPoint 2016 中为幻灯片页面的文本框设置动画效果时只能设置一个动画。
　　　　　　　　　　　　　　　　　　　　　　　　　　　　　　　　　　（　　）

10．在 PowerPoint 2016 演示文稿中放映幻灯片时可以自定义需要放映的幻灯片页面。
　　　　　　　　　　　　　　　　　　　　　　　　　　　　　　　　　　（　　）

✡7　计算机网络部分习题

7.1　单选题

1．计算机连接成网络的主要目的是（　　　）。
　　A．提高计算机运行速度　　　　　　　　B．打网络电话
　　C．提高计算机存储容量　　　　　　　　D．实现资源共享

2．计算机网络按地理范围分为局域网、城域网和（　　　）。
　　A．都市网　　　　　B．国际网　　　　　C．互联网　　　　　D．广域网

3．局域网的英文缩写是（　　　）。
　　A．WAN　　　　　B．LAN　　　　　C．MAN　　　　　D．XAN

4．一所高校建立的网络一般是（　　　）。
　　A．局域网　　　　　B．广域网　　　　　C．城域网　　　　　D．环型网

5．人们通常所说的上网是指访问（　　　）
　　A．局域网　　　　　B．广域网　　　　　C．城域网　　　　　D．互联网

6．计算机网络按拓扑结构可分为星型、总线型、（　　　）3 种基本型。
　　A．菊花链型　　　　B．环型　　　　　C．树型　　　　　D．网状

7．具有网络中心节点的拓扑结构是（　　　）。

A．总线型   B．环型   C．星型   D．网状型

8．面向终端的网络是第（   ）代网络。

A．1   B．2   C．3   D．4

9．网络互联属于计算机网络中的第（   ）代？

A．1   B．2   C．3   D．4

10．不是计算机网络分类方式的是（   ）。

A．按网络覆盖范围   B．按网络拓扑结构

C．按传输介质   D．按传输数据类型

11．计算机网络的通信传输介质中速度最快的是（   ）。

A．同轴电缆   B．光缆   C．双绞线   D．铜质电缆

12．双绞线的传输距离一般不超过（   ）米。

A．50   B．60   C．80   D．100

13．将数字信号转换为模拟信号的过程称为（   ）。

A．调制   B．解调   C．调制解调   D．以上都不是

14．传输介质不受电磁辐射影响的是（   ）。

A．光纤   B．同轴电缆   C．双绞线   D．红外线

15．不是光纤传输特点的是（   ）。

A．损耗高   B．带宽高   C．干扰小   D．安全性高

16．计算机要联网，一般应具有（   ）。

A．网络适配器   B．交换机   C．路由器   D．中继器

17．计算机通过拨号方式上网是通过（   ）实现的。

A．调制解调器   B．交换机   C．网卡   D．中继器

18．集线器的传输方式为（   ）。

A．广播   B．单播

C．先广播后单播   D．先单播后广播

19．二层交换机工作在 ISO 模型的（   ）。

A．网络层   B．传输层   C．应用层   D．数据链路层

20．3 层交换机可路由，此时其工作在（   ）。

A．网络层   B．传输层   C．应用层   D．数据链路层

21．ADSL 调制解调器到电信部门的线路传输的是（   ）信号。

A．数字   B．模拟

C．数字或模拟   D．光

22．目前家庭用户上网普遍采用光调制解调器，这种设备到电信部门的信号是（   ）。

A．光信号   B．电信号   C．无线信号   D．以上都不对

23．光调制解调器俗称"光猫"，目前它使用的光纤蕊数是（   ）。

A．1   B．2   C．3   D．4

24．工作于 OSI 参考模型的第 1 层，主要作用是放大传输介质上传输的信号，以使其在网络上传输更远的设备是（   ）。

A．交换机   B．路由器   C．中继器   D．集线器

25．路由器工作于 OSI 参考模型的（　　　）。
  A．网络层　　　　　B．传输层　　　　　　C．应用层　　　　　D．数据链路层

26．在 Internet 中采用的主要模型是（　　　）。
  A．TCP/IP 协议模型　　　　　　　　　　B．OSI 参考模型
  C．TCP/IP 协议模型和 OSI 参考模型　　　D．TCP/IP 协议模型或 OSI 参考模型

27．在 TCP/IP 协议模型中网络协议最丰富的是（　　　）。
  A．应用层　　　　　B．传输层　　　　　　C．网络层　　　　　D．网络接口层

28．在 OSI 参考模型中，完成编码和解码的层是（　　　）。
  A．应用层　　　　　B．表示层　　　　　　C．会话层　　　　　D．网络层

29．在 OSI 参考模型中，完成加密和解密的层是（　　　）。
  A．应用层　　　　　B．表示层　　　　　　C．会话层　　　　　D．网络层

30．管理用户会话和对话并控制用户间逻辑连接的建立和挂断的层是（　　　）。
  A．应用层　　　　　B．表示层　　　　　　C．会话层　　　　　D．网络层

31．管理网络中端到端信息传送的层是（　　　）。
  A．应用层　　　　　B．传输层　　　　　　C．网络层　　　　　D．网络接口层

32．计算机网络通过（　　　）相互通信。
  A．信息交换方式　　B．传输装置　　　　　C．网络协议　　　　D．分类标准

33．通常所说 OSI 参考模型分为（　　　）层。
  A．6　　　　　　　　B．2　　　　　　　　　C．4　　　　　　　　D．7

34．TCP/IP 协议模型分为（　　　）层。
  A．1　　　　　　　　B．2　　　　　　　　　C．3　　　　　　　　D．4

35．网络中各节点的互联方式称为网络的（　　　）。
  A．拓扑结构　　　　B．协议　　　　　　　C．分层结构　　　　D．分组结构

36．定义网络设备间如何传输数据的层是（　　　）。
  A．应用层　　　　　B．传输层　　　　　　C．网络层　　　　　D．网络接口层

37．封装数据包为数据帧，监测和纠正数据包传输错误的层是（　　　）。
  A．应用层　　　　　B．传输层　　　　　　C．网络层　　　　　D．数据链路层

38．双绞线中有（　　　）根。
  A．4　　　　　　　　B．8　　　　　　　　　C．6　　　　　　　　D．10

39．可靠传输协议是（　　　）。
  A．IP 协议　　　　　B．TCP 协议　　　　　C．UDP 协议　　　　D．ARP 协议

40．在头尾加封装信息的层是（　　　）。
  A．应用层　　　　　B．传输层　　　　　　C．网络层　　　　　D．数据链路层

41．访问网页使用的协议一般是（　　　）。
  A．HTTP　　　　　　B．Telnet　　　　　　C．DNS　　　　　　　D．SNMP

42．使用 HTTP 协议访问一台服务器时，默认的访问端口是（　　　）。
  A．23　　　　　　　B．53　　　　　　　　　C．80　　　　　　　　D．443

43．建立 TCP 连接使用（　　　）。
  A．1 次握手　　　　B．2 次握手　　　　　C．3 次握手　　　　D．4 次握手

44. 拆除 TCP 连接使用（　　）。

　　A．1 次握手　　　　　B．2 次握手　　　　　C．3 次握手　　　　D．4 次握手

45. 在 IPv4 中，若想获得目标主机的 MAC 地址，使用的协议是（　　）。

　　A．UDP　　　　　　　B．ARP　　　　　　　C．RARP　　　　　　D．SNMP

46. 以加密方式远程登录一台主机的协议是（　　）。

　　A．Telnet　　　　　　B．SSH　　　　　　　C．HTTPS　　　　　　D．DNS

47. ping 命令使用的协议是（　　）。

　　A．DNS　　　　　　　B．HTTP　　　　　　C．HTTPS　　　　　　D．ICMP

48. DHCP Discover 包是（　　）发出的。

　　A．DHCP 客户端　　　　　　　　　　　B．DHCP 服务器

　　C．DHCP 客户端和服务器　　　　　　　D．以上都不是

49. 面向无连接的协议是（　　）。

　　A．TCP　　　　　　　B．UDP　　　　　　　C．HTTP　　　　　　D．SMTP

50. 目前无线局域网采用的标准是（　　）。

　　A．802.3　　　　　　B．802.11　　　　　　C．802.5　　　　　　D．802.6

51. 光猫连接电视机顶盒的接口是（　　）。

　　A．以太网口　　　　　B．RJ11 接口　　　　C．iTV 接口　　　　　D．光口

52. 使用 Ping 命令测试网络连通性时，若需要测试不停止，应该加选项（　　）

　　A．-a　　　　　　　　B．-t　　　　　　　　C．-l　　　　　　　　D．-f

53. 使用 Ping 命令测试网络连通性时，若显示 TTL 值为 53，则从目标主机到经过的路由器数量为（　　）

　　A．53　　　　　　　　B．64　　　　　　　　C．11　　　　　　　　D．无法计算

54. Ping 命令默认发送的数据包大小为（　　）

　　A．32 bit　　　　　　B．32 KB　　　　　　C．32 MB　　　　　　D．32 B

55. 使用不加任何参数的 ipconfig 命令时不能显示（　　）。

　　A．IP 地址　　　　　　　　　　　　　　B．网关地址

　　C．子网掩码　　　　　　　　　　　　　D．DNS 服务器地址

56. 若计算机从 DHCP 服务器获得 IP 地址，能够释放其 IP 的选项是（　　）。

　　A．/release　　　　　　B．/renew　　　　　C．/all　　　　　　　D．/flushdns

57. 在使用 netstat 命令显示网络连接情况时,能显示连接和侦听接口的选项是(　　)。

　　A．-a　　　　　　　　B．-p　　　　　　　　C．-n　　　　　　　　D．-q

58. tracert 命令用来跟踪路由，此命令使用的协议是（　　）。

　　A．HTTP　　　　　　B．Telnet　　　　　　C．ICMP　　　　　　D．TCP

59. tracert 命令用来跟踪路由，为加快跟踪速度可使用的选项是（　　）。

　　A．-d　　　　　　　　B．-h　　　　　　　　C．-p　　　　　　　　D．-w

60. 关于 arp 命令说法错误的是（　　）。

　　A．arp-d 可清除 arp 缓存

　　B．arp-a 可显示 arp 缓存

　　C．清除 arp 缓存需要先进入管理员命令窗口

D．可用 arp 命令建立主机 IP 到 MAC 的映射

61．在使用 route 命令添加主机路由表时，若希望重启后添加的路由条目还存在，则添加时应使用的选项是（　　）。

    A．-f　　　　　　B．-p　　　　　　C．-d　　　　　　D．-s

62．命令 net user 可执行的操作不包含（　　）。

    A．新建账户　　　B．删除账户　　　C．激活账户　　　D．重命名账户

63．VLAN 工作在 OSI 参考模型的第（　　）层。

    A．1　　　　　　B．2　　　　　　C．3　　　　　　D．4

64．不是 VLAN 优点的是（　　）。

    A．更高安全性　　　　　　　　　　B．硬件成本增加

    C．性能提高　　　　　　　　　　　D．广播风暴防范

65．引入 VLAN 后的帧叫做（　　）。

    A．802.3　　　　B．802.4　　　　C．802.1Q　　　　D．802.1S

66．相对于传统帧，引入 VLAN 后的帧增加了（　　）个字节。

    A．1　　　　　　B．2　　　　　　C．3　　　　　　D．4

67．除保留不可使用的外，VLAN 的取值范围是（　　）。

    A．0～4 094　　　B．0～4 095　　　C．1～4 095　　　D．1～4 094

68．不是 VLAN 划分方法的是（　　）。

    A．基于交换机端口的划分　　　　　B．基于 IP 子网的划分

    C．基于 MAC 的划分　　　　　　　D．基于计算位置的划分

69．能够在 HCL 模拟器中只创建 VLAN 10 和 VLAN 20 的命令是（　　）。

    A．VLAN 10 20　　　　　　　　　B．VLAN 10-20

    C．输入 VLAN 10，执行后输出 VLAN 20　　　D．VLAN 10,20

70．若某条链路允许多个 VLAN 帧通过，则相应的端口应被配置为（　　）。

    A．接入端口　　　B．中继端口　　　C．普通端口　　　D．特殊端口

71．IPv4 中 IP 地址由（　　）位构成。

    A．32　　　　　　B．64　　　　　　C．128　　　　　　D．256

72．在使用点分十进制表示 IPv4 地址时分成（　　）组。

    A．1　　　　　　B．2　　　　　　C．3　　　　　　D．4

73．使用点分十进制表示 IPv4 地址时每组数不超过十进制的（　　）。

    A．128　　　　　B．256　　　　　C．512　　　　　D．255

72．A 类地址第 1 组数字的范围是（　　）。

    A．1～32　　　　B．1～64　　　　C．1～128　　　　D．1～127

73．属于保留地址的是（　　）。

    A．A 类　　　　　B．B 类　　　　　C．C 类　　　　　D．D 类

74．在有类划分方式下，B 类地址的子网掩码长度为（　　）位。

    A．8　　　　　　B．16　　　　　　C．24　　　　　　D．32

75．不属于私有地址的是（　　）。

    A．192.168.1.1　　B．172.50.1.1　　C．10.0.0.1　　　D．172.31.2.1

76. 如果需要划分的子网数为 6，则需要从主机位中借（　　）位划分。

    A. 1　　　　　　　B. 2　　　　　　　C. 3　　　　　　　D. 4

77. 在划分子网时，若从主机位中借 2 位，则最多可划分为（　　）个子网。

    A. 1　　　　　　　B. 2　　　　　　　C. 3　　　　　　　D. 4

78. 可表示回环地址的是（　　）。

    A. 192.168.1.1　　B. 10.0.0.1　　　　C. 128.0.0.1　　　D. 127.0.0.1

79. IPv6 中 IP 地址的长度为（　　）位。

    A. 64　　　　　　B. 128　　　　　　C. 256　　　　　　D. 512

80. （　　）不是 IPv6 采用的地址类型。

    A. 单播地址　　　B. 组播地址　　　C. 任意播地址　　D. 广播地址

81. IPv4 地址由（　　）个字节构成。

    A. 1　　　　　　　B. 2　　　　　　　C. 3　　　　　　　D. 4

82. IPv6 地址由（　　）个字节构成。

    A. 8　　　　　　　B. 16　　　　　　　C. 24　　　　　　　D. 128

83. 若主机 IP 为网络 192.168.1.1/24，则其掩码为（　　）。

    A. 24　　　　　　B. 255.255.0.0　　C. 255.255.255.0　D. 255.0.0.0

84. 每个子网规模相同的划分是（　　）。

    A. 平均划分　　　　　　　　　　　B. VLSM 划分

    C. 以主机数量确定掩码长度　　　　D. 以上都不是

85. 跨子网通信应通过（　　）。

    A. 二层交换机　　B. 路由器　　　　C. 网桥　　　　　D. 集线器

86. 访问网页需要的软件是（　　）。

    A. 浏览器　　　　　　　　　　　　B. FTP 客户端工具

    C. 邮件客户端工具　　　　　　　　D. 压缩解压工具

87. 在 IE 地址栏中输入一个主机名，默认使用的协议是（　　）。

    A. FTP　　　　　　B. HTTP　　　　　C. HTTPS　　　　D. SMTP

88. 若要显示 IE 的菜单栏，则按（　　）键。

    A. Esc　　　　　　B. Ctrl　　　　　　C. Alt　　　　　　D. Shift

89. 若在访问页面时使用加密传输，则使用的协议是（　　）。

    A. HTTP　　　　　B. SMTP　　　　　C. HTTPS　　　　D. POP

90. 若在启动 IE 时自动打开指定的页面，则在（　　）选项卡中设置主页地址。

    A. 安全　　　　　B. 常规　　　　　C. 内容　　　　　D. 隐私

91. 在 IE 的"安全"选项卡中可设置（　　）。

    A. 受限制的站点　　　　　　　　　B. 拨号和虚拟专用网络设置

    C. 管理加载项　　　　　　　　　　D. 设置文件关联

92. 若希望退出时清除浏览历史记录，则在 IE 的（　　）选项卡中设置。

    A. 常规　　　　　B. 安全　　　　　C. 隐私　　　　　D. 连接

93. 可将 IE 显示比例调整为 100% 的快捷键是（　　）。

    A. ALT+1　　　　B. Alt+1　　　　　C. Ctrl+0　　　　D. Ctrl+1

94．IE 中可放大显示比例的快捷键是（　　）。

A．Shift +　　　　　B．Ctrl +　　　　　C．Shift -　　　　　D．Ctrl –

95．IE 中默认使用的编码是（　　）。

A．UTF-8　　　　　　　　　　　　B．简体中文（GBP312）

C．简体中文（HZ）　　　　　　　　C．简体中文（GB18030）

96．表示电子邮箱地址时在用户名和域名间的符号是（　　）。

A．#　　　　　　　B．@　　　　　　　C．&　　　　　　　D．$

97．通过 IE 收发电子邮件时用户和网页之间的协议是（　　）。

A．SMTP　　　　　B．POP　　　　　C．POP3　　　　　D．HTTP 或 HTTPS

98．在配置 Outlook 2016 时（　　）不是必须的配置。

A．邮箱地址　　　　　　　　　　　B．接收邮件的服务器地址

C．发送邮件的服务器地址　　　　　D．用户密码

99．接收邮件服务器的默认端口一般是（　　）。

A．25　　　　　　　B．110　　　　　C．80　　　　　　D．443

100．发送邮件服务器的端口一般是（　　）。

A．25　　　　　　　B．110　　　　　C．80　　　　　　D．443

7.2　多选题

1．从地理范围可以把各种网络类型划分为（　　）。

A．局域网　　　　　B．广域网　　　　　C．城域网　　　　　D．校园网

2．从逻辑功能上计算机网络分为（　　）。

A．星形子网　　　　B．通信子网　　　　C．资源子网　　　　D．环型子网

3．关于计算机网络说法正确的是（　　）。

A．网络传输介质分为有线和无线，有线介质主要有同轴电缆、红外线、光缆

B．网络节点间通信所遵从的规则称为"协议"

C．局域网中只能有一台服务器，PC 在安装系统软件后也可作为服务器

D．服务器或客户机在组成局域网时均需各自安装一块网卡

4．计算机网络的功能有（　　）。

A．数据通信　　　　　　　　　　　B．资源共享

C．分布式处理　　　　　　　　　　D．提高系统的可靠性

5．通常说的"党政内网"不属于（　　）类型。

A．WAN　　　　　　B．LAN　　　　　C．MAN　　　　　D．XAN

6．属于星型拓扑结构特点的有（　　）。

A．结构简单　　　　B．易于实现　　　　C．便于管理　　　　D．结构复杂

7．目前有线网通常使用的传输介质主要有（　　）。

A．双绞线　　　　　B．同轴电缆　　　　C．光纤　　　　　　D．电话线

8．无线网中常用的技术有（　　）。

A．微波通信　　　　B．激光通信　　　　C．蓝牙　　　　　　D．红外

9. 按传输技术分类，网络分为（　　）。

    A. 广播方式　　　　B. 多播方式　　　　C. 点到点方式　　D. 多对多方式

10. 单模光纤对比多模光纤（　　）。

    A. 单模光纤传输距离更远　　　　　　　B. 单模光纤价格稍贵

    C. 多模光纤传输距离更远　　　　　　　D. 多模光纤传输过程中经过多次反射

11. 常用的传输介质有（　　）。

    A. 双绞线　　　　　B. 同轴电缆　　　　C. 无线　　　　　D. 光纤

12. 数据通信的主要技术指标有（　　）。

    A. 带宽　　　　　　B. 波特率　　　　　C. 比特率　　　　D. 误码率

13. 在双绞线 T568B 标准中，（　　）线对对换后成为 T568A 标准。

    A. 1、3 对换　　　B. 1、4 对换　　　C. 2、6 对换　　D. 2、5 对换

14. 双绞线可用作直通线的有（　　）。

    A. 线的两端都是 T568B 标准制作

    B. 线的两端都是 T568A 标准制作

    C. 线的两端分别采用 T568A 和 T568B 标准制作

    D. 以上都可以

15. 关于非屏蔽双绞线和屏蔽双绞线说法正确的有（　　）。

    A. 非屏蔽双绞线简称为"UTP"　　　　B. 屏蔽双绞线简称为"STP"

    C. 屏蔽双绞线价格比非屏蔽双绞线高　　D. 抗干扰能力屏蔽双绞线比较强

16. 局域网传输介质一般采用（　　）。

    A. 光缆　　　　　　B. 同轴电缆　　　　C. 双绞线　　　　D. 电话线

17. 能学习主机 MAC 地址的有（　　）。

    A. 二层交换机　　　B. 三层交换机　　　C. 路由器　　　　D. 中继器

18. 只能工作在第 1 层的有（　　）。

    A. 二层交换机　　　B. 三层交换机　　　C. 中继器　　　　D. 集线器

19. 可工作在第 2 层的有（　　）。

    A. 网桥　　　　　　B. 二层交换机　　　C. 三层交换机　　D. 集线器

20. 国家的"三网融合"主要是指（　　）的整合。

    A. 电视网络　　　　B. 数据网络　　　　C. 电话网络　　　D. 信息网络

21. 一般来说光猫集成的功能有（　　）。

    A. 交换机　　　　　B. 网关　　　　　　C. Wi-fi　　　　　D. 防火墙

22. 网关具有的功能有（　　）。

    A. 路由　　　　　　B. 协议转换　　　　C. 重新分组　　　D. 交换

23. 若在网络中路由，可选用的设备有（　　）。

    A. 三层交换机　　　B. 路由器　　　　　C. 二层交换机　　D. 网桥

24. 采用广播方式发送数据的设备有（　　）。

    A. 二层交换机　　　B. 三层交换机　　　C. 中继器　　　　D. 集线器

25. 可用来分割子网的设备有（　　）。

    A. 二层交换机　　　B. 三层交换机　　　C. 集线器　　　　网桥

26．将 OSI 参考模型的（　　　）层合并得到 TCP/IP 协议模型的应用层。

    A．应用层　　　　　　B．表示层　　　　　　C．网络层　　　　　　D．会话层

27．将 OSI 参考模型的（　　　）层合并得到 TCP/IP 协议模型的网络接口层。

    A．物理层　　　　　　B．数据链路层　　　　C．网络层　　　　　　D．传输层

28．属于应用层协议的有（　　　）。

    A．DNS　　　　　　　B．IP　　　　　　　　C．HTTP　　　　　　D．Telnet

29．TCP/IP 协议模型从上到下排序错误的有（　　　）。

    A．应用层—网络层—传输层—网络接口层

    B．网络层—应用层—传输层—网络接口层

    C．应用层—传输层—网络层—网络接口层

    D．传输层—网络层—应用层—网络接口层

30．OSI 参考模型中可与 TCP/IP 模型一一对应的层有（　　　）。

    A．应用层　　　　　　B．传输层　　　　　　C．网络层　　　　　　D．数据链路层

31．在传输层只能使用 TCP 协议的应用层协议是（　　　）。

    A．DNS　　　　　　　B．HTTP　　　　　　C．Telnet　　　　　　D．SMTP

32．关于 Telnet 和 SSH 协议说法正确的有（　　　）。

    A．Telnet 协议采用加密传输

    B．SSH 协议采用加密传输

    C．Telnet 协议在传输层访问远程主机的 23 端口

    D．SSH 协议在传输层访问远程主机的 23 端口

33．常见的计算机局域网的拓扑结构是（　　　）。

    A．星形结构　　　　　B．交叉结构　　　　　C．关系结构　　　　　D．总线结构

34．关于 HTTP 协议和 HTTPS 协议说法正确的有（　　　）。

    A．HTTP 采用明文传输

    B．HTTPS 采用明文传输

    C．使用 HTTPS 协议访问服务器时，其默认访问的端口是 443

    D．使用 HTTP 协议访问服务器时，其默认访问的端口是 80

35．属于链路层协议的有（　　　）。

    A．HDLC　　　　　　B．STP　　　　　　　C．帧中继　　　　　　D．RARP

36．关于封装与解封装说法正确的有（　　　）。

    A．封装是将协议包头去掉　　　　　　　　B．解封装是将协议包头去掉

    C．封装发生在发送端　　　　　　　　　　D．解封装发生在发送端

37．封装操作时发送方操作正确的有（　　　）。

    A．在传输层添加 TCP 头　　　　　　　　B．在网络层添加 IP 头

    C．在数据链路层添加 MAC 头　　　　　　D．在传输层添加 IP 头

38．关于 FTP 服务器说法正确的有（　　　）。

    A．默认情况下 FTP 协议使用 TCP 端口 20 传输数据

    B．默认情况下 FTP 协议使用 TCP 端口 21 传输控制信息

    C．如果 FTP 服务器采用被动模式，具体使用哪个端口由服务器端和客户端协商决定

D．默认情况下 FTP 协议使用 TCP 端口 20 传输控制信息

39．关于 TCP 和 UDP 协议说法正确的有（　　）。

A．TCP 是面向连接的可靠协议　　　　B．TCP 是基于字节流的协议

C．UDP 协议包头小于 TCP 协议包头　　D．UDP 也有 3 次握手过程

40．IP 协议包含（　　）。

A．IP 编址方案　　　　　　　　　　　B．分组封装格式

C．分组转发规则　　　　　　　　　　　D．分段规则

41．关于 MAC 地址说法正确的有（　　）。

A．MAC 由 48 个字节构成　　　　　　　B．MAC 包含制造商编号和厂商自编号

C．MAC 的制造商编号由 IEEE 分配　　　D．每块网卡都有全球唯一的 MAC

42．Ping 中的常用选项是（　　）？

A．-t　　　　　　　B．-S　　　　　　　C．-i　　　　　　　D．-d

43．关于 Ping 命令的执行结果描述正确的有（　　）。

A．Ping 命令返回的结果表示目标主机到本地主机的情况

B．Ping 命令返回的结果表示本地主机到目标主机的情况

C．Ping 命令返回 "请求超时"，则对方主机可能不存在

D．Ping 命令返回 "TTL 传输中过期"，表示-i 选项设定的值太小

44．关于 ipconfig 命令说法正确的有（　　）。

A．使用/all 选项可显示 DNS 和 WINS 服务器的配置

B．使用/renew 选项可以申请从 DHCP 服务器租用 IP 地址

C．使用/flushdns 选项可清空 TCP/IP 属性中配置的 DNS 服务器的地址

D．不使用任何选项时，不能查看主机的 IP 地址

45．关于使用 tracert 命令做路由跟踪正确的说法有（　　）。

A．-d 选项不将地址解析为主机名

B．-R 选项用来设置跟踪往返行程路径（仅适用于 IPv6）

C．-w 选项用来用来设置等待每个回复的超时时间

D．-S 选项用来设置要使用的源地址（仅适用于 IPv4）

46．关于 ARP 相关描述正确的有（　　）。

A．ARP 缓存中的记录只在有限的时间内存在

B．ARP 缓存不能被清除

C．ARP 缓存用于映射 MAC 到 IP 地址

D．ARP 缓存用于映射 IP 地址到 MAC

47．route 命令可以执行的操作有（　　）。

A．显示路由　　　　B．添加路由　　　　C．删除路由　　　　D．修改现有路由

48．关于 nslookup 命令的使用说法正确的有（　　）。

A．可查询主机的 IP 地址

B．可查询域名的 IP 地址

C．可在命令后面直接跟需要查询的主机名或者域名

D．可在交互模式下查询

49．关于 net 命令使用说法正确的有（　　）。

　　A．net share 可查看、删除共享　　　　　B．net stop 可停止服务

　　C．net localgroup 可用来复制账户　　　　D．net time 可用来查看远程主机时间

50．使用 VLAN 的优点有（　　）。

　　A．更高安全性　　　　　　　　　　　　B．成本降低

　　C．防范广播风暴　　　　　　　　　　　D．增加端口可用性

51．关于 802.1Q 帧说法正确的有（　　）。

　　A．比 802.3 帧增加了两个字节　　　　　B．比 802.3 帧增加了 4 个字节

　　C．VLAN ID 占 12 位　　　　　　　　　D．TPID 值为 0X8100

52．关于 VLAN 说法正确的有（　　）。

　　A．交换机中默认存在 VLAN 1　　　　　B．VLAN 1 不可删除

　　C．默认情况下所有端口均属于 VLAN 1　　D．不可以为 VLAN 1 配置 IP 地址

53．VLAN 常见划分方法有（　　）。

　　A．基于 MAC　　　　B．基于端口　　　C．基于协议　　　D．基于流量

54．交换机接口的工作模式有（　　）。

　　A．Access　　　　　B．Trunk　　　　　C．Hybrid　　　　D．All

55．描述 VLAN 正确的有（　　）。

　　A．不同 VLAN 间不能直接通信　　　　　B．一个 VLAN 就是一个广播域

　　C．VLAN 可隔离广播　　　　　　　　　D．VLAN 之间通信必须经过路由器

56．一台 DHCP 客户端要获得 IP 地址，需要（　　）个 DHCP 过程。

　　A．1　　　　　　　B．2　　　　　　　C．3　　　　　　D．4

57．正确并可用于主机 IP 地址的有（　　）。

　　A．127.1.1.1　　B．128.1.1.1　　　　C．129.1.1.254　　D．172.32.256.254

58．关于 IP 地址说法正确的有（　　）。

　　A．A 类地址二进制第 1 位为 0　　　　　B．B 类地址二进制前两位为 01

　　C．B 类地址二进制前两位为 10　　　　　D．C 类地址前 3 位为 110

59．A 类地址主机为（　　）位二进制。

　　A．8　　　　　　　B．16　　　　　　　C．24　　　　　　D．32

60．关于 IPv4 地址中网络位和主机位描述正确的有（　　）。

　　A．网络位和主机位共 32 位　　　　　　B．A 类地址主机为 8 位

　　C．B 类地址子网掩码为 16 位　　　　　D．C 类地址子网掩码为 24 位

61．根据 IP 地址和子网掩码经过二进制（　　）运算得到网络地址。

　　A．加　　　　　　　B．减　　　　　　　C．与　　　　　　D．或

62．属于私有 IP 地址的有（　　）。

　　A．172.16.1.1　　B．192.169.1.1　　　C．10.1.1.1　　　D．192.168.0.1

63．在 IPv4 网络中，主机可采用（　　）方式之一来通信。

　　A．单播　　　　　　B．广播　　　　　　C．组播　　　　　D．任意播

64．不能直接分配给主机使用的 IPv4 地址有（　　）。

　　A．0.0.0.0　　　　B．255.255.255.255　　C．127.0.0.1　　D．169.254.1.1

65．可作为回环地址的有（　　　）

    A．127.0.0.1　　　　　　　　　　　　B．127.1.1.1

    C．127.100.100.100　　　　　　　　　D．128.0.0.1

66．某主机的 IP 地址为 10.51.223.10，子网掩码为 255.255.255.240，IP 中与该主机位于同一子网的有（　　　）。

    A．10.51.223.11　　　B．10.51.223.12　　　C．10.51.223.14　　　D．10.51.223.15

67．子网掩码机制提供了子网划分的方法，其作用主要有（　　　）。

    A．减少网络上的通信量　　　　　　　B．节省 IP 地址

    C．便于管理　　　　　　　　　　　　D．解决物理网络本身的某些问题

68．子网划分的方式有（　　　）。

    A．平均　　　　　　　　　　　　　　B．可变长度子网掩码

    C．根据主机台数　　　　　　　　　　D．根据子网络规模

69．若从主机位中借 3 位划分子网，则可以满足的子网数有（　　　）。

    A．7　　　　　　　　B．8　　　　　　　　C．9　　　　　　　　D．10

70．关于 IPv6 中地址表示正确的说法有（　　　）。

    A．可使用冒分 16 进制表示法　　　　B．可使用 0 位压缩表示法

    C．地址中的"::"只能出现一次　　　　D．地址中的"::"可出现两次

71．IPv6 协议主要定义的地址类型有（　　　）。

    A．单播地址　　　B．组播地址　　　C．广播地址　　　D．任意播地址

72．不是 IPv6 地址的有（　　　）。

    A．32　　　　　　　B．64　　　　　　　C．128　　　　　　　D．256

73．若原来的子网掩码为 255.255.255.128,在划分为 4 个子网后其掩码长度不是（　　　）。

    A．24　　　　　　　B．25　　　　　　　C．26　　　　　　　D．27

74．对于网络 10.51.223.128/28，IP 地址中属于该子网的有（　　　）。

    A．10.51.223.127　　B．10.51.223.129　　C．10.51.223.142　　D．10.51.223.145

75．关于网络 192.168.1.0/27 说法正确的有（　　　）。

    A．该子网掩码为 255.255.255.27

    B．该子网最多提供 30 个可用 IP 地址

    C．该子网的最后一个可用 IP 为 192.168.1.30

    D．该子网的广播地址为 192.168.1.31

76．关于网络 10.5.1.0/23 划分为 4 个子网时说法正确的有（　　　）。

    A．最后一个子网的最大可用 IP 地址为 10.5.1.0.254

    B．第 1 个子网的最小可用 IP 地址为 10.5.1.0.1

    C．划分后子网掩码为 255.255.255.128

    D．不能划分

77．关于广播地址与网络地址描述正确的有（　　　）。

    A．网络位全 0 时表示广播地址　　　　B．主机位全 0 时表示网络地址

    C．网络位全 1 时表示广播地址　　　　D．主机位全 1 时表示网络地址

78．检查网络配置的命令通常包括（　　　）。

A．cmd   B．iponfig   C．ping   D．tracert

79．关于 ping 命令的叙述正确的是（   ）。

A．ping 命令用于监测网络连接是否正常

B．ping 127.0.0.1 命令可以检查本机 TCP/IP 的安装情况

C．ping 命令自动向目的主机发送一个 32 个字节的消息并计算目的站点的响应时间

D．响应时间低于 800 ms 为正常

80．属于 C 类 IP 地址的是（   ）。

A．10.5.5.3   B．192.1.1.1   C．197.224.11.12   D．25.26.45.46

81．TCP/IP 协议描述具有 4 层功能的网络模型，即网络接口层、网络层及（   ）。

A．关系层   B．应用层   C．表示层   D．传输层

82．不在 TCP/IP 协议模型中的层有（   ）。

A．表示层   B．应用层   C．会话层   D．传输层

83．在传输多 VLAN 帧时，交换机之间的接口类型可以是（   ）。

A．trunk   B．access   C．hybrid   D．switch

84．不能配置到主机上的 IP 地址有（   ）。

A．子网的网络地址   B．子网的广播地址

C．回环地址   D．子网的网关地址

85．使用 ICMP 协议通信的命令有（   ）。

A．ping   B．tracert   C．netstat   D．pathping

86．Windows 10 中提供的浏览器有（   ）

A．IE   B．Netscape   C．Microsoft Edge   D．Mozilla

87．在保存一个网页时，可选择的格式有（   ）。

A．网页，全部（*.htm，*.html）   B．Web 档案，单个文件（*.mht）

C．文本文件（*.txt）   D．网页，仅 HTML（*.htm，*.html）

88．对于经常访问的网站正确的做法有（   ）。

A．打印出来   B．添加到"收藏夹"中

C．在桌面生成其主页的快捷方式   D．设置为 IE 的主页

89．在 IE"选项"对话框的"常规"选项卡中可执行的操作有（   ）。

A．设置主页   B．清除浏览记录

C．调整 IE 安全级别   D．清除 SSL 状态

90．在 IE"选项"对话框的"安全"选项卡中可执行的操作有（   ）。

A．调整安全级别   B．更改区域安全设置

C．重置所有区域的安全级别   D．更改标签页的显示方式

91．在 IE 中默认提供的显示比例可直接选择使用的有（   ）。

A．25%   B．50%   C．100%   D．150%

92．单击 IE 的齿轮按钮，在其"安全"下拉菜单中可设置的功能有（   ）。

A．删除浏览历史记录   B．启用跟踪保护

C．ActiveX 筛选   D．启用弹出窗口阻止程序

93．单击 IE 的齿轮按钮，在其"文件"下拉菜单中可设置的功能有（   ）。

A．全屏　　　　　　　　　　　　　B．另存为

C．在此页上查找　　　　　　　　　D．建议网站

94．在 IE"选项"对话框的"高级"选项卡中可设置的功能有（　　）。

A．HTTP 设置：使用 HTTP2　　　　B．浏览：禁用脚本调试（Internet Explorer）

C．浏览：下载后发出通知　　　　　D．HTML 编辑器

95．关于 IE 收藏夹说法正确的有（　　）。

A．可将网页地址添加到收藏夹中　　B．添加到收藏夹后名称不可修改

C．可排序收藏夹中的项　　　　　　D．收藏夹中的项不可删除

96．有关电子邮件说法中正确的有（　　）。

A．电子邮件的邮局一般在邮件接收方的个人计算机中

B．电子邮件是 Internet 提供的一项最基本的服务

C．电子邮件可以发送的多媒体信息只有文字和图像

D．通过电子邮件可以向世界上的任何一个 Internet 用户发送信息

97．可在互联网上传输的信息有（　　）。

A．声音　　　　　B．图像　　　　　C．文字　　　　　D．普通信纸邮件

98．关于电子邮件说法正确的是（　　）。

A．发送电子邮件时，通信双方必须都在场

B．在一个电子邮件中可以发送文字、图像、语言等信息

C．电子邮件比人工邮件传送迅速、可靠且范围更广

D．电子邮件可以同时发送给多人

99．能申请免费电子邮箱的网站有（　　）。

A．新浪　　　　　B．腾讯　　　　　C．网易　　　　　D．搜狐

100．将网页中使用的图片添加到"收藏"列表中的方法有（　　）。

A．在设计视图中右击图片，然后从快捷菜单中选择"添加到图像收藏"命令

B．在"文件"面板中右击图片，然后从快捷菜单中选择"添加到图像收藏"命令

C．从"资源"面板的"站点"列表中选择图片，然后选择面板右下角的"添加到收藏夹"命令

D．从"资源"面板的"站点"列表中选择图片，然后从"资源"面板右上角处的"选项"下拉菜单中选择"添加到收藏夹"命令

7.3　判断题

1．计算机网络从诞生到现在共经过了 5 个发展阶段。（　　）

2．第 1 代计算机网络已经具有现代网络的所有特征。（　　）

3．计算机联网是为了实现资源共享。（　　）

4．计算机网络主要由资源子网和通信子网两个部分组成。（　　）

5．按通信传输的介质，计算机网络分为局域网和广域网。（　　）

6．按网络覆盖的地理范围，计算机网络可分为局域网、城域网和广域网。（　　）

7．在各种不同的网络拓扑结构中星型结构依赖于中心节点。（　　）

8．目前局域网一般采用总线型结构。　　　　　　　　　　　　（　　）

9．目前广泛使用的 Wifi 是有线传输的一种。　　　　　　　　（　　）

10．相比蓝牙传输技术，红外传输距离较短。　　　　　　　　（　　）

11．双绞线每两根绕在一起是为了减小干扰。　　　　　　　　（　　）

12．双绞线中 4 对缠绕的密度相同。　　　　　　　　　　　　（　　）

13．T568B 标准中线序是白橙、橙、白绿、蓝、白蓝、绿、白棕、棕。　（　　）

14．双绞线介质连接信号中 TX 表示接收、RX 表示发送。　　　（　　）

15．在一般情况下，在制作双绞线时使用 T568B 标准。　　　　（　　）

16．网络适配器工作在网络层。　　　　　　　　　　　　　　（　　）

17．调制是把数字信号转换为模拟信号。　　　　　　　　　　（　　）

18．解调是把模拟信号转换为数字信号。　　　　　　　　　　（　　）

19．光猫可实现光、电信号的转换。　　　　　　　　　　　　（　　）

20．光猫具有网关的功能。　　　　　　　　　　　　　　　　（　　）

21．接在光猫上的电话机在光猫通电时才能打电话。　　　　　（　　）

22．能学习 MAC 地址并能学习路由的是二层交换机。　　　　（　　）

23．能学习 MAC 地址并能学习路由的是三层交换机。　　　　（　　）

24．二层交换机上可运行路由协议。　　　　　　　　　　　　（　　）

25．三层交换机上可运行路由协议。　　　　　　　　　　　　（　　）

26．数据封装发生在接收端。　　　　　　　　　　　　　　　（　　）

27．数据解封装发生在发送端。　　　　　　　　　　　　　　（　　）

28．计算机网络按通信距离分局域网和广域网，Internet 是一种局域网。　（　　）

29．局域网常用传输媒体有双绞线、同轴电缆、光纤，其中传输速率最快的是光纤。

　　　　　　　　　　　　　　　　　　　　　　　　　　　（　　）

30．相对于广域网，局域网的传输误差率很高。　　　　　　　（　　）

31．一条信道的最大传输速率和带宽成正比，信道的带宽越高，信息的传输速率越快。

　　　　　　　　　　　　　　　　　　　　　　　　　　　（　　）

32．在 TCP/IP 协议模型中传输层的上层是应用层。　　　　　（　　）

33．在 TCP/IP 协议模型中传输层的下层是网络层。　　　　　（　　）

34．在 TCP/IP 协议模型中网络层只有 IP 协议。　　　　　　　（　　）

35．在封装时网络层封装的是 TCP 头。　　　　　　　　　　　（　　）

36．在封装时传输层封装的是 IP 头。　　　　　　　　　　　　（　　）

37．在封装成帧时 FCS 称为"帧校验序列"，用来检查帧在传输过程中是否出现错误。

　　　　　　　　　　　　　　　　　　　　　　　　　　　（　　）

38．使用 HTTPS 协议访问网页时进行明文传输。　　　　　　（　　）

39．使用 HTTP 协议访问网页时进行明文传输。　　　　　　　（　　）

40．DNS 客户端只使用 UDP 协议访问 DNS 服务器。　　　　　（　　）

41．使用 Telnet 协议访问远程主机时传输未加密。　　　　　　（　　）

42．使用 SSH 协议访问远程主机时传输未加密。　　　　　　　（　　）

43．默认情况下 FTP 的服务器 20 端口用于传输数据。　　　　（　　）

44．默认情况下 FTP 的服务器 21 端口用于传输指令。　　　　　　　　　　（　　）

45．SMTP 协议使用的服务器端口号为 25。　　　　　　　　　　　　　　　（　　）

46．TCP 协议称为"可靠传输协议"，原因之一是需要接收方确认。　　　　　（　　）

47．在使用 TCP 协议传输数据时一般经过 3 个过程，即建立连接、传输数据、释放连接。　　　　　　　　　　　　　　　　　　　　　　　　　　　　　　　　（　　）

48．UDP 是一种面向无连接的传输层协议，提供面向事务的简单不可靠信息传送服务。　　　　　　　　　　　　　　　　　　　　　　　　　　　　　　　　　（　　）

49．IP 只为主机提供一种无连接、不可靠且尽力而为的数据报传输服务。　　（　　）

50．IP 主要包含 IP 编址方案、分组封装格式及分组转发规则。　　　　　　　（　　）

51．在使用 Ping 命令测试时其传输层也有数据。　　　　　　　　　　　　　（　　）

52．MAC 由 48 位二进构成，其中前 24 位表示制造商编号，这个编号由 IEEE 分配；后 24 位是制造商对网卡的自编号　　　　　　　　　　　　　　　　　　　　（　　）

53．主机配置为自动获取 IP 地址后，若不能从 DHCP 获得 IP 地址，则该主机的 IP 为 0.0.0.0。　　　　　　　　　　　　　　　　　　　　　　　　　　　　　（　　）

54．无路由功能的无线 AP 相当于一台具有无线接入功能的交换机。　　　　（　　）

55．如果光猫的以太网接口和家里其他无线路由器 WAN 口连接，则在家庭网络环境中形成了两个子网。　　　　　　　　　　　　　　　　　　　　　　　　　　（　　）

56．如果光猫的以太网接口和家里其他无线路由器 LAN 口连接，则通过无线路由器上网的终端的网关应设置为无线路由器的 IP 地址。　　　　　　　　　　　　　　（　　）

57．如果光猫的以太网接口和家里其他无线路由器 LAN 口连接，则通过无线路由器上网的终端的网关应设置为光猫的内网 IP 地址。　　　　　　　　　　　　　　　（　　）

58．一个 VLAN 就是一个广播域。　　　　　　　　　　　　　　　　　　　（　　）

59．一个 VLAN 就是一个冲突域。　　　　　　　　　　　　　　　　　　　（　　）

60．划分 VLAN 可有效减轻广播带来的不利影响。　　　　　　　　　　　　（　　）

61．引入 VLAN 后，帧的标准是 802.1Q。　　　　　　　　　　　　　　　（　　）

62．802.1Q 帧比 802.3 的帧多 16 bits。　　　　　　　　　　　　　　　　（　　）

63．帧中的 TPID 值为 0X8100 表示帧为 802.1Q 帧。　　　　　　　　　　（　　）

64．VLAN ID 长度为 10 位。　　　　　　　　　　　　　　　　　　　　　（　　）

65．VLAN ID 的可用范围为 1～4 094。　　　　　　　　　　　　　　　　　（　　）

66．Access 端口用于连接主机。　　　　　　　　　　　　　　　　　　　　（　　）

67．Trunk 端口用于交换机之间的连接，Trunk 链路可传输多个 VLAN 帧。　（　　）

68．IPv4 地址由 32 个字节构成。　　　　　　　　　　　　　　　　　　　　（　　）

69．IPv6 地址由 16 个字节构成。　　　　　　　　　　　　　　　　　　　　（　　）

70．IPv4 地址一般采用点分十进制表示，每组数字不能大于 250。　　　　　（　　）

71．D 类地址以二进制 1110 开始，属于多播地址，一般不分配给主机使用。　　　　　　　　　　　　　　　　　　　　　　　　　　　　　　　　　　　（　　）

72．E 类地址以二进制 1111 开始，属于保留地址。　　　　　　　　　　　　（　　）

73．A 类地址第 1 组数的范围为 1～127。　　　　　　　　　　　　　　　　（　　）

74．B 类地址第 1 组数的范围为 128～191。　　　　　　　　　　　　　　　（　　）

75. C 类地址第 1 组数的范围为 192～224。 （　　）

76. 子网掩码不能单独存在，必须结合 IP 地址一起使用。 （　　）

77. 子网掩码是一个 32 位地址，用于屏蔽 IP 地址的一部分以区别网络标识和主机标识，并说明该 IP 地址是在局域网还是在广域网中。 （　　）

78. VLSM 划分 IP 子网比平均划分更浪费 IP 地址。 （　　）

79. 如果两台计算机的网络地址相同，则属于同一子网。 （　　）

80. 172.32.1.1 属于公有地址。 （　　）

81. 单播是指一台主机向多台主机发送信息。 （　　）

82. 若子网掩码为 0.0.0.0，则指特定的一台主机。 （　　）

83. 在划分子网时，若需要 6 个子网，则需要从主机中借 3 位划分。 （　　）

84. 在划分子网时，若从主机中借 4 位，则可划分 8 个子网。 （　　）

85. IP 地址与子网掩码相或即可得到网络地址。 （　　）

86. 网络地址的主机位全为 0（二进制位）。 （　　）

87. 广播地址的主机位全为 1（二进制位）。 （　　）

88. 用户在访问网络时，只可以使用域名，不可以使用 IP 地址。 （　　）

89. 在网络中，如果要访问的文件位于其他计算机中，那么需要双击“我的电脑”图标。 （　　）

90. 作为局域网中一名普通用户，可以使用网络中共享的资源，但不能把自己机器的资源提供给网络中的其他用户。 （　　）

91. Internet 采用的通信协议是 TCP/IP 协议。 （　　）

92. FTP 是 Internet 中的一种文件传输服务，可以将文件下载到本地计算机中。 （　　）

93. 使用 FTP 将网页上传至网站，首先应获得登录 FPT 服务器的用户名和密码。（　　）

94. 若要在 IE 中阻止弹出窗口，则应在“内容”选项卡中选中“启用弹出窗口阻止程序”。 （　　）

95. 若启用了“弹出窗口阻止程序”，则不能设置例外。 （　　）

96. 若想查看网页源代码，可按 Ctrl+U 组合键。 （　　）

97. 在 IE 中也可以进行页面设置。 （　　）

98. E-mail 邮件可以发送给网络中的任意合法用户，但不能发送给自己。 （　　）

99. ren@online@sh.cn 是合法的 E-mail 地址。 （　　）

100. 发送邮件使用的协议是 SMTP。 （　　）

101. 在使用 Outlook 收发邮件前应配置好账户，并且设置好接收邮件服务器地址和待发邮件的服务器地址。 （　　）

102. 使用 Outlook 将邮件从服务器下载到本地使用的协议是 SMTP。 （　　）

✡8 信息安全部分习题

8.1 单选题

1. 计算机病毒是（ ）。
   A．一段文本文件
   B．一段能运行且有破坏作用的程序
   C．一种可感染人的病毒
   D．一种不可自我复制的程序
2. 黑客利用"木马"的（ ）操作入侵计算机。
   A．服务端
   B．控制端
   C．终端
   D．超级终端
3. 不是防火墙功能的是（ ）。
   A．监控审计
   B．阻止特定 IP 通信
   C．阻止特定端口通信
   D．清除病毒
4. 关于 Windows 防火墙中说法错误的是（ ）。
   A．可阻止特定端口通信
   B．可阻止特定协议通信
   C．可阻止特定程序通信
   D．启用防火墙后不可设置为可 ping 自己
5. 不是计算机病毒传播途径的是（ ）。
   A．U 盘
   B．网络
   C．邮件
   D．电线

8.2 多选题

1. 属于计算机病毒特征的有（ ）。
   A．破坏性
   B．传染性
   C．潜伏性
   D．隐蔽性
2. 计算机病毒按寄生方式有（ ）。
   A．引导型
   B．文件型
   C．良性
   D．恶性
3. 计算机病毒按入侵方式有（ ）。
   A．操作系统型病毒
   B．原码型病毒
   C．外壳型病毒
   D．入侵型病毒
4. 属于计算机病毒的传染途径的有（ ）。
   A．通过 U 盘
   B．通过网络
   C．通过邮件
   D．通过空气
5. 物理安全包括（ ）。
   A．环境安全
   B．介质安全
   C．通信线路安全
   D．人员安全

8.3 判断题

1. 计算机杀毒软件可清除所有病毒。 （ ）

2．对称加密时加密的密钥与解密的密钥相同。 （ ）

3．非对称加密时加密的密钥与解密的密钥相同。 （ ）

4．我国山东大学王小云教授团队提出了密码哈希函数的碰撞攻击理论，破解了包括 MD5、SHA-1 在内的 5 个国际通用哈希函数算法。 （ ）

5．防火墙的部署方式主要有桥接式、网关式和 NAT 式。 （ ）

☆9 数据库部分习题☆

9.1 单选题

1．常见的数据模型有 3 种，它们是（ ）。
  A．网状、关系、语义 B．层次、关系、网状
  C．环状、层次、关系 D．属性、元组、记录

2．用二维表来表示实体与实体之间联系的数据模型是（ ）。
  A．实体-联系模型 B．层次模型
  C．网状模型 D．关系模型

3．数据库系统的核心是（ ）。
  A．数据模型 B．数据库管理系统
  C．数据库系统 D．数据库

4．Access 2016 是一个（ ）。
  A．数据库文件系统 B．数据库系统
  C．数据库应用系统 D．数据库管理系统

5．Access 2016 数据库的核心与基础是（ ）。
  A．表 B．宏 C．窗体 D．模块

6．Access 2016 中表和数据库的关系是（ ）。
  A．一个数据库可以包含多个表 B．一个表只能包含两个数据库
  C．一个表可以包含多个数据库 D．一个数据库只能包含一个表

7．不是 Access 2016 数据库对象的是（ ）。
  A．表 B．查询 C．视图 D．模块

8．在"学生"表中要查找年龄小于 18 岁且姓"张"的男生，应采用的关系运算是（ ）。
  A．选择 B．投影 C．连接 D．笛卡儿积

9．在"学生"表中要显示学号和姓名，应采用的关系运算是（ ）。
  A．选择 B．投影 C．连接 D．笛卡儿积

10．假设一个书店用一组属性来描述图书，其中可以作为关键字的是（ ）。
  A．书号 B．书名 C．作者 D．出版社

11. 在现实世界中每个人都有自己的出生地，实体"人"与实体"出生地"之间的联系是（　　）。

　　A. 一对一联系　　　B. 一对多联系　　　C. 多对多联系　　　D. 无联系

12. Access 2016 表中字段的数据类型不包括（　　）。

　　A. 文本　　　　　　B. 备注　　　　　　C. 常用　　　　　　D. 日期/时间

13. 在 Access 2016 数据库中，表由（　　）组成。

　　A. 字段和记录　　　B. 查询和记录　　　C. 记录和窗体　　　D. 报表和记录

14. 在 Access 2016 中，对数据输入无法起到约束作用的是（　　）。

　　A. 输入掩码　　　　B. 有效性规则　　　C. 字段名称　　　　D. 数据类型

15. 在 Access 2016 中，设置为主键的字段（　　）。

　　A. 不能设置索引　　　　　　　　　　　B. 可设置"有"（有重复）索引

　　C. 系统自动设置索引　　　　　　　　　D. 可设置"无"索引

16. 在 Access 2016 中，将表 A 的记录添加到表 B 中要求保持表 B 中原有的记录，可以使用的查询是（　　）。

　　A. 选择查询　　　　B. 生成表查询　　　C. 追加查询　　　　D. 更新查询

17. 在 Access 2016 中的 SELECT 语句中，使用 ORDER BY 是为了指定（　　）。

　　A. 查询的表　　　　　　　　　　　　　B. 查询结果的顺序

　　C. 查询的条件　　　　　　　　　　　　D. 查询的字段

18. 条件"Not 工资>2500"的含义是（　　）。

　　A. 选择工资大于 2 500 的记录

　　B. 选择工资小于 2 500 的记录

　　C. 选择除了工资大于 2 500 之外的记录

　　D. 选择除了字段工资之外的字段且大于 2 500 的记录

19. 关于数据库系统的描述中正确的是（　　）。

　　A. 数据库系统中数据的一致性是指数据类型的一致性

　　B. 数据库系统比文件系统能管理更多的数据

　　C. 数据库系统减少了数据冗余

　　D. 数据库系统避免了一切冗余

20. 数据库系统的特点是（　　）、数据独立、减少数据冗余、避免数据不一致和加强数据保护。

　　A. 数据共享　　　　B. 数据存储　　　　C. 数据应用　　　　D. 数据保密

21. 数据处理的最小单位是（　　）。

　　A. 数据　　　　　　B. 数据元素　　　　C. 数据项　　　　　D. 数据结构

22. 在 Access 2016 中，索引属于（　　）。

　　A. 模式　　　　　　B. 内模式　　　　　C. 外模式　　　　　D. 概念模式

23. 关于数据库系统的叙述中正确的是（　　）。

　　A. 数据库系统减少了数据冗余

　　B. 数据库系统避免了一切冗余

　　C. 数据库系统中数据的一致性是指数据类型一致

D. 数据库系统比文件系统能管理更多的数据

24. 数据库系统的核心是（　　）。

A. 数据库　　　　B. 数据库管理系统　C. 模拟模型　　　D. 软件工程

25. 在数据库系统层次示意图中数据库应用系统的位置是第（　　）层。

A. 1　　　　　　B. 3　　　　　　　C. 2　　　　　　D. 4

26. 在数据库系统的4要素中，其核心和管理对象是（　　）。

A. 硬件　　　　　B. 软件　　　　　　C. 数据库　　　　D. 人

27. 在Access 2016中，其他数据库对象的基础数据库对象是（　　）。

A. 报表　　　　　B. 查询　　　　　　C. 表　　　　　　D. 模块

28. 已知表1（"雇员编号""姓名""部门编号"）和表2（"部门编号""部门名称"）通过关联"部门编号"这一相同字段构成的关系为（　　）。

A. 一对一　　　　B. 多对一　　　　　C. 一对多　　　　D. 多对多

29. 在Access 2016中，要为数据库表添加Internet站点的网址，则采用的字段类型是（　　）。

A. OLE对象数据类型　　　　　　　　B. 超级链接数据类型

C. 查阅向导数据类型　　　　　　　　D. 自动编号数据类型

30. 在Access 2016中，能从一个或多个表中检索数据，在一定的限制条件下还可以通过此查询方式来更改相关表中记录的是（　　）。

A. 选择查询　　　B. 参数查询　　　　C. 操作查询　　　D. SQL查询

31. 包含另一个选择或操作查询中的SQL SELECT语句可以在查询设计网格的"字段"行中输入这些语句来定义新字段，或在"准则"行中定义字段准则的查询是（　　）。

A. 联合查询　　　B. 传递查询　　　　C. 数据定义查询　D. 子查询

32. 不属于查询3种视图的是（　　）。

A. 设计视图　　　B. 模板视图　　　　C. 数据表视图　　D. SQL视图

33. 在Access 2016中，要将"成绩"表中学生的"成绩"字段取整可以使用（　　）。

A. Abs(成绩)　　　B. Int(成绩)　　　　C. Srq(成绩)　　　D. Sgn(成绩)

34. 在Access 2016的查询设计视图中（　　）。

A. 可以添加数据库表，也可以添加查询　B. 只能添加数据库表

C. 只能添加查询　　　　　　　　　　　D. 以上两者都不能添加

35. 数据库系统中除了可用层次模型和关系模型表示实体类型及实体间联系的数据模型以外，还有（　　）。

A. E-R模型　　　B. 信息模型　　　　C. 网状模型　　　D. 物理模型

36. 在数据库的3级模式中，内模式有（　　）个。

A. 1　　　　　　B. 2　　　　　　　C. 3　　　　　　D. 5

37. 同一个关系模型的任意两个元组值（　　）。

A. 不能完全一样　B. 可以完全一样　　C. 必须完全一样　D. 以上都不对

38. 一个关系数据库文件中的各条记录（　　）。

A. 前后顺序不能任意颠倒，一定要按照输入的顺序排列

B. 前后顺序可以任意颠倒，不影响库中的数据关系

C. 前后顺序可以任意颠倒，但是影响数据统计结果

D. 以上都不对

39. 二维表由行和列组成，每一行表示关系的一个（　　）。

A. 域　　　　　　　B. 记录　　　　　　C. 集合　　　　　　D. 元组

40. 关于数据库描述不正确的是（　　）。

A. 数据库中存放的数据不仅仅是数值型数据

B. 数据库管理系统的功能不仅仅是建立数据库

C. 目前在数据库产品中关系模型的数据库系统占了主导地位

D. 关系模型中数据的物理布局和存取路径向用户公开

41. 在 Access 2016 中，描述正确的是（　　）。

A. Access 2016 只能使用菜单或对话框创建数据库应用系统

B. Access 2016 具有程序设计能力

C. Access 2016 具有模块化程序设计能力

D. Access 2016 对象具有程序设计能力，并能创建复杂的数据库应用系统

42. 不是需求分析阶段工作的是（　　）。

A. 分析用户活动　　　　　　　　　　B. 建立 E-R 图

C. 建立数据字典　　　　　　　　　　D. 建立数据流图

43. 在数据库设计中用 E-R 图来描述信息结构，但不涉及信息在计算机中的表示，它属于数据库设计的（　　）阶段。

A. 需求分析　　　　B. 概念结构设计　　　　C. 逻辑设计　　　　D. 物理设计

44. 在关系数据库设计中，设计关系数据模型是（　　）的任务。

A. 需求分析阶段　　　　　　　　　　B. 概念设计阶段

C. 逻辑结构设计阶段　　　　　　　　D. 物理设计阶段

45. 在概念模型中一个实体集合对应于关系模型中的一个（　　）。

A. 元组（记录）　　B. 字段　　　　　　C. 关系　　　　　　D. 属性

46. 应用数据库的主要目的是（　　）。

A. 解决数据保密问题　　　　　　　　B. 解决数据完整性问题

C. 解决数据共享问题　　　　　　　　D. 解决数据量大的问题

47. 在数据库设计中，将 E-R 图转换成关系数据模型的过程属于（　　）。

A. 需求分析阶段　　　　　　　　　　B. 逻辑设计阶段

C. 概念设计阶段　　　　　　　　　　D. 物理设计阶段

48. 在数据管理技术的发展过程中，经历了人工管理阶段、文件系统阶段和数据库系统阶段，其中数据独立性最高的阶段是（　　）。

A. 数据库系统　　　B. 文件系统　　　　C. 人工管理　　　D. 数据项管理

49. DB（数据库）、DBS（数据库系统）、DBMS（数据库管理系统）之间的关系是（　　）。

A. DBS 包括 DB 和 DBMS　　　　　　B. DBMS 包括 DB 和 DBS

C. DB 包括 DBS 和 DBMS　　　　　　D. DBS 等于 DB 和 DBMS

50. 图中所示的数据模型属于（　　）。

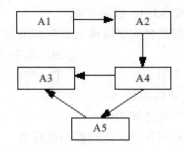

A．层次模型　　　　B．关系模型　　　　C．网状模型　　　D．以上都不是

51．关系模型中术语解析不正确的是（　　　）。

　　A．记录：满足一定规范化要求的二维表，也称"关系"

　　B．字段：二维表中的一列

　　C．数据项，也称"分量"，是每个记录中的一个字段的值

　　D．字段的值域：字段的取值范围，也称为"属性域"

52．描述正确的是（　　　）。

　　A．数据处理是将信息转化为数据的过程

　　B．数据库设计是指设计数据库管理系统

　　C．如果一个关系中的属性或属性集并非该关系的主码，但它是另一个关系的主码，则称其为本关系的"外码"

　　D．关系中的每列称为"元组"，一个元组就是一个字段

53．在 Access 2016 中，用 SQL 语言描述"在'教师'表中查找男教师的全部信息"正确的是（　　　）。

　　A．select from 教师表 if(性别='男')

　　B．select 性别 from 教师表 if(性别='男')

　　C．select *from 教师表 where(性别='男')

　　D．select *from 性别 where(性别='男')

54．在 Access 2016 中，将所有字符转换为大写的输入掩码是（　　　）。

　　A．>　　　　　　　B．<　　　　　　　C．0　　　　　　　D．A

55．Access 2016 中表与表的关系定义为（　　　）。

　　A．一对多关系　　B．多对多关系　　C．一对一关系　　D．多对一关系

56．在 Access 2016 中，属于操作查询的是（　　　）。

①删除查询　②更新查询　③交叉表查询　④追加查询　⑤生成表查询

　　A．①②③④　　　B．②③④⑤　　　C．③④⑤①　　　D．④⑤①②

57．在 Access 2016 中，在执行时弹出对话框提示用户输入必要的信息，然后按照这些信息的查询是（　　　）。

　　A．选择查询　　　B．参数查询　　　C．交叉表查询　　D．操作查询

58．要查询"学生表"中姓"张"的所有学生记录，正确的 SQL 语句是（　　　）。

　　A．select * from 学生表 where 姓名="张_"

　　B．select * from 学生表 where 姓名="张#"

　　C．select * from 学生表 where 姓名="张?"

D. select * from 学生表 where 姓名="张*"

59. "输入掩码"是指能起到控制向字段输入数据作用的字符,掩码"0"的含义是（   ）。

    A. 数字 0～9,必选项
          B. 数字 0,必选项

    C. 数字或空格,非必选项
          D. 空格,必选项

60. 关于数据库系统描述正确的是（   ）。

    A. 数据库中只存在数据项之间的联系

    B. 数据库中的数据项之间和记录之间都存在联系

    C. 数据库的数据项之间无联系,记录之间存在联系

    D. 数据库中的数据项之间和记录之间都不存在联系

61. Access 2016 数据库属于（   ）数据库。

    A. 层次模型
      B. 网状模型
      C. 关系模型
      D. 面向对象模型

62. 打开 Access 2016 数据库时,应打开扩展名为（   ）的文件。

    A. mdf
      B. accdb
      C. mde
      D. DBF

63. 已知数据库中两个表的主关键字之间是一对多的关系,这两个表若想建立关联,应该建立的永久联系是（   ）。

    A. 一对一
      B. 一对多
      C. 多对多
      D. 多对一

64. 不是 Access 2016 数据库对象类型的是（   ）。

    A. 表
      B. 向导
      C. 窗体
      D. 报表

65. 关系数据库中的表不必具有的性质是（   ）。

    A. 数据项不可再分

    B. 同一列数据项要具有相同的数据类型

    C. 记录的顺序可以任意排列

    D. 字段的顺序不能任意排列

66. 对于 Access 2016（高版本）与 Access 2010（低版本）之间说法不正确的是（   ）。

    A. 通过数据转换技术可以实现高低版本的共享。

    B. 高版本文件在低版本数据库中可以打开,但有些功能不能正常运行。

    C. 低版本数据库文件无法在高版本数据库中运行。

    D. 高版本文件在低版本数据库中能使用,但是需将其转换成低版本。

67. 不能退出 Access 2016 的方法是（   ）。

    A. 选择"文件"下拉菜单中的"退出"命令

    B. 单击窗口右上角的"关闭"按钮

    C. 按 ESC 键

    D. 按 Alt+F4 组合键

68. Access 2016 在同一时间可打开（   ）个数据库。

    A. 1
      B. 2
      C. 3
      D. 4

69. 在 Access 2016 中为表中某一字段建立索引时,若其值有重复,可选择（   ）索引。

    A. 主
      B. 有（无重复）
      C. 无
      D. 有（有重复）

70. 在 Access 2016 中,创建表可以在（   ）中进行。

A．报表设计器　　　B．表浏览器　　　C．表设计器　　　D．查询设计器

71．在 Access 2016 中，不能进行索引的字段类型是（　　）。

A．备注　　　　　B．数值　　　　　C．字符　　　　　D．日期

72．在 Access 2016 中，在文本类型字段的"格式"属性中使用"<"，则叙述正确的是（　　）。

A．将所输入数据以小写形式显示　　　B．只可输入"<"符号

C．此栏不可以是空白　　　D．将所输入数据以大写形式显示

73．在 Access 2016 中，文本类型的字段最多可容纳（　　）个中文字。

A．255　　　　　B．256　　　　　C．128　　　　　D．127

74．在 Access 2016 中，合法的表达式是（　　）。

A．教师工资 between 2000 and 3000　　　B．[性别]="男" or [性别]="女"

C．[教师工资]>2000[教师工资]<3000　　　D．[性别] like "男" =[性别]="女"

75．在 Access 2016 中，若要查询成绩为 60～80 分之间（包括 60 分，不包括 80 分）的学生的信息，"成绩"字段的查询准则应设置为（　　）。

A．>60 or <80　　　B．>=60 and <80　　　C．>60 and <80　　　D．IN(60,80)

76．在 Access 2016 中，在查询设计器的查询设计网格中的（　　）不是"字段"列表框中的选项。

A．排序　　　　　B．显示　　　　　C．类型　　　　　D．准则

77．在 Access 2016 中，动作查询不包括（　　）。

A．更新查询　　　B．追加查询　　　C．参数查询　　　D．删除查询

78．在 Access 2016 中，若上调产品价格，最方便的方法是使用（　　）查询。

A．追加查询　　　B．更新查询　　　C．删除查询　　　D．生成表查询

79．在 Access 2016 中，若要查询姓"李"的学生，查询准则应设置为（　　）。

A．like "李"　　　B．like "李*"　　　C．= "李"　　　D．>= "李"

80．在 Access 2016 中，若要用设计视图创建一个查询查找总分在 555 分以上（包括 555 分）的女同学的姓名、性别和总分，正确设置查询准则的方法应为（　　）。

A．在"准则"单元格中键入"总分>=555 And 性别='女'"

B．在"总分准则"单元格中键入"总分>=555"，在"性别的准则"单元格中键入"女"

C．在"总分准则"单元格中键入">=555"，在"性别的准则"单元格中键入"女"

D．在"准则"单元格中键入"总分>=555 or 性别='女'"

81．在 Access 2016 中的查询设计器中不显示选定字段的内容，则将该字段的（　　）项"√"取消。

A．排序　　　　　B．显示　　　　　C．类型　　　　　D．准则

82．在 Access 2016 中，交叉表查询是为了解决（　　）。

A．在一对多关系中，对多方实现分组求和的问题

B．在一对多关系中，对一方实现分组求和的问题

C．在一对一关系中，对一方实现分组求和的问题

D．在多对多关系中，对多方实现分组求和的问题

83．在 Access 2016 中的"查询参数"窗口中定义查询参数时，除定义查询参数的类型外，还要（　　）。

A．定义参数名称 　　　　　　　　　　B．定义参数值

C．什么也不定义 　　　　　　　　　　D．定义参数值域

84．在 Access 2016 中，SQL 查询能够创建（　　）。

A．更新查询　　　B．追加查询　　　C．选择查询　　　D．以上各类查询

85．关于 Access 2016 查询描述错误的是（　　）。

A．查询的数据源来自于表或已有的查询

B．查询的结果可以作为其他数据库对象的数据源

C．查询可以分析、追加、更改、删除数据

D．查询不能生成新的数据表

86．在 Access 2016 中，若要获得"学生"表中的所有记录及字段，其 SQL 语句应是（　　）。

A．select 姓名 from 学生 　　　　　B．select *from 学生

C．select * from 学生 where 学号=12 　　D．以上都不是

87．在 Access 2016 中，索引属于（　　）。

A．模式　　　B．内模式　　　C．外模式　　　D．概念模式

88．在关系数据库中，用来表示实体之间联系的是（　　）。

A．树结构　　　B．网结构　　　C．线性表　　　D．二维表

89．数据库的物理设计是为一个给定的逻辑结构选取一个适合应用环境的（　　）的过程，包括确定数据库在物理设备中的存储结构和存取方法。

A．逻辑结构　　　B．物理结构　　　C．概念结构　　　D．层次结构

90．在关系数据库中主码标识元组的作用通过（　　）实现。

A．实体完整性原则 　　　　　　　　　B．参照完整性原则

C．用户自定义完整性 　　　　　　　　D．域完整性

91．在数据库的 3 级模式结构中描述数据库中全局逻辑结构和特征的是（　　）。

A．外模式　　　B．内模式　　　C．存储模式　　　D．模式

92．在关系运算中投影运算的含义是（　　）。

A．在基本表中选择满足条件的记录组成一个新的关系

B．在基本表中选择需要的字段（属性）组成一个新的关系

C．在基本表中选择满足条件的记录和属性组成一个新的关系

D．上述说法均是正确的

93．在专门的关系运算中选择运算是（　　）。

A．在基本表中选择满足条件的记录组成一个新的关系

B．在基本表中选择字段组成一个新的关系

C．在基本表中选择满足条件的记录和属性组成一个新的关系

D．上述说法都是正确的

94．要从学生关系中查询学生的学号为"20080100"所进行的查询操作属于（　　）。

A．选择　　　B．投影　　　C．连接　　　D．自然连接

95．数据库管理系统中用来定义模式、内模式和外模式的语言为（　　）。

A．C　　　　　　　B．Basic　　　　　　C．DDL　　　　　　D．DML

96．有关数据库描述正确的是（　　）。

A．数据库是一个 DBF 文件　　　　　　B．数据库是一个关系

C．数据库是一个结构化的数据集合　　　D．数据库是一组文件

97．有关数据库描述正确的是（　　）。

A．数据处理是将信息转化为数据的过程

B．数据的物理独立性是指当数据的逻辑结构改变时数据的存储结构不变

C．关系中的每一列称为"元组"，一个元组就是一个字段

D．如果一个关系中的属性或属性组并非该关系的关键字，但它是另一个关系的关键字，则称其为本关系的"外关键字"

98．不属于数据库系统组成的是（　　）。

A．数据库集合　　　　　　　　　　　　B．用户

C．数据库管理系统及相关软件　　　　　D．操作系统

99．用二维表来表示实体及实体之间联系的数据模型是（　　）。

A．关系模型　　　　　　　　　　　　　B．层次模型

C．网状模型　　　　　　　　　　　　　D．实体－联系模型

100．关系型数据库中所谓的"关系"是指（　　）。

A．各个记录中的数据彼此间有一定的关联关系

B．数据模型符合满足一定条件的二维表格式

C．某两个数据库文件之间有一定的关系

D．表中的两个字段有一定的关系

101．某文本型字段的值只能为字母且不允许超过 6 个，则可将该字段的输入掩码属性定义为（　　）。

A．AAAAAA　　　　B．LLLLLL　　　　C．CCCCCC　　　　D．999999

9.2　多选题

1．在 Access 2016 中，属于查询操作方式的是（　　）。

A．选择查询　　　　B．参数查询　　　　C．准则查询　　　　D．操作查询

2．在一个操作中不可以更改多条记录的查询是（　　）。

A．参数查询　　　　B．操作查询　　　　C．SQL 查询　　　　D．选择查询

3．不能"将信息工程系 2019 年以前毕业参加工作的学生的毕业年份改为 2019 年"的查询有（　　）。

A．生成表查询　　　B．更新查询　　　　C．删除查询　　　　D．追加查询

4．"年龄在 17～21 岁之间的学生"的查询条件不可以设置为（　　）。

A．>=17 or <=21　　　　　　　　　　　B．>=17 and <21

C．>=17 and <=21　　　　　　　　　　　D．>=17 or <21

5．关于查询功能叙述不正确的是（　　）。

A. 在查询中选择查询可以只选择表中的部分字段，通过选择一个表中的不同字段生成同一个表

B. 在查询中编辑记录主要包括添加、修改、删除，以及导入和导出记录

C. 在查询中查询不仅可以找到满足条件的记录，而且还可以在建立查询的过程中执行各种统计计算

D. 可以对 OLE 对象进行查询

6. Access 2016 中的查询包括（   ）。

   A. 更新查询　　　　B. 删除查询　　　　C. 生成表查询　　　　D. 追加查询

7. 每个查询都有（   ）。

   A. 设计视图　　　　B. 数据表视图　　　　C. SQL 视图　　　　D. 透视视图

8. 应用数据库的主要目的不包括（   ）。

   A. 解决数据保密问题　　　　　　　　B. 解决数据完整性问题

   C. 解决数据共享问题　　　　　　　　D. 解决数据量大的问题

9. 在数据库设计中，将 E-R 图转换成关系数据模型的过程不属于（   ）。

   A. 需求分析阶段　　　　　　　　　　B. 逻辑设计阶段

   C. 概念设计阶段　　　　　　　　　　D. 物理设计阶段

10. 在数据管理技术的发展过程中，经历了（   ）阶段。

   A. 人工管理　　　　B. 文件系统　　　　C. 数据库系统　　　　D. 分布式

11. DB、DBS、DBMS 之间关系错误的是（   ）。

   A. DBS 包括 DB 和 DBMS　　　　　　B. DBMS 包括 DB 和 DBS

   C. DB 包括 DBS 和 DBMS　　　　　　D. DBS 等于 DB 和 DBMS

12. 关于关系模型中术语解析正确的是（   ）。

   A. 记录是满足一定规范化要求的二维表，也称"关系"

   B. 字段是二维表中的一列

   C. 数据项也称"分量"，是每个记录中的一个字段的值

   D. 字段的值域为字段的取值范围，也称为"属性域"

13. 用 SQL 语言描述"在'教师表'中查找女教师的全部信息"正确的是（   ）。

   A. select * from 教师表 if（性别＝'女'）

   B. select 性别 from 教师表 if（性别＝'女'）

   C. select * from 教师表 where（性别＝'女'）

   D. select * from 性别 where（性别＝'女'）

14. 将所有字符转换为大写或小写的输入掩码是（   ）。

   A. >　　　　　　　B. <　　　　　　　C. 0　　　　　　　D. A

15. 属于操作查询的是（   ）。

   A. 删除查询　　　　B. 更新查询　　　　C. 追加查询　　　　D. 生成表查询

16. 关于特殊运算符"In"含义描述不正确的是（   ）。

   A. 用于指定一个字段值的范围，指定的范围之间用 And 连接

   B. 用于指定一个字段值的列表，其中的任一值都可与查询的字段相匹配

   C. 用于指定一个字段为空

D．用于指定一个字段为非空

17．在"学生"表中（"学号""姓名""年龄""专业""参加工作时间"）中要查询在 2018-01-01～2018-12-31 之间参加工作的所有学生信息，正确的条件语句是（　　）。

A．参加工作时间 between '2018-01-01' and '2018-12-31'

B．参加工作时间 between '2018-01-01' or '2018-12-31'

C．参加工作时间>= '2018-01-01' and 参加工作时间<= '2018-12-31'

D．参加工作时间> '2018-01-01' and 参加工作时间< '2018-12-31'

18．在 Access 2016 中，NULL 的含义不包括（　　）。

A．0　　　　　　　　　　　　　B．空格

C．未知的值或无任何值　　　　　D．空字符串

19．数据库的故障恢复一般不是由（　　）完成的。

A．数据流　　　B．数据字典　　　C．DBA　　　D．PAD

20．属于数据模型所描述内容的说法是（　　）。

A．数据结构　　　B．数据操作　　　C．数据查询　　　D．数据约束

21．在 Access 2016 数据库中，不是其他数据库对象基础的数据库对象是（　　）。

A．报表　　　B．查询　　　C．表　　　D．模块

22．数据模型可以是（　　）。

A．关系模型　　　B．层次模型　　　C．网状模型　　　D．对象模型

23．常用的关系型数据库有（　　）。

A．Oracle　　　　　　　　　　　B．MySQL

C．Microsoft SQL Server　　　　　D．IBM DB2

24．不符合 Access 字段命名规则的字符串是（　　）。

A．!test!　　　B．%test%　　　C．[test]　　　D．'test'

25．某数据库的表中要添加一个 Excel 文档，不能采用的字段类型是（　　）。

A．OLE 对象数据类型　　　　　　B．超级连接数据类型

C．查阅向导数据类型　　　　　　D．自动编号数据类型

26．若要在某表中的"地址"字段中查找以"成都"开头的所有地址，在"查找内容"文本框中输入字符串错误的是（　　）。

A．成都?　　　B．成都*　　　C．成都[]　　　D．成都#

27．属于查询的 3 种视图的是（　　）。

A．设计视图　　　B．模板视图　　　C．数据表视图　　　D．SQL 视图

28．叙述查询实现功能不正确的是（　　）。

A．选择字段、选择记录、编辑记录、实现计算、建立新表、建立数据库

B．选择字段、选择记录、编辑记录、实现计算、建立新表、更新关系

C．选择字段、选择记录、编辑记录、实现计算、建立新表、设置格式

D．选择字段、选择记录、编辑记录、实现计算、建立新表、建立基于查询的报表和窗体

29．设置排序可以将查询结果按一定的顺序排列，以便查阅。如果所有的字段都设置了排序，那么查询的结果将先按（　　）两个排序字段。

A．左边第 1 个字段　　　　　　　B．左边第 2 个字段

C．右边第 1 个字段　　　　　　　D．右边第 2 个字段

30．关于准则 Like "[! 北京，上海，广州]"，不满足的是（　　）。

A．北京　　　　B．上海　　　　C．广州　　　　D．成都

31．用于操作表的 SQL 语句是（　　）。

A．alter　　　　B．create　　　　C．update　　　　D．insert

32．用于操作数据的 SQL 语句是（　　）。

A．delete　　　　B．create　　　　C．update　　　　D．insert

33．关系模型允许定义（　　）。

A．实体完整性约束　　　　　　　B．参照完整性约束

C．域完整性约束　　　　　　　　D．用户自定义的完整性约束

34．属于数据库系统组成的是（　　）。

A．硬件系统　　　　B．数据库管理系统及相关软件

C．文件系统　　　　D．数据库管理员

35．在数据库系统中数据库管理员能够管理的有（　　）。

A．数据库管理系统　　　　　　　B．数据库应用系统

C．操作系统　　　　　　　　　　D．数据库硬件

36．关于描述构成关系模型中一组相互联系的"关系"错误的是（　　）。

A．满足一定规范化要求的二维表　　B．二维表中的 1 行

C．二维表中的 1 列　　　　　　　D．二维表中的 1 个数字项

37．不符合 Access 特点和功能描述正确的是（　　）。

A．Access 仅能处理 Access 格式的数据库，不能访问诸如 DBASE、FOXBASE、Btrieve 等格式的数据库。

B．采用 OLE 技术能够方便创建和编辑多媒体数据库，包括文本、声音、图像和视频等对象。

C．Access 支持 ODBC 标准的 SQL 数据库的数据。

D．可以采用 VBA（Visual Basic Application）编写数据库应用程序。

38．Access 数据库设计一般由分析建立数据库的目的、（　　）等步骤组成。

A．确定数据库中的表　　　　　　B．确定表中的字段

C．确定主关键字　　　　　　　　D．确定表之间的关系

39．某字段中已经有数据，现将该字段重新设置为整数型，则以下所存数据不会发生变化的是（　　）。

A．123　　　　B．2.5　　　　C．-12　　　　D．1 563

40．属于操作查询方式的是（　　）。

A．选择查询　　B．删除查询　　C．更新查询　　D．追加查询

41．检索价格在 10～20 元之间的产品，设置条件错误的是（　　）。

A．>=10 not <=20　　　　　　　B．>=10 or <= 20

C．>=30 and <=60　　　　　　　D．>=10 like <=20

41．关于查询描述正确的是（　　）。

A．只能根据已建查询创建查询

B．只能根据数据库表创建查询

C．可以根据数据库表创建查询，但不能根据已建查询创建查询

D．可以根据数据库表和已建查询创建查询

42．与文件系统相比，数据库系统的特点是（　　　）。

A．数据冗余度小　　B．数据共享性高　　C．数据冗余度大　　D．数据共享性低

43．关系中不能够唯一标识某个记录的字段是（　　　）。

A．文件字段　　　　B．主关键字段　　　　C．域字段　　　　D．实体集

44．在 Access 2016 数据表视图中可以（　　　）。

A．插入一个字段　　　　　　　　　　B．修改字段的名称

C．删除一个字段　　　　　　　　　　D．删除一个记录

45．在 Access 2016 数据表设计视图中不可以（　　　）。

A．修改一条记录　　　　　　　　　　B．修改字段的名称

C．删除一个字段　　　　　　　　　　D．删除一个记录

46．如果要修改表中的数据，不能采用（　　　）。

A．选择查询　　　　　　　　　　　　B．操作查询

C．表对象中的设计视图　　　　　　　D．表对象中的数据视图

47．说法正确的是（　　　）。

A．计算函数 COUNT 的作用是统计记录的个数

B．文本字段最长为 255 个字符

C．数字字段最大存储空间为 8 个字节

D．计算函数 Last 的作用是选择所在字段的最后一个值

48．说法正确的是（　　　）。

A．计算函数 COUNT 的作用是统计记录的个数

B．文本字段最长为 200 个字符

C．数字字段的最大存储空间为 8 个字节

D．计算函数 Expression 的作用是选择所在字段的最后一个值

49．查看成都商品公司"工资"表中工资为 8 000 元以上（不含 8 000 元）人员的记录，表达式为（　　　）。

A．部门="成都商品公司" and 工资>8000

B．部门="成都商品公司" and 工资>=8000

C．部门=成都商品公司 and 工资>=8000

D．工资>8000 and 部门="成都商品公司"

50．查看"工资"表中工资为 8 000 元以上（不含 8 000 元）～10 000 元（不含 10 000 元）以下的人员记录，表达式为（　　　）。

A．工资>8000 or 工资<10000　　　　B．工资>8000 and 工资<10000

C．工资>=8000 and 实发工资=<10000　　D．工资（between 8000 and 10000）

51．筛选商品编号是"sp01"或"sp02"的记录，可以在准则中输入（　　　）。

A．"sp01" or "sp02"　　　　　　　　B．not in ("sp01", "sp02")

C．in ("sp01" , "sp02")　　　　　　　　　D．not ("sp01" and "sp02")

52．筛选商品编号是"sp01"～"sp10"的记录可以（　　　）。

A．工具栏中的筛选功能　　　　　　　　　B．表中的隐藏字段功能

C．在查询的"准则"中输入公式　　　　　D．表中的冻结字段功能

53．对数字型字段的记录数据进行统计，可以（　　　）。

A．运用查询计算需要统计的字段

B．运用 Sum 函数

C．运用 Average 函数

D．在数据表中的字段名称中输入公式进行计算

54．查询中的列求和条件应写在设计视图中的（　　　）行中。

A．总计　　　　　　B．字段　　　　　　C．准则　　　　　　D．显示

55．查询中的计算公式和条件应写在设计视图中的（　　　）行中。

A．总计　　　　　　B．字段　　　　　　C．准则　　　　　　D．显示

56．查询中的分组和条件应写在设计视图中的（　　　）行中。

A．总计　　　　　　B．字段　　　　　　C．准则　　　　　　D．显示

57．查询中的"英语精读"的列记录的平均值和"班级='英语 A 班'"的条件应写在设计视图中的（　　　）行中。

A．总计　　　　　　B．字段　　　　　　C．准则　　　　　　D．显示

58．如果要在查询中因运算增添集合性新字段，可（　　　）。

A．在设计视图中建立新查询，在"字段"中以写公式的方法建立

B．在设计视图中用 SQL 建立新查询，以写 SQL 语句的方法建立

C．建立表对象中的设计视图，以增添新字段的方法建立

D．在设计视图中建立新查询，在"准则"中以写公式的方法建立

59．使用表设计器定义表中字段时必须设置（　　　）。

A．字段名称　　　　B．数据类型　　　　C．说明　　　　　　D．字段属性

60．关于索引叙述正确的是（　　　）。

A．可以提高查询表中记录的速度　　　　B．可以加快排序表中记录的速度

C．可以基于单个字段或多个字段建立索引　　D．可以为所有的数据类型建立索引

61．关于关系数据库中数据表描述错误的是（　　　）。

A．数据表相互之间存在联系，但用独立的文件名保存

B．数据表相互之间存在联系并用表名表示

C．数据表相互之间不存在联系，完全独立

D．数据表既相对独立，又相互联系

62．属于 Access 数据类型的选项是（　　　）。

A．数字　　　　　　B．文本　　　　　　C．报表　　　　　　D．时间/日期

63．在 Access 2016 数据库中，一个关系就是一个（　　　）。

A．二维表　　　　　B．记录　　　　　　C．字段　　　　　　D．实体集

64．不能返回数值表达式整数部分值的函数是（　　　）。

A．Abs(数字表达式)　　　　　　　　　　B．Int(数值表达式)

C．Srq(数值表达式)　　　　　　　　　　D．Sgn(数值表达式)

65．从学生关系中查询学生的学号和姓名所执行的查询操作不属于（　　　）。

A．选择　　　　　　B．投影　　　　　　C．连接　　　　　　D．自然连接

66．Access 数据库表中的字段可以定义的有效性规则不是（　　　）。

A．控制符　　　　　B．文本　　　　　　C．条件　　　　　　D．数字

67．用 SQL 语言描述"在'学生表'中查找男学生的全部信息"，正确的是（　　　）。

A．select from　学生表　if (性别="男")

B．select 性别 from　学生表　if (性别="男")

C．select * from　学生表　where (性别="男")

D．select * from　性别 where (性别="男")

68．不合法的表达式是（　　　）。

A．学号 Between 05010101 and 05010305　　B．[性别] = "男"or [性别] = "女"

C．[价格] >= 75 [价格] <=90　　　　　　D．[性别] like "男"= [性别] = "女"

69．不能够使用"输入掩码向导"创建输入掩码字段类型的是（　　　）。

A．数字和日期/时间　　　　　　　　　　B．文本和货币

C．文本和日期/时间　　　　　　　　　　D．数字和文本

70．在 SQL 的 SELECT 语句中不能用于实现条件选择运算的是（　　　）。

A．for　　　　　　　B．while　　　　　　C．if　　　　　　　D．where

71．Access 数据库不属于（　　　）数据库。

A．层次模型　　　　B．网状模型　　　　C．关系模型　　　　D．面向对象模型

72．关系数据库中的表具有的性质是（　　　）。

A．数据项不可再分　　　　　　　　　　B．同一列数据项要具有相同的数据类型

C．记录的顺序可以任意排列　　　　　　D．字段的顺序不能任意排列

73．在 Access 2016 中可以进行索引的字段类型是（　　　）。

A．备注　　　　　　B．数值　　　　　　C．字符　　　　　　D．日期

74．在文本类型字段的"格式"属性中使用"@;无数据"，则叙述错误的是（　　　）。

A．代表所有输入的数据　　　　　B．只可输入"@"符号

C．此栏不可以是空白　　　　　　D．若未输入数据，会显示"无数据"3 个字

75．在查询设计器的查询设计网格中的（　　　）是"字段"列表框中的选项。

A．排序　　　　　　B．显示　　　　　　C．类型　　　　　　D．准则

76．操作查询包括（　　　）。

A．更新查询　　　　B．追加查询　　　　C．参数查询　　　　D．删除查询

77．若要用设计视图创建一个查询，查找学生总分在 500 分以上（含 500 分）的男同学的姓名、性别和总分，不正确的设置查询准则的方法为（　　　）。

A．在"准则"单元格中键入"总分>=500 and　性别='男'"

B．在"总分准则"单元格中键入"总分>=500"，在"性别"的"准则"单元格中键入"男"

C．在"总分准则"单元格中键入">=500"，在"性别"的"准则"单元格中键入"男"

D．在"准则"单元格中键入"总分>=500 or 性别='男'"

78．在查询设计器中需显示选定的字段内容则将该字段的（　　）项的"√"取消。

A．排序　　　　　B．显示　　　　　C．类型　　　　　D．准则

79．交叉表查询不能解决（　　）。

A．一对多关系中对多方实现分组求和的问题

B．一对多关系中对一方实现分组求和的问题

C．一对一关系中对一方实现分组求和的问题

D．多对多关系中对多方实现分组求和的问题

80．若取得"学生"表的所有记录及字段，其 SQL 语句错误的是（　　）。

A．select 姓名 from 学生

B．select * from 学生

C．select * from 学生 where 学号=20180012

D．select 学号，姓名 from 学生

81．关系数据库系统中所管理关系错误的是（　　）。

A．一个 accdb 文件　　　　　　　　B．若干个 accdb 文件

C．一个二维表　　　　　　　　　　D．若干个二维表

82．关系数据库系统能够实现的基本关系运算是（　　）。

A．选择　　　　　B．投影　　　　　C．连接　　　　　D．显示

83．Access 2016 中表中字段的数据类型包括（　　）。

A．文本　　　　　B．备注　　　　　C．通用　　　　　D．日期/时间

84．有关字段数据类型的正确描述包括（　　）。

A．字段大小可用于设置文本、数字或自动编号等类型字段的最大容量

B．可对任意类型的字段设置默认值属性

C．有效性规则属性是用于限制此字段输入值的表达式

D．不同字段类型的字段属性不同

85．说法正确的是（　　）。

A．人工管理阶段程序之间存在大量重复数据，数据冗余量大。

B．文件系统阶段程序和数据有一定的独立性，数据文件可以长期保存。

C．数据库阶段提高了数据的共享性，减少了数据冗余。

D．数据库阶段提高了数据的共享性，加大了数据冗余。

86．使用 Access 按用户的应用需求设计的结构合理、使用方便、高效的数据库和配套的应用程序系统不属于（　　）。

A．数据库　　　　　　　　　　　　B．数据库管理系统

C．数据库应用系统　　　　　　　　D．数据模型

87．二维表由行和列组成，每一行表示关系属性不正确的是（　　）。

A．属性　　　　　B．字段　　　　　C．集合　　　　　D．记录

88．叙述中错误的是（　　）。

A．Access 2016 只能使用菜单或对话框创建数据库应用系统

B．Access 2016 不具备程序设计能力

C．Access 2016 只具备模块化程序设计能力

D．Access 2016 具有面向对象的程序设计能力并能创建复杂的数据库应用系统

89．在 Access 2016 中，不能用来表示实体的是（ ）。

A．域   B．字段   C．记录   D．表

90．在关系模型中用来表示实体关系的是（ ）。

A．字段   B．记录   C．表   D．指针

91．在关系模型中指定若干属性组成新的关系称为（ ）。

A．选择   B．投影   C．连接   D．自然连接

92．Access 关系数据库中的对象有（ ）。

A．查询   B．Word 文档   C．数据访问页   D．窗体

93．在 select 语句中选择列表中用来分开多项的符号是（ ）。

A．，   B．、   C．；   D．/

94．有关关系数据管理系统描述关系错误的是（ ）。

A．各个记录中的数据有一定的关系

B．一个数据文件与另一个数据文件之间有一定的关系

C．数据模型符合满足一定条件的二维表格式

D．数据库中各个字段之间有一定的关系

95．数据库系统的核心不是（ ）。

A．数据库   B．数据库管理员

C．数据库管理系统   D．文件

96．为了合理地组织数据，应遵循的正确设计原则是（ ）。

A．一事一地原则，即一个表描述一个实体或实体间的一种联系

B．表中的字段必须是原始数据和基本数据元素并避免在表中出现重复字段

C．用外部关键字保证有关联的表之间的关系

D．用内部关键字保证有关联的表之间的关系

97．属于常用数据模型的是（ ）。

A．层次模型   B．网状模型   C．概念模型   D．关系模型

98．属于关系数据库术语的是（ ）。

A．记录   B．字段   C．数据项   D．模型

99．关于实体描述正确的是（ ）。

A．实体是客观存在并相互区别的事物

B．不能用于表示抽象的事物

C．既可以表示具体的事物，也可以表示抽象的事物

D．数据独立性较高

100．一个元组不能对应表中的（ ）。

A．一个字段   B．一个域   C．一个记录   D．多个记录

101．关于关系描述错误的是（ ）。

A．关系必须规范化   B．在同一个关系中不能出现相同的属性名

C．关系中允许有完全相同的元组   D．在一个关系中列的次序无关紧要

9.3 判断题

1. 基于"学生"表查找所有性别为"男"的学生的关系运算属于"投影"。 （　　）
2. Access 数据库属于关系模型数据库。 （　　）
3. 所谓"有效性规则"就是指该字段数据的一些限制规则。 （　　）
4. 在表中输入数据就是为表中记录的每一个字段赋值。 （　　）
5. 表对象有设计视图和数据表视图两种视图。 （　　）
6. Access 中表和数据库的关系是一个数据库可以包含多个表。 （　　）
7. Access 2016 数据库文件的扩展名是".MDB"。 （　　）
8. 打开 Access 2016 数据库时，应打开扩展名为".DBF"的文件。 （　　）
9. Access 2016 在同一时间可打开两个数据库。 （　　）
10. 一个表只能有一个主键，主键一旦确立，将不允许在表中输入与已有主键值相同的数据。 （　　）
11. 向导不是 Access 数据库的对象类型。 （　　）
12. 筛选的结果是滤除满足条件的记录。 （　　）
13. 将表中的字段定义为主键，其作用使字段中的每一个记录都必须是唯一的，以便于索引。 （　　）
14. 为表中某一字段建立索引时，若其值有重复，可选择主索引。 （　　）
15. 表是数据库的基础，Access 2016 不允许一个数据库包含多个表。 （　　）
16. 在 Access 数据库中，对数据表进行删除的是选择查询。 （　　）
17. 用表"学生名单 1"创建新表"学生名单 2"，所使用的查询方式是追加查询。 （　　）
18. 若上调产品价格，最方便的方法是使用更新查询。 （　　）
19. 若要查询成绩为 60～80 分之间（包括 60 分，不包括 80 分）的学生的信息，"成绩"字段的查询准则应设置为"IN(60,80)"。 （　　）
20. 内部计算函数 Sum 求所在字段内所有值的平均值。 （　　）
21. 设有选修计算机基础的学生关系 R，选修数据库 Accesss 2016 的学生关系 S。求选修计算机基础而没有选修数据库 Access 2016 的学生，则需执行并运算。 （　　）
22. 要从"教师"表中找出"职称"为"讲师"的教师，则需要执行的关系运算是投影。 （　　）
23. 要从学生关系中查询学生的姓名和班级，则需要执行的关系运算是投影。 （　　）
24. 在关系模型中用来表示实体的是记录。 （　　）
25. 在关系模型中指定若干属性组成新的关系称为"选择"。 （　　）
26. 在分析建立数据库的目的时应该将用户需求放在首位。 （　　）
27. 在设计 Access 2016 数据库中的表之前，应先将数据进行分类，分类原则是表中应该包含重复信息。 （　　）
28. Access 表中字段名应符合数据库命名规则。 （　　）

29．Access 2016 中的字段名可以包含字母、汉字、数字、空格和其他字符。（　　）

30．Access 2016 的字段名可以包含字符"`"。（　　）

31．Access 2016 数据库的字段名不能包含字符"!"。（　　）

32．在 Access 2016 数据库中的每个表都必须有一个主关键字段。（　　）

33．在 Access 2016 数据库中的关键字段是唯一的。（　　）

34．在 Access 2016 中主关键字可以是一个字段，也可以是一组字段。（　　）

35．在 Access 2016 中主关键字段中不许有重复值和空值。（　　）

36．查找数据时可以通配任何单个数字字符的通配符是"*"。（　　）

37．查找数据时可以通配任何单个数字字符的通配符是"#"。（　　）

38．在 Access 中，空数据库是指没有基本表的数据库。（　　）

39．备注数据类型所允许存储的内容可长达 32 000 个字符。（　　）

40．在数字数据类型中单精度数字类型的字段长度为 4 个字节。（　　）

41．在数字数据类型中双精度数字类型的小数位数为 13 位。（　　）

42．在日期/时间数据类型中每个字段需要的存储空间是 8 个字节。（　　）

43．在 Access 2016 中每个表可包含两个自动编号字段。（　　）

44．如果有一个长度为 4 KB 字节的文本块要存入某一字段，则该字段的数据类型应是 OLE 对象。（　　）

45．OLE 对象数据类型字段所嵌入的数据对象的数据存放在数据库中。（　　）

46．是/否数据类型常被称为"真/假型"。（　　）

47．在 Access 2016 中，默认值是一个确定的值，不能用表达式。（　　）

48．在 Access 2016 中，掩码是字段中所有输入数据的模式。（　　）

49．在 Access 2016 中，字段大小可用于设置文本、数字或自动编号等类型字段的最大容量。（　　）

50．在 Access 2016 中，有效性规则属性是用于限制此字段输入值的表达式。（　　）

51．在 Access 2016 中，在货币字段中输入数据，系统将自动将其设置为 4 位小数。（　　）

52．在 Access 2016 中，空值的长度为 0。（　　）

53．在 Access 2016 中，表中的字段类型可以是索引类型。（　　）

54．在 Access 2016 中，超链接数据类型字段存放的是可以通往文档的超链接地址。（　　）

55．货币数据类型等价于单精度的数字数据类型。（　　）

56．操作查询只能对表中数据进行修改。（　　）

57．选择查询是最常见的查询类型，它从一个或多个表中检索数据，在一定的限制条件下还可以通过查询方式来更改相应表中的记录。（　　）

58．SQL 查询是可以在一种紧凑且类似于电子表格的格式中显示来源与其中某个字段的合计值、计算值、平均值等的查询方式。（　　）

59．查询的结果是一组数据的"静态集"。（　　）

60．如果经常要从多个表中提取数据，最好的查询是选择查询。（　　）

61. 能够对一个或者多个表中的一组记录做全面更改的是追加查询。 （   ）

62. 联合查询是将一个或多个表、一个或多个查询的字段组合作为查询结果中的一个字段，执行此查询时，将返回所包含表或查询中对应字段的记录。 （   ）

63. 在 Access 2016 中，使用文本值作为查询准则可以方便地限定查询的范围和条件。
（   ）

64. 字符函数 Rtrim(字符表达式)返回去掉字符表达式尾部空格的字符串。 （   ）

65. 操作查询除了从表中选择数据外，还可以修改表中数据。 （   ）

66. 在 Access 2016 中，每次删除整个记录并非是指定字段中的记录。 （   ）

67. 在 Access 2016 中的查询"设计视图"窗口中"准则"不是"字段"列表框中的选项。 （   ）

68. 操作查询不包括删除查询。 （   ）

69. 在 Access 2016 中，可以根据数据库表和已建查询创建查询。 （   ）

70. SQL 语句中的 drop 关键字的功能是从数据库中删除表。 （   ）

71. SQL 语句中的 alter table 关键字的功能是修改表结构。 （   ）

72. "creat table 学生([ID]integer, [姓名]text, [出生年月]date,constraint[indexl] primary KEY([ID]))"可以创建"学生表"。 （   ）

73. 表中存有学生学号、姓名、班级、成绩等数据，若想统计各个班各个分数段的人数，最好的查询方式是选择查询。 （   ）

74. 选择查询不属于 SQL 查询。 （   ）

75. 利用一个或多个表中的全部或部分数据建立新表的是更新查询。 （   ）

76. 可以创建、删除、更改或在当前的数据库中创建索引的查询是数据定义查询。
（   ）

77. 子查询可以包含另一个选择或操作查询中的 SQL select 语句，可以在查询设计网格中的"字段"行中输入这些语句来定义新字段，或在"准则"行中定义字段的准则。
（   ）

78. 应用数据库的主要目的是为了解决数据完整性问题。 （   ）

79. 应用数据库的主要目的是为了解决数据保密问题。 （   ）

80. 应用数据库的主要目的是为了解决数据共享问题。 （   ）

81. 数据库系统包括硬件环境、软件环境、数据库、管理人员。 （   ）

82. "实体"是信息世界中的术语，与之对应的数据库术语为"文件"。 （   ）

83. "实体"是信息世界中的术语，与之对应的数据库术语为"记录"。 （   ）

84. 层次型、网状型和关系型数据库划分的原则是数据之间的联系。 （   ）

85. 在数据管理技术的发展过程中经历了人工管理阶段、文件系统阶段和数据库系统管理阶段，在这几个阶段中数据独立性最高的是数据库系统管理阶段。 （   ）

86. 数据库系统与文件系统的主要区别是后者不能解决数据冗余和数据独立问题。
（   ）

87. 数据库的概念模型独立于具体的计算机和 DBMS。 （   ）

88. 数据库是存储在计算机内有结构的数据集合。 （   ）

89. 在数据库中存储的是数据及数据之间的关系。 （   ）

90．数据库中数据的物理独立性是指用户程序与存储在磁盘中数据库中的数据是相互独立的。（　　）

91．数据库管理系统是软硬件集合。（　　）

92．数据库系统的特点是数据共享、数据独立、减少数据冗余。（　　）

93．数据库系统的体系结构特征是3级模式和两级映射。（　　）

94．在数据库的3级模式结构中，描述数据库中全体数据的全局逻辑结构和特征的是外模式。（　　）

95．在数据库中产生数据不一致的根本原因是数据存储量太大。（　　）

96．数据库的3级模式结构中最接近外部存储器的是外模式。（　　）

97．关系模式的任何属性都不可再分。（　　）

98．关系模型中的一个关键字可由一个或多个其值能唯一标识该关系模式中任何元组的属性组成。（　　）

99．模型是对现实世界的抽象，在数据库技术中用模型的概念描述数据库的结构与语义对现实世界进行抽象，表示实体类型及实体间联系的模型称为"逻辑模型"。（　　）

100．关系模型概念中不含有多余属性的超码称为"候选码"。（　　）

✡10　网页设计部分习题✡

10.1　单选题

1．代码"_background-color:black;"前面的"_"是为了兼容（　　）浏览器。

　　A．IE6　　　　　　　B．Chrome　　　　　C．Firefox　　　　　D．以上选项都正确

2．在HTML中要在新的浏览器窗口页中打开超链接，应将超链接对象的"目标"（target）属性设为（　　）。

　　A．_parent　　　　　B．_blank　　　　　C．_self　　　　　　D．_top

3．使用CSS时需要遵从一定的规范，书写正确的选项是（　　）。

　　A．h3{font：15px;}　　　　　　　　B．h3[font_size:15px;]

　　C．h3(font：size;)　　　　　　　　D．h3{font-size：15px;}

4．关于行内引入CSS样式表书写正确的是（　　）。

　　A．<p style=font-size:12px; color:red;>段落文本</p>

　　B．<p style="font-size:12px, color:red;">段落文本</p>

　　C．<p style="font-size:12px; color:red;">段落文本</p>

　　D．<p style="font:12px; color:red;">段落文本</p>

5．按照网页中常见的命名规范通常将底部版权区域命名为（　　）。

　　A．content　　　　　B．footer　　　　　C．nav　　　　　　D．banner

6. 有关 CSS 样式说法正确的是（　　　）。

A. CSS 样式必须写在 一对<style></style>标签内部

B. CSS 用于设置 HTML 页面中的文本内容、图片的外形及版面的布局等外观显示样式

C. 只有外部的 CSS 文件才是符合结构与表现分离的特点

D. 目前流行的 CSS 版本为 CSS 3

7. 在网页中插入图像，若图像文件位于 html 文件的上一级文件夹中，则在文件名之前添加（　　　）。

A. ../　　　　　　B. /　　　　　　C. ./　　　　　　D. ../../

8. 用于指定下拉菜单可见选项数的是（　　　）。

A. option　　　　B. selected　　　　C. size　　　　D. multiple

9. 在 HTML 中将有序列表标签的 type 属性设置为（　　　）时，列表项开始的符号为罗马数字。

A. square　　　　B. a　　　　　　C. 1　　　　　　D. i

10. 行内 CSS 样式的基本语法格式正确的是（　　　）。

A. <标记名 属性 1:属性值 1; 属性 2: 属性值 2; ......> 内容 </标记名>

B. <标记名 style："属性 1:属性值 1; 属性 2:属性值 2; ......" > 内容 </标记名>

C. <标记名 style= "属性 1:属性值 1, 属性 2:属性值 2,......" > 内容 </标记名>

D. <标记名 style= "属性 1:属性值 1; 属性 2:属性值 2; ......" > 内容 </标记名>

11. 在 HTML 中使用（　　　）作为定义列表的声明。

A. <dl>　　　　　B. <ul>　　　　　C. <li>　　　　　D. <ol>

12. 在 HTML 中单元格的标记是（　　　）。

A. <tr>　　　　　B. <th>　　　　　C. <td>　　　　　D. <dl>

13. 若超链接的 href 属性，需要链接到 detail 页面中的 main 锚点，书写正确的是（　　　）。

A. detail.html　　B. #main. Detail　　C. detail#main　　D. detail.html#main

14. 在 HTML 中，设置表格中单元格间距的属性是（　　　）。

A. tdpadding　　　B. tdspace　　　　C. cellpadding　　　D. cellspacing

15. CSS 代码 "div{border:1px solid red;}" 的含义是（　　　）。

A. 设置 div 的边框为一像素的红色实线

B. 设置单元格的边框为一像素的红色实线

C. 设置 div 的边框为一像素的红色虚线

D. 设置单元格的边框为一像素的红色虚线

10.2　多选题

1. 关于<p>标记说法错误的是（　　　）。

A. <p>标记负责为文本添加 "段落" 语义

B. <p>标记中可以放置<img />标记

C. <p>标记中可以放置<h3>标记

D．<p>标记可以嵌套使用，如<p><p></p></p>

2．描述表单常用属性正确的是（　　）。

A．action="url 地址"　　　　　　　　　　B．method="提交方式"

C．size="长度"　　　　　　　　　　　　　D．name="表单名称"

3．HTML 中文译为"超文本标记语言"，主要是通过 HTML 标记描述网页中的（　　）等。

A．文本　　　　　B．图片　　　　　C．声音　　　　　D．数据

4．代码"*background-color:black;"前面的"*"是为了兼容（　　）浏览器。

A．IE6　　　　　B．IE7　　　　　C．Firefox　　　　　D．Chorme

5．关于文本格式化标记说法正确的是（　　）。

A．<b></b>和<strong></strong>，文字以粗体方式显示（XHTML 推荐使用 strong）

B．<i></i>和<em></em>，文字以下画线方式显示（XHTML 推荐使用 em）

C．<s></s>和<del></del>，文字以加删除线方式显示（XHTML 推荐使用 del）

D．以上说法都正确

6．常用于网页模块命名的选项是（　　）。

A．nav　　　　　B．div　　　　　C．banner　　　　　D．span

7．属于单标记的选项是（　　）。

A．<hr/>　　　　　B．<p>　　　　　C．<h2/>　　　　　D．

8．属于块级元素的选项是（　　）。

A．<h1>　　　　　B．<p>　　　　　C．<div>　　　　　D．<ul>

9．overflow 属性用于规范溢出内容的显示方式，属于 overflow 常用属性值的选项是（　　）。

A．visible　　　　　B．hidden　　　　　C．auto　　　　　D．scroll

10．用来设置文本为粗体的标记是（　　）。

A．<u></u>　　　　　　　　　　　　　B．<del></del>

C．<strong></strong>　　　　　　　　　D．<b></b>

11．在定义列表的基本语法中，<dl></dl>标记中需要嵌套（　　）标记。

A．<p></p>　　　　　B．<dt></dt>　　　　　C．<dd></dd>　　　　　D．<td></td>

12．关于 CSS 精灵技术说法错误的是（　　）。

A．CSS 精灵的关键在于使用 background-position 属性定义背景图像的位置

B．CSS 精灵不存在任何劣势

C．CSS 精灵是一种处理网页背景颜色的方式

D．使用 CSS 精灵技术可以提高网页的加载速度

13．属于<tr>标记属性的选项是（　　）。

A．height　　　　　B．cellspacing　　　　　C．cellpadding　　　　　D．background

14．属于盒子模型背景属性的选项是（　　）。

A．color　　　　　　　　　　　　　B．background-image

C．background-repeat　　　　　　　D．background

15．属于文本格式化标记的是（　　）。

A．<b></b>　　　　　B．<del></del>　　　　　C．<i></i>　　　　　D．<u></u>

10.3　判断题

1．制作网页时，固定定位是最常用的定位模式。　　　　　　　　　（　　）

2．在 CSS 中边框属性包括边框样式、边框宽度、边框颜色、单侧边框及边框的综合属性。　　　　　　　　　　　　　　　　　　　　　　　　　　　　　（　　）

3．设置访问前超链接的样式，需要为<a>标签添加链接伪类样式 a:visited。（　　）

4．常见透明图片的格式有 png、gif、jpg 等。　　　　　　　　　　（　　）

5．W3C 最重要的工作是发展 Web 规范，对互联网的发展和应用起到了基础性和根本性的支撑作用。　　　　　　　　　　　　　　　　　　　　　　　　　　（　　）

6．在万维网上的所有文件（HTML、CSS、图片、音乐、视频等）都有唯一的 URL，只要知道资源的 URL，就能够对其进行访问。　　　　　　　　　　　　　（　　）

7．网页模块的命名非常重要，命名时可以以数字开头（如 id="1nav"）。（　　）

8．内嵌式 CSS 样式只对其所在的 HTML 页面有效，因此仅设计一个页面时可以使用内嵌式。　　　　　　　　　　　　　　　　　　　　　　　　　　　　（　　）

9．在网页制作中，网页模板文件的后缀名为".dwt"。　　　　　　　（　　）

10．在定义单选按钮时，必须为同一组中的选项指定相同的 name 值，这样单选才会生效。　　　　　　　　　　　　　　　　　　　　　　　　　　　　　（　　）

11．在网页制作中 LOGO 一般放在网站首页的导航栏中。　　　　　（　　）

12．output 元素用于不同类型的输出，可以在浏览器中显示计算结果或输出脚本。
　　　　　　　　　　　　　　　　　　　　　　　　　　　　　　　（　　）

13．font-variant 属性用于设置变体（字体变化），一般用于定义小型大写字母，仅对英文字符有效。（　　）

14．列表的嵌套通常是指有序列表和无序列表的嵌套，因此定义列表不能用在列表的嵌套中。　　　　　　　　　　　　　　　　　　　　　　　　　　　　（　　）

15．HTML 中的 form 属性可以把表单内的子元素写在页面中的任一位置，只需为这个元素指定 form 属性并设置属性值为该表单的 id 即可。　　　　　　　　（　　）

☆11　常用软件工具使用部分 ☆

11.1　单选题

1．FTP 在传输数据时使用的端口是（　　）。

A．21　　　　　　　B．20　　　　　　　C．23　　　　　　D．80

2．对 PDF 文档不可以执行的操作是（　　）。

A．文档合并　　　　　　　　　　　B．文档内容编辑

  C．文档打印   D．文档标记

3．关于视频分辨率描述错误的是（ ）。

  A．单位为 ppi   B．是一个衡量视频图像的参数

  C．指的是每一英寸的像素   D．小窗口和大窗口 ppi 是一样的

4．对计算机进行病毒查杀最有效的做法是（ ）。

  A．不使用移动存储设备   B．经常更新病毒库，定期进行磁盘检测

  C．安装各类防病毒软件   D．定期对计算机文件进行整理归档和备份

5．FTP 架构主要由（ ）组成。

  A．服务器端和客户端   B．用户端和计算机终端

  C．服务器端和计算机终端   D．用户端和服务器端

11.2 多选题

1．常见视频格式有哪些（ ）？

  A．MP4   B．WMV   C．AVI   D．RMV

2．压缩文档时可以设置压缩字典大小常用的是（ ）。

  A．64 MB   B．32 MB   C．128 MB   D．512 MB

3．FTP 协议端口是（ ）。

  A．20   B．21   C．22   D．23

4．PDF 文档可以完整地再现原稿的每一个（ ）。

  A．字符   B．颜色   C．图像   D．视频

5．视频剪辑中可以操作（ ）。

  A．音频   B．画面   C．转场   D．字幕特效

11.3 判断题

1．压缩文件时可以为文件设置压缩密码。   （ ）

2．操作系统的镜像文件格式常用的有".iso"和".gho"。   （ ）

3．Photoshop 可以修改图片单位面积中的像素，以此来修改图片的清晰度。 （ ）

4．视频剪辑中只能够剪辑视频，不能处理音频。   （ ）

5．Windows 10 操作系统环境下常用的文件压缩格式有 tar、rar、zip 等。 （ ）

第 2 部分

应 会 题 库

✡1 文字录入部分习题✡

说明：此部分试题主要测试学生文字录入的速率和正确率。

第 1 题

从 5 月 1 日起，降低城镇职工基本养老保险单位缴费比例。单位缴费比例可降至 16%，继续阶段性降低失业保险和工伤保险费率。在此前的国新办新闻发布会上，人社部副部长游钧表示按照现行《降低社会保险费率综合方案》测算，2019 年可减轻企业养老保险缴费负担约 1900 多亿元；同时减轻企业失业保险、工伤保险缴费负担 1100 多亿元，那么 3 个险种全年可减少 3000 多亿元，有超 1 亿企业受益；此外，财政部有关负责人表示降费会减少基金收入，但不会影响养老金的发放。从总量上看，全国养老保险基金整体收大于支，滚存结余不断增加。针对降费后基金收支压力加大的问题，财政部门和人力资源社会保障部门表示会采取有效措施妥善应对。记者从北京市人社局了解到，今年北京市阶段性降低失业保险费率政策将再延长一年，从 5 月 1 日起执行至 2020 年 4 月 30 日。即失业保险继续执行 1% 的缴费比例，其中单位缴费比例 0.8%，个人缴费比例 0.2%。对不裁员少裁员的参保企业加大失业保险费返还力度，由原来的 40% 上调为 50%。

第 2 题

在公安部有力组织部署、各部门紧密协作、多警种合成作战、大数据强力支撑下，公安机关经过连续奋战，打掉 8 部春节档高清盗版影片的线下制作源头、线上传播网络、境内外勾连团伙，打掉"麻花影视"APP 等一批侵权问题突出、权利人反映强烈的盗版网站和 APP。其中，江苏公安机关打掉春节档高清盗版影片线下制作源头和销售网络，抓获马某予等 59 名犯罪嫌疑人。扣押盗版影片制作、播放、加密等设备 13 673 件（其中放映服务器 4 台），涉案金额 5 000 余万元；浙江公安机关打掉春节档盗版影片线上传播量最大的"麻花影视"APP，境内抓获 9 名犯罪嫌疑人，境外抓获 8 名犯罪嫌疑人；河南公安机关打掉两个制作销售高清盗版电影的犯罪团伙，抓获犯罪嫌疑人 31 人。打掉涉嫌复制、发行高清盗版影片的犯罪团伙 2 个，查获电影盗录服务器 3 套、播放器 26 套等一批设备。各地公安机关共侦破影视侵权盗版案件 25 起，抓获犯罪嫌疑人 251 人，打掉盗版影视网站 361 个、涉案 APP 共 57 个。查缴用于制作高清盗版影片的放映服务器 7 台、设备 1.4 万件，涉案金额 2.3 亿元。

第 3 题

美国漫威电影《复仇者联盟 4：终局之战》（简称"复联 4"）目前正在全国热映，引得很多漫威影迷追看。与高关注度相对应，有的影院也拿它卖出了高票价。记者在北京等多地影院了解到，一张《复联 4》的电影票有的影院只要 28 块钱就能买到，有的电影院却卖到 680 元一张，是前者的 24 倍。而一张零点场 IMAX 电影票的票价动辄达到 200 元或 300 元，让不少观众"望票兴叹"。这部电影各影院票价为何如此悬殊？以北京影院为例，据观察，北京朝阳某影院 4 月 26 日一天共安排了 6 个时段放映这部影片。每张票价为 680 元，是通州区电影院票价的几十倍多。同一品牌的影院价格差距也非常大，以耀莱为例，耀莱成龙国际影城上午 11:00 的票价为 34 元；激光厅票价为 45 元起；耀莱私影（华贸店）杜比全景声厅票价为 500 元起。据了解，北京地区电影院硬件规格有 12 种之多，包括 IMAX、CGS、MX4D、4DX、SCREENX、杜比影院、DTS 临境、StarMAX、艺术影厅、巨幕厅、杜比全景等。

第 4 题

28 日晚，2019 年布达佩斯世乒赛落下帷幕。中国队再次大丰收，包揽了全部 5 个冠军！它们分别是男单冠军马龙、女单冠军刘诗雯、男双冠军马龙/王楚钦、女双冠军王曼昱/孙颖莎、混双冠军许昕/刘诗雯。在接受采访时，中国乒协主席刘国梁表示："这次包揽是最激烈、最刺激、最有挑战性的一次！马龙顶住了压力，刘诗雯有脱胎换骨的变化。回国之后要马上进行总结，振奋失利队员的信心。东京奥运就在眼前，没有时间让大家悲伤。"在匈牙利世乒赛男单决赛中，中国选手马龙以 4：1 的成绩战胜瑞典选手法尔克，完成世乒赛男单 3 连冠。马龙在最近 3 届世乒赛上蝉联男单冠军，成为继 1965 年中国运动员庄则栋之后又一位世乒赛男单 3 连冠得主。马龙接受采访时说："我想赢得冠军，更想赢得大家的尊重！I am made in China！"据媒体报道在许昕爆冷出局后，马龙依旧顶住压力一路过关斩将。为了确保球队能够拿下这最重要的一项冠军，中国乒协主席刘国梁不但亲自参与战术研究，和法尔克一样正胶打法的他决赛前还特意当起了陪练。

第 5 题

电子工业联合会（EIA）和国际电信联盟电信标准化部（ITU T）为 DTE/DCE 接口制订了许多标准，下面介绍 EIA 制订的 EIA RS 232 标准。EIA RS 232 于 1962 年颁布，后陆续修改为 RS 232A、RS 232B、RS 232C、RS 232D 多个版本。EIA RS 232 是专门为数据终端设备 DTE 通过模拟电话网进行通信而设计的。由于 DTE 必须使用调制解调器（Modem）才能上电话网，因此 RS 232 实际上就是 DTE 和 Modem 之间的物理接口。Modem 就是一个数据电路端设备（DCE）。EIA RS 232 目前已经成为一个事实上的国际标准，采用和 ISO 2110 兼容的标准。具体规定包括引脚数为 25，分上下两行排列。上排为 13 个，下排为 12 个。两端固定点之间的距离为 46.91～47.17 mm。DTE 和 DCE 各有一个阴阳属性相反的插头，以便连接。在设计中，DTE 上使用带插针的连接器，DCE 上使用带插孔的连接器。

第 6 题

4 月 29 日上午，在"5G 助推数字吉林发展、利用 5G、调研 5G"活动现场，吉林省政务服务和数字化建设管理局局长宋刚成功拨通了我省首个 5G 音频和高清视频电话。清晰的音质、稳定的画质，相比 4G 网络，5G 低时延、高带宽、高速率的优势一览无遗。首个 5G 视频电话接通的是省政务服务和数字化建设管理局政务大厅监督管理处处长隋铭，他在省政务大厅汇报了 5G 在政务应用的思考和应用方向。据了解，自 2018 年 12 月第三届中国吉林国际冰雪产业博览会上开通吉林省首个 5G 基站以来，中国移动吉林公司已在全省 9 个地市的不同场景（包括景区、边防等）完成首个 5G 基站的建设开通。作为全国重点覆盖的 40 个城市之一，长春现已开通 5G 基站 31 个。未来将支持我省全面构建新一代信息通信基础设施，深化云计算、大数据、物联网等新一代信息技术的应用和推广，全面助力"数字吉林"建设。在随后的活动环节，宋刚通过 5G 网络先后与吉林大学第二医院 5G 远程医疗现场、中国第一汽车集团有限公司 5G 联合创新实验室连线，对省内 5G 创新应用情况进行远程调研。

第 7 题

快加油去吧！明天国内油价或再度上调，这是个"badbadnews"。就在明天（2019 年 4 月 26 日）24 时，国内成品油调价窗口将再度开启。受国际原油市场波动影响，国内成品油零售限价调整参考的原油价格变化率正向运行且幅度逐步扩大。即油价又要涨！据新华社石油价格系统发布的数据显示，2019 年 4 月 23 日，一揽子原油平均价格变化率为 3.58%，且未来两个工作日有望进一步扩大。2019 年 4 月 26 日 24 时成品油调价窗口开启时，国内成品油价将再迎上调。预计汽、柴油每吨上调 190 元左右，折合 92#汽油每升上调约 0.15 元，0#柴油每升上调约 0.16 元。截至目前，2019 年国内成品油零售限价经历 7 个调价窗口，为"六涨一搁浅"；此外，因增值税率调整，自 2019 年 3 月 31 日 24 时起国内汽、柴油最高零售价格每吨分别降低 225 元、200 元。涨跌相抵后，今年以来国内汽、柴油价每吨累计分别上调 680 元、675 元。信息来源：《吉林雾凇台》。

第 8 题

乌拉街是满族发祥地之一，清代在此设两衙，管理有关贡品采集、运送事宜。这里作为清宫太监重罪者的发配地，却鲜为人知。据《乌拉史略》载，雍正、乾隆、道光年间朝廷均出台了太监人犯发配乌拉及宁古塔的法令。在此仅以乾隆年间出台的法令为例，乾隆 8 年（1743 年）之法令："一、凡属从京都内务府直接发配来乌拉地方的太监人犯，或者已被朝廷通缉在逃的人犯一旦拿获后，先鞭责 100，后发配打牲地区；二、凡属内监、太监人犯一律脚置重链，进深山割荒草充役；三、一年期满后，可再发回北京交春园处继续充役，但不准走出园大门；四、凡 3 次逃亡者，将永远发配乌拉或宁古塔两地充重役。"乾隆 13 年（1748 年），朝廷又做出补充规定："一、凡逃亡的内监人犯，若有更名改姓者，或者私投某王公、大臣、宗室之女等门下潜居者，令在一年之内自首；二、若有主动投首者，可承认留居某门下为奴或为仆；三、若不能在限期内主动投首者，一经查获，不论逃次多少一律发配至乌拉、宁古塔地方永充苦役。"有资料记载，慈禧有时 1 日责罚的太监不下百人。信息来源：《江城日报》。

第 9 题

Hello 宝宝们，又到周一了。再努力工作两天就是五一假期了，想到这里是不是有些活力了呢？今天的 F 姐可是活力满满呢，因为又可以看 HBO 的大剧《权力的游戏》啦！今天的剧情就是人类和异鬼大战，究竟人类的命运将何去何从？之间官方放出的海报里 9 大家族仅剩的成员纷纷"躺尸"，被摆成铁王座的形状。凛冬已至，难道真的是要人类"团灭"的节奏？不过《权利的游戏》的剧情常常出人意料，经常上一集我们还以为是主角的人，下一集就挂掉了，所以不到最后一分钟谁也不能确定到底是谁登上铁王座。但作为豆瓣上长年保持 9.0 以上高分的天马行空之作，这部剧最成功的莫过于塑造的每个人物都有血有肉。即使是反派也让人又爱又恨，深深地刻画出了人性的复杂。今天 F 姐则要讲讲剧中有一个非常关键的人物，相信我一说你就能猜到。她皮肤白皙，一头银色长发，脱俗的气质和娇小身材。最有意思的是随着剧情一集一集推进，她的自我介绍变得越来越长，坦格利安家族的风暴降生丹尼莉丝坦格利安一世、全境守护者、草原上的卡丽熙、打碎镣铐者，以及龙之母！

第 10 题

西红柿可以生吃，也可以做熟以后吃。在上市的季节中，很多人喜欢将西红柿当成水果来食用。西红柿不仅对于女性有着好处，对于男性来说也有不少益处，让我们一起来看看西红柿的好处有哪些吧！其实抗氧化这样的功效是很多蔬菜都具备的，因为西红柿中含有番茄红素。这种营养素具有抗氧化的功效，只是抗氧化能力要大于维生素 A、维生素 E，以及维生素 C 这类物质，能够很好地清除自由基，延缓我们肌肤的衰老。防晒在日常生活中是女性十分关注的一个话题，尤其是夏天阳光中的紫外线对于肌肤伤害较高。稍微不注意的话就容易导致自己被晒黑，这时候西红柿起到的作用就比较明显了。由于番茄红素具备较强的抗氧化能力，所以能够很好的阻挡紫外线对于肌肤的伤害，从一定程度上缓解肌肤被紫外线损伤的程度。西红柿中的维生素 C，以及果酸等营养元素，可以帮助人体降低血胆固醇；同时还能够预防动脉粥样硬化，对于那些减肥人士来说，也是首选的减肥佳品。西红柿中的维生素 B6 十分丰富，维生素 B6 的作用比较广泛。可以很好地抑制癌细胞的生成，对于身体合成一些酶类物质有着很好的作用。

✡2　操作系统部分习题 ✡

第 1 题

在 Windows 10 中完成以下操作。

1．开启夜间模式。

2．自定义缩放设置为 120%。

3．设置分辨率为 1 024×768。

第 2 题

在 Windows 10 中完成以下操作。

1．设置背景为"图片"。

2．选择契合度为"居中"。

3．打开透明效果。

第 3 题

在 Windows 10 中完成以下操作。

1．选择契合度为"平铺"。

2．在标题栏中显示主题色。

3．设置锁屏背景为"幻灯片放映"。

第 4 题

在 Windows 10 中完成以下操作。

1．从背景中自动选取一种主题色。

2．设置桌面显示"控制面板"图标。

3．选择默认应用模式为"亮"。

第 5 题

在 Windows 10 中完成以下操作。

1．设置背景为"幻灯片放映"。

2．图片切换频率为"5 小时"。

3．利用"开始"菜单和操作中心显示主题色。

第 6 题

在 Windows 10 中完成以下操作。

1．将国家或地区设置为"巴西"。

2．添加语言"葡萄牙语（巴西）"。

3．在语言"葡萄牙语（巴西）"中添加键盘"葡萄牙语（巴西 ABNT2）"。

第 7 题

在 Windows 10 中完成以下操作。

1．将国家或地区设置为"朝鲜民主主义人民共和国"。

2．添加语言"朝鲜语"。

3．在语言"朝鲜语"中添加键盘"Microsoft 旧朝鲜语"。

第 8 题

在 Windows 10 中完成以下操作。

1．设置"锁定任务栏"为关闭。

2．设置任务栏在屏幕上靠右位置。

3．合并任务栏按钮设置为"从不"。

第 9 题

在 Windows 10 中完成以下操作。

1．设置任务栏在桌面模式下自动隐藏。

2．设置使用小任务栏按钮。

3．在任务栏上显示联系人。

第 10 题

在 Windows 10 中完成以下操作。

1．使用小任务栏按钮。

2．设置任务栏在屏幕顶部位置。

3．关闭网络系统图标。

第 11 题

在 Windows 10 中完成以下操作。

1．使用小任务栏按钮。

2．任务栏已满时合并任务栏按钮。

3．打开定位和 Windows Ink 工作区系统图标。

第 12 题

在 Windows 10 中完成以下操作。

1．设置当鼠标放在任务栏末端的"显示桌面"按钮上时，使用"速览"预览桌面。

2．关闭音量系统图标。

3．在任务栏上显示人脉并关闭收到通知时播放声音。

第 13 题

在 Windows 10 中完成以下操作。

1．当右击"开始"菜单或按下 Win+X 组合键后，将命令提示符替换为"Windows PowerShell"。

2．从不合并任务栏按钮。

3．打开触摸键盘和触摸板系统图标。

第 14 题

在 Windows 10 中完成以下操作。

1．平板模式下隐藏任务栏。

2．设置任务栏在屏幕靠左位置。

3．在任务栏中显示联系人并关闭"我的人脉"通知显示，以及收到通知时播放声音。

第 15 题

在 Windows 10 中完成以下操作。

1．修改网络配置文件为"公用"。

2．手动设置 IPV4 的 IP 地址为"10.1.1.10"。

3．手动设置 IPV4 的网关为"10.1.1.1"。

4．手动设置首选 DNS 为"114.114.114.114"，备选 DNS 为"8.8.8.8"。

第 16 题

在 Windows 10 中完成以下操作。

1．开启按流量计费连接。

2．手动设置 IPV4 的 IP 地址为"192.168.3.10"。

3．手动设置 IPV4 的网关为"192.168.3.1"。

4．手动设置首选 DNS 为"61.139.2.69"，备选 DNS 为"202.96.68.68"。

第 17 题

操作素材的文件夹结构如下图所示。

按下列要求操作。

1．将文件夹"SC"重命名为"四川交通职业技术学院"并将重命名后的文件夹复制到名称为"ABC"的文件夹内。

2．在文件夹"ABC"内新建一个名为"abc.txt"的文本文档。

3．删除"ABC"文件夹中的"CD"文件夹。

4．将"ABC"文件夹及其下文件夹属性设置为"隐藏"。

第 18 题

操作素材的文件夹结构如下图所示。

按下列要求操作。

1．将文件夹"IT"重命名为"互联网应用"并将重命名后的文件夹属性设置为"隐藏"。

2．在"翻译"文件夹中新建一个名为"英语"的文件夹。

3．将"翻译"文件夹中的"JSJ"文件夹剪贴到"互联网应用"文件夹中。

4．为"翻译"文件夹创建一个名为"fanyi"的快捷方式，放在"当前试题"文件夹中。

第 19 题

操作素材的文件夹结构如下图所示。

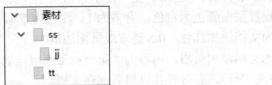

按下列要求操作。

1．在"tt"文件夹中新建一个名为"测试.txt"的文本文档，并在其中输入"测试"。

2．删除"ss"文件夹中的"jj"文件夹。

3．在"ss"文件夹中新建一个名为"我的PPT"的ppt演示文稿。

4．将"ss"文件夹的属性设置为"隐藏"。

第20题

操作素材的文件夹结构如下图所示。

按下列要求操作。

1．在"KUU"文件夹中创建"YT.txt"，并复制为"我的文件.txt"。

2．在"AS"文件夹中新建一个名为"excel1"的Excel文档。

3．将"IO"文件夹的属性设置为"隐藏"。

4．为"KUU"文件夹创建一个名为"我的快捷方式"的快捷方式，放在"当前试题"文件夹中。

☆3 文字处理部分习题☆

（一）打开"..\操作题\Word\第一题\Word1.docx"文件，按下列要求完成操作

1．在文档开头插入第3行第3列样式所示的艺术字"川剧"，设置艺术字字号为二号、水平居中对齐、上下型环绕并放置在首行居中。

2．设置正文字体为华文行楷，字号为四号。

3．设置正文各段首行缩进两个字符，段前段后间距均为0.5行。

4．将正文第2段分为等宽两栏，栏间加分隔线。

5．在适当位置将"..\操作题\Word\第一题\图片.jpg"图片插入到第3段居中的当前文档中，设置图片高为5厘米、宽4厘米且四周型环绕文字。

6．设置页面颜色为白色、背景为1、深色为5%，设置上页边距为3厘米。

7．为文档添加红色、0.5磅双线页面边框。

8．为文档添加页眉，内容为"第一批国家级非物质文化遗产名录"（页眉中不允许有多余空格或空行），右对齐并以原名保存文档。

（二）打开"..\操作题\Word\第二题\Word2.docx"文件，按下列要求完成操作

1．设置纸张方向为横向。

2．在第 1 段前面插入一段，输入"丹霞地貌"为文档的标题。并且设置标题字体为黑体、二号，其余各段设置为仿宋、小三号字。

3．设置文档标题居中对齐，其余各段落为首行缩进两个字符，单倍行距。

4．为正文第 1 段设置首字下沉两行，距正文 5 磅。

5．为正文第 2 段添加 0.5 磅双实线阴影边框，应用于文字。

6．为文档添加页眉"以陡崖坡为特征的红层地貌"，左对齐。

7．在正文第 2 段文字中间将"..\操作题\Word\第二题\图片.jpg"图片插入到当前文档的第 2 段中，文字居中，设置图片高度为 5 厘米、宽度为 7 厘米并衬于文字下方。

8．为文档添加"苹果型"的艺术型边框。

（三）打开"..\操作题\Word\第三题\Word3.docx"文件，按下列要求完成操作

1．将文档页面的纸张大小设置为 A4。

2．将全文中所有的"伍"替换为"武"。

3．将文档标题"武术"的字体设置为楷体、一号、红色、加粗、下画线为波浪线、居中对齐。

4．设置正文所有段落首行缩进两个字符，段前和段后间距均为 0.5 行。

5．将正文第 2～第 5 段分为等宽两栏，栏间加分隔线。

6．在适当位置插入"当前试题"文件夹中的图片"图片.jpg"，设置图片宽、高均为 4.2 厘米，设置图片紧密型环绕、外框颜色为"蓝色，个性色 1，淡色 40%"。

7．为文档添加 1 磅且颜色为"深蓝，文字 2，淡色 60%"的页面边框。

8．设置页面颜色为浅绿色。

9．为文档添加页眉"武术"，添加页脚"功夫"，居中对齐（页眉页脚不允许有多余空格或空行）。

（四）打开"..\操作题\Word\第四题\Word4.docx"文件，按下列要求完成操作

1．将文档开头文字"行书"设置为艺术字，艺术字使用第 3 行第 4 列所示样式且水平居中对齐、上下型环绕。

2．设置正文字体为隶书，字号为四号。

3．设置正文段落首行缩进两个字符，行距设置为固定值 20 磅。

4．将正文第 1 段第 1 句"行书，是一种书法统称，分为行楷和行草两种。"设置为红色并添加双波浪下画线。

5．将正文第 2 段分为两段，将"据王僧虔《古来能书人名》云：……系指笔札函牍之类。"部分调整为第 3 段。

6．将正文第 3 段分为等宽两栏，栏间加分隔线。

7．在文档正文第 1 段居中插入形状"卷形：水平"，高度为 1.95 厘米，宽度为 4.34 厘米。在其中输入文字"行书字体"，字体设置为华文行楷、字号为小二、红色、四周型环绕文字。

8．为文档添加 1.5 磅红色阴影页面边框。

（五）打开"..\操作题\Word\第五题\Word5.docx"文件，按下列要求完成操作

1．设置页面左、右页边距均为 3 厘米。

2．将文档中所有的"终"字替换为"忠"字。

3．设置标题"忠义"样式为标题 2，字体为隶书，字号为二号、居中对齐。

4．设置正文所有段首行缩进两个字符、字体为华文楷体、字号为小四号。

5．在页面底端插入"普通数字 1"样式的页码。

6．在文档适当位置插入竖排文本框，在其中输入"忠义"并设置字号为一号、紧密型环绕。

7．为正文第 2 和第 3 段设置样张所示项目符号◆。

8．为文档添加 1.5 磅浅蓝色双实线页面边框，以原名保存文档。

（六）打开"..\操作题\Word\第六题\Word6.docx"文件，按下列要求完成操作

1．将文档标题"游春图"设置为第 2 行第 2 列样式所示的艺术字，设置艺术字水平居中对齐、上下型环绕。

2．设置正文字体为微软雅黑，字号为四号。

3．设置正文第 2 段首字下沉 3 行，距正文 5 磅。

4．为正文第 3 段添加 1 磅红色双实线方框边框，应用于段落。

5．在文档最后一段文字居中位置插入"当前试题"文件夹中的"图片.jpg"图片，设置其宽为 7.5 厘米，保持纵横比。调整适当位置，四周型环绕文字。

6．将第 1 段中的"展子虔"两个字设置为加粗、倾斜，并为其设置批注，批注内容为"展子虔（约 545～618 年），隋代绘画大师"。

7．编辑页脚和页脚内容为"中国古代山水画"。

8．为文档添加样张所示气球样式的艺术型边框，以原名保存文档。

（七）打开"..\操作题\Word\第七题\Word7.docx"文件，按下列要求完成操作

1．设置所有文字字体为华文新魏，字号为四号。

2．设置正文所有段落首行缩进两个字符，段前段后间距均为 1 行。

3．在文档适当位置插入竖排文本框，输入"孔子"。设置字体为华文行楷、字号为初号、红色、上下型环绕文字并放置到文档标题位置且居中。

4．为文档设置 1.5 磅双实线阴影页面边框。

5．设置文档的上下页边距均为 2 厘米。

6．在页面底端插入"普通数字 2"样式的页码。

7．在文档末尾插入一个 4 行 3 列的表格。

8．将表格的第 1 列合并，输入"儒家学派创始人"，设置表格的底纹颜色为"蓝色，个性色 1，淡色 80%"。

（八）打开"..\操作题\Word\第八题\Word8.docx"文件，按下列要求完成操作

1．设置所有文字字体为楷体，字号为小三号。

2．设置正文所有段落悬挂缩进 2 个字符，行距 30 磅。

3．在文档中插入第 2 行第 3 列样式所示的艺术字，输入"《论语》"，设置为紧密型环绕方式并放置到标题居中位置。

4．将文档第 2 段分为等宽 3 栏，栏间加分隔线。

5．设置文档装订线位置为上，装订线边距为 20 磅。

6．在文档末尾插入一个 3 行 3 列的表格。

7．在页面顶端居中位置插入"普通数字 3"样式的页码。

8．为文档添加 1.5 磅"灰色，个性色 3，淡色 80%"的页面边框。

（九）打开"..\操作题\Word\第九题\Word9.docx"文件，按下列要求完成操作

1．将文档的上下左右页边距均设置为 3.5 厘米。

2．在文档开头输入"四川"两个字作为文档的标题，设置字号为二号、加粗、居中对齐，要求标题和正文间不要有多余空行。

3．设置正文所有段落首行缩进两个字符，段前段后间距均为两行。

4．为正文第 1 段添加 1 磅红色双实线边框，并应用于段落。

5．将正文第 2 段分为等宽两栏，栏间加分隔线。

6．在页面顶端插入"普通数字 3"样式的页码。

7．设置文档页面颜色为浅蓝色。

8．为最后两段设置项目符号■。

（十）打开"..\操作题\Word\第十题\Word10.docx"文件，按下列要求完成操作

1．在文档适当位置插入第 3 行第 1 列样式所示的艺术字，内容为"都江堰"，设置艺术字为水平居中对齐和四周型环绕文字。

2．设置正文字体为微软雅黑，字号为四号。

3．设置正文第 1 段首字下沉两行，第 2 段首行缩进两个字符。

4. 设置页面颜色为浅蓝色。

5. 在页面顶端插入"普通数字 1"样式的页码，居右。

6. 将正文最后一段分为等宽两栏，加分隔线。

7. 为文档添加 1.5 磅红色页面边框。

（十一）打开"..\操作题\Word\第十一题\Word11.docx"文件，按下列要求完成操作

1. 将文中所有的"占国"替换为"战国"。

2. 在文档开头插入第 2 行第 2 列样式所示的艺术字，输入"战国"。设置艺术字水平居中对齐和上下型环绕，放置于文档标题位置居中。

3. 设置正文字体为华文细黑，字号为二号。

4. 设置正文段落段首行缩进两个字符，段前段后间距均为 1 行。

5. 设置正文第 2 段首字下沉两行，距正文 10 磅。

6. 设置奇数页眉为"战国策"居左，偶数页眉为"战国策"居右。

7. 将"访之士大夫家，始尽得其书"一句设置为红色，加双横线下画线。

8. 设置页面颜色为"绿色，个性色 6，淡色 80%"。

（十二）打开"..\操作题\Word\第十二题\Word12.docx"文件，按下列要求完成操作

1. 将文档标题"《汉书》"设置为第 1 行第 3 列样式所示的艺术字，并设置艺术字水平居中对齐，上下型环绕。

2. 设置正文字体为华文楷体，字号为小四号。

3. 设置正文段落段首行缩进两个字符，1.5 倍行距。

4. 设置正文第 2 段首字悬挂 3 行，距正文 1 厘米。

5. 为文档最后一段添加浅蓝色底纹，应用于段落。

6. 在第 1 段文字居右位置插入"当前试题"文件夹中的"图片.jpg"图片，设置其缩放比例为 35%且四周型环绕文字。

7. 设置左右页边距均为 2.5 厘米，页面颜色为"蓝色，个性色 5，淡色 80%"。

8. 在页面底端插入"普通数字 2"样式页码，以原名保存文档。

（十三）打开"..\操作题\Word\第十三题\Word13.docx"文件，按下列要求完成操作

1. 在文章开头添加标题"二胡"，设置字体为华文行楷、字号为初号、加粗、倾斜、居中对齐。

2．设置正文各段首行缩进两个字符，行距设置最小值20磅。

3．将正文第 1 句"二胡是中华民族乐器家族中主要的弓弦乐器（擦弦乐器）之一"的字体颜色设置为红色并加着重号。

4．在正文第 2 段居中位置插入"当前试题"文件夹中的"图片.jpg"图片，设置其高为 5 厘米，宽为 6 厘米。并设置为四周型环绕方式，图片边框颜色为红色。

5．将正文最后一段分为偏左两栏，栏间加分隔线。

6．在文档末尾插入一个 2 行 2 列的表格，为其第 1 个单元格添加右斜线。

7．设置表格列宽 5 厘米，居中对齐。

8．设置页面颜色为"蓝色，个性色 1，淡色 60%"，以原名保存文档。

（十四）打开"..\操作题\Word\第十四题\Word14.docx"文件，按下列要求完成操作

1．将页面设置为每行 38 个字符，每页 40 行。

2．设置正文所有文字字体为微软雅黑，字号为小三号。

3．设置正文各段首行缩进两个字符，行距固定值为 15 磅。

4．为文档中歌曲名称"万马奔腾　蒙古小调、黑骏马、萨班拉克、乌云姗丹、查干陶海故乡、科尔沁家乡"加自动编号，格式为"1.2.3.……"。

5．在文档第 1 段右边插入"当前试题"文件夹中的"图片.jpg"图片，设置其宽高均为 6 厘米且四周型环绕文字。

6．设置奇数页眉为"马头琴"且居右，偶数页眉为"马头琴"且居左。

7．为文档第 1 段设置浅绿色底纹，应用于文字。

8．为文档设置"心形"艺术型页面边框，以原名保存文档。

（十五）打开"..\操作题\Word\第十五题\Word15.docx"文件，按下列要求完成操作

1．将文中所有的"锦鲤"替换为"锦里"。

2．为文档中所有加粗段落设置项目符号■。

3．设置正文字体为华文楷体，字号为小四号。

4．设置除加粗文字外的其余各段首行缩进两个字符，段前段后间距均为 0.5 行。

5．在文档适当位置插入"当前试题"文件夹中的"图片.jpg"图片，设置其高为 3 厘米，宽为 5 厘米且四周型环绕文字。

6．将第 2 段分为等宽 3 栏，栏间加分隔线。

7．设置上、下、左、右页边距均为 2 厘米并应用于整篇文档。

8．为文档添加红色双波浪线边框，以原名保存文档。

（十六）打开"..\操作题\Word\第十六题\Word16.docx"文件，按下列要求完成操作

1．在文章开头添加标题"武侯祠"，设置字体为华文行楷、字号为初号、加粗、居中对齐。

2．设置正文各段中文字体为隶书。

3．设置正文各段首行缩进两个字符，行距固定值为 20 磅。

4．为正文第 1 段添加红色底纹，应用于文字。

5．在正文第 2 段居中位置插入"当前试题"文件夹中的"图片.jpg"图片，设置其高为 3 厘米，宽为 5 厘米且为四周型环绕文字。

6．将正文最后一段分为偏右两栏，栏间加分隔线。

7．在文档末尾插入一个 3 行 3 列的表格。

8．设置表格为双实线边框，浅蓝色底纹。

9．设置装订线位置为上，装订线边距为 1 厘米，以原名保存文档。

（十七）打开"..\操作题\Word\第十七题\Word17.docx"文件，按下列要求完成操作

1．设置标题"海豚"的字号为一号、加粗、红色、居中对齐。

2．设置正文所有段落首行缩进两个字符，段前段后间距均设置为 1 行。

3．设置正文所有中文字体为华文楷体，英文字体为 Arial，小四号。

4．为正文第 1 段内容添加红色双实线下画线。

5．在文档最后一段居中位置插入"当前试题"文件夹中的"图片.jpg"图片，大小缩放至 80%且旋转 350 度，设置为四周环绕文字。

6．在文档末尾插入一个 3 行 4 列的表格。

7．设置表格样式为"网格表 1，浅色-着色 1"。

8．设置页面上下页边距均为 2 厘米。

（十八）打开"..\操作题\Word\第十八题\Word18.docx"文件，按下列要求完成操作

1．设置标题为 1 行 2 列样式艺术字、水平居中对齐、上下型环绕文字。

2．设置正文字体为华文细黑、字号为小四号。

3．设置正文前 3 段首行缩进 4 字符，行距固定值为 30 磅。

4．将正文第 2 段分为偏右两栏，栏间加分隔线。

5．在文档第 3 段居中位置插入"当前试题"文件夹中的"图片.jpg"图片，设置其缩放为 50%，四周型环绕文字。

6．将文字"刚果狮、加丹加狮、肯尼亚狮、罗斯福狮、索马里狮、卡拉哈里狮、洞狮"转换成 7 行 1 列表格，设置表格内容为水平居中对齐。

7．设置表格边框为红色双实线。

8．设置上下页边距均为 2 厘米，页面颜色为浅绿色。

（十九）打开"..\操作题\Word\第十九题\Word19.docx"文件，按下列要求完成操作

1．在文章开头添加标题"金丝猴"，设置为 1 行 3 列样式所示的艺术字、水平居中对齐、上下型环绕文字，字体为隶书。

2．设置正文字体为华文行楷，字号为小四号。

3．设置正文段前后间距均为 0.5 行，行距为固定值为 20 磅。

4．设置正文第 2 段首字悬挂两行，距正文 10 磅。

5．将正文最后一段分为 4 栏，栏间加分隔线。

6．在第 2 段文字居中位置插入"当前试题"文件夹中的"图片.jpg"图片，设置其高度和宽度均缩放 50%、旋转 350 度，四周型环绕文字。

7．为文档添加页眉"大白鲨"，并设置为红色、加粗、左对齐。

8．设置上下页边距均为 2 厘米，添加浅蓝色 1.5 磅双实线方框型边框。

（二十）打开"..\操作题\Word\第二十题\Word20.docx"文件，按下列要求完成操作

1．将所有文字的中文字体设置为华文新魏、西文字体为 Arial、字号为三号，正文所有段落首行缩进两个字符。

2．将正文第 1 段分为等宽 4 栏，栏间加分隔线。

3．设置正文第 2 段首字下沉两行，距正文 10 磅。

4．为正文第 3 段内容添加红色双实线边框，应用于段落。

5．在文档第 2 段居右位置插入"当前试题"文件夹中的"图片.jpg"图片，大小缩放为 30%，设置为四周型环绕文字。

6．为第 1 段开始"藏羚羊"4 个字添加批注，内容为"学名：Pantholops hodgsonii"。

7．设置文档的页眉为"保护级别近危（NT）　IUCN 标准"，红色、右对齐。

8．为文档添加苹果样式艺术型边框。

✪4 电子表格部分习题✪

第1题 打开"..\操作题\Excel\第一套\Excel1.xlsx"文件，按下列要求完成操作

1. 将 A1:D1 单元格合并后居中，设置字体为粗体、20 号字、倾斜。
2. 设置 A2:D2 标题区域为浅黄色底纹。
3. 为 B2、C2、D2 单元格分别添加批注，内容为"百分制"。
4. 利用公式计算"总评成绩"并填入 D 列相应的单元格中（总评成绩=实践成绩×0.4+理论成绩×0.6）。
5. 设置"总评成绩"列数据为数值型，保留 1 位小数。
6. 设置所有单元格数据对齐方式为水平居中。
7. 在 A9 单元格中输入文字"平均分"。
8. 使用函数分别求"实践成绩"和"理论成绩"列的平均分。
9. 设置 A2:D9 区域外边框为"红色双实线"，内框为"黑色单实线"。
10. 根据各个"实践成绩"和"理论成绩"的数据创建一幅三维簇状柱形图。
11. 设置上下左右页边距均为"3 厘米"。
12. 以原文件名保存当前工作簿。

第2题 打开"..\操作题\Excel\第二套\Excel2.xlsx"文件，按下列要求完成操作

1. 将 A1:E1 单元格跨列居中。
2. 为 A2:E19 区域添加内外最细实线边框。
3. 使用公式计算"增长量"列的数据，并填入相应的单元格中。
4. 利用公式计算"增长量占所有商品增量比重"并填入 E 列相应的单元格中。
5. 设置"增量占比"列数据为"百分比保留两位小数"。
6. 设置所有单元格数据对齐方式为"水平居中"。
7. 利用条件格式功能将"增长量"列数据大于 100000 的设置为"红色文本"。
8. 根据"商品名称"和"增长量"列数据创建一幅三维折线图。
9. 设置上下左右页边距均为"3.5 厘米"。
10. 将 Sheet1 工作表重命名为"排名"。
11. 以原名保存当前工作簿。

第3题 打开"..\操作题\Excel\第三套\Excel3.xlsx"文件，按下列要求完成操作

1. 将 A1:D1 单元格合并后居中，使表名"商品销售量表"放于整个表的上端，字体设置为华文细黑、18 号字。

2．使用公式计算商量的总销售量，将对应数据添入 E 列对应的商品中。

3．使用函数计算该商品总销售量的排名，将数据放置在 A 列对应的商品中。

4．调整表格 A 列宽度为 10。

5．使用条件格式将"上半年"销售量列数据大于 15 000 的设置为"自定义格式；填充颜色为自定义：红色：209，绿色 222，蓝色 247"。

6．设置工作表 A2:E19 区域套用表格格式为"蓝色，表样式浅色 2"。

7．利用"商品名称"和"下半年"销量数据创建一幅三维饼图。

8．将 Sheet1 工作表重命名为"商品销量"。

9．设置纸张大小为"A4"。

10．为 C2 和 D2 单元格插入批注内容"元"。

11．以原名保存当前工作簿。

第 4 题　打开"..\操作题\Excel\第四套\Excel4.xlsx"文件，按下列要求完成操作

1．将 A1:D1 单元格合并后居中。

2．使用公式计算"金额"列的值，设置该列单元格的格式为"货币型""人民币符号""保留两位小数"。

3．用函数计算数量和金额的总计。

4．设置 D 列列宽为"16"。

5．以"金额"为主要关键字升序排列（不含"总计"中的数据）。

6．将"金额"列大于 100 000 的数据条件格式设置为"浅红填充色深红色文本"（不含"总计"中的数据）。

7．利用"设备名称"和"金额"列数据创建一幅三维饼图（不含"总计"）。

8．为 D2 单元格添加批注，"单位：元"。

9．将当前工作表重命名为"设备采购情况统计表"。

10．设置上下左右页边距均为"3.2 厘米"。

11．以"Excel.xlsx"为文件名将当前工作簿保存在原文件夹中。

第 5 题　打开"..\操作题\Excel\第五套\Excel5.xlsx"文件，按下列要求完成操作

1．将 A1:H1 单元格合并后居中，使表名"企业员工工资表"放于整个表的上端，字体设置为黑体、24 号字。

2．在"序号"列中分别填充 1～15。

3．将"基本工资""奖金""补贴""扣发金额""实发工资"中各列的数据设置为"会计专用格式""保留两位小数""不使用货币符号"。

4．设置表格各列宽度为"12.5"、对齐方式为"水平居中"。

5．利用公式计算"实发工资"并填入相应的单元格中。

6. 为 A2:H17 单元格添加细实线内外边框。

7. 使用分类汇总求出各部门"实发工资"的总和。

8. 添加页脚"企业员工工资表"，并居中。

9. 设置纸张大小为"A4""横向"。

10. 保存当前工作簿。

第 6 题　打开"..\操作题\Excel\第六套\Excel6.xlsx"文件，按下列要求完成操作

1. 将 A1:K1 单元格跨列居中；字体设置为黑体、23 号、加粗。

2. 在"学号"列中分别填充 1001~1010。

3. 设置 A2:K2 区域为"浅蓝色底纹"。

4. 使用函数计算"总分"并填入 K 列相应的单元格中。

5. 设置单元格中所有数据的类型为"数值型，不保留小数"。

6. 设置所有单元格数据对齐方式为水平居中。

7. 使用条件格式将各科成绩大于 96 分的单元格设置为"绿填充色深红色文本"。

8. 设置 A2:K12 区域外边框为"蓝色双实线"，内框为"黑色单实线"。

9. 根据"姓名"和"总分"的数据创建一幅三维簇状柱形图。

10. 设置上下左右页边距均为 3.5 厘米。

11. 保存当前工作簿。

第 7 题　打开"..\操作题\Excel\第七套\Excel7.xlsx"文件，按下列要求完成操作

1. 在第 1 行上方插入一行，并在 A1 单元格中输入"学生成绩表"。

2. 将 A1:G1 单元格合并后居中，字体设置为微软雅黑、24 号字、加粗。

3. 使用函数计算"平均成绩"并填入 G 列对应的单元格中。

4. 设置"平均成绩"列数据为数值型，保留两位小数。

5. 设置所有单元格数据对齐方式为水平居中。

6. 使用条件格式将各科成绩小于 70 分的单元格设置为"绿填充色深红色文本"。

7. 设置 A2:G17 区域外边框为"红色双实线"，内框为"黑色单实线"。

8. 筛选出"三班"学生的成绩。

9. 为 A1 单元格添加批注"部分学生成绩"。

10. 设置上下页边距均为 3.23 厘米，纸张方向为横向。

11. 保存当前工作簿。

第 8 题　打开"..\操作题\Excel\第八套\Excel8.xlsx"文件，按下列要求完成操作

1. 在第 1 行前插入一个空白行，在 A1 单元格中输入"公司员工年龄情况表"。

2. 将 A1:C1 单元格合并后居中，字体设置为黑体、18 号、加粗。

3．使用函数计算"总人数"并填入 B7 相应的单元格中。

4．使用函数计算"所占百分比"列数据并填入相应的单元格中，设置为"百分比型，保留两位小数"。

5．设置所有单元格数据对齐方式为水平居中。

6．使用条件格式将人数大于 30 的单元格设置为"绿填充色深绿色文本"（不含"总人数"）。

7．设置 A2:C7 区域套用表格格式为"天蓝，表样式浅色 6"。

8．根据"年龄"和"人数"列的数据创建一幅三维饼图。

9．为工作表插入页眉"年龄情况表"，并居中。

10．设置上下页边距均为 3 厘米，纸张方向为横向。

11．以原名保存当前工作簿。

第 9 题　打开 "..\操作题\Excel\第九套\Excel9.xlsx" 文件，按下列要求完成操作

1．将 A1:J1 单元格合并后居中。

2．使用函数计算"总销售额"。

3．为 J2 单元格添加批注，"单位：万元"。

4．设置 A 列列宽为 11.25。

5．利用公式计算"所占比例"行数据，结果为百分比，保留两位小数（所占比例=地区/总销售额）。

6．将"销售额"列小于 270 的数据条件格式设置为"浅红填充色深蓝色文本"（不包含"总销售额"列）。

7．使用函数计算销售排名。

8．设置 A2:J5 区域套用表格格式为"天蓝，表样式浅色 6"。

9．将 Sheet1 工作表重命名为"销售表"。

10．设置纸张大小设置为 A4，方向为横向。

11．以原文件名保存当前工作簿。

第 10 题　打开 "..\操作题\Excel\第十套\Excel10.xlsx" 文件，按下列要求完成操作

1．将 A1:E1 单元格合并后居中，字体设置为黑体、30 号。

2．设置 A2:E2 区域单元格样式为"标题 4"。

3．使用公式计算"销售增长数量"并填入 D 列相应的单元格中（销售增长数量=下半年数量-上半年数量）。

4．设置"销售增长数量"列数据为数值型整数、使用千位分隔符。

5．设置所有单元格数据对齐方式为水平居中。

6．使用 IF 函数计算销售增长数量，大于 1 000 000 为"好"；否则为"一般"，将结果填入备注列中。

7．设置 A2:E6 区域外边框为"蓝色双实线"，内框为"黑色单实线"。

8．根据"产品名称"和"销售增长数量"的数据创建一幅三维簇状柱形图。

9．将 Sheet1 工作表重命名为"销售对比表"。

10．设置上下左右页边距均为 3 厘米。

11．以原文件名保存工作簿。

第 11 题 打开"..\操作题\Excel\第十一套\Excel11.xlsx"文件，按下列要求完成操作

1．将 A1:F1 单元格合并后居中。

2．使用函数计算"合计"列数据，并将单元格格式设置为"货币""人民币符号""小数位数保留两位"。

3．以"合计"列为主要关键字升序排列。

4．设置 F 列列宽为 18.25。

5．筛选出"第一季度"销售额大于 40 万元的类别。

6．将"合计"列大于 180 的数据条件格式设置为"浅红填充色深红色文本"。

7．利用百货类数据创建一幅三维饼图（不包含"合计"列数据）。

8．为 A2:F7 单元格添加最细黑色实线内外边框。

9．将 Sheet1 工作表重命名为"销售情况表"。

10．设置纸张大小为 A4。

11．以原文件名保存工作簿。

第 12 题 打开"..\操作题\Excel\第十二套\Excel12.xlsx"文件，按下列要求完成操作

1．将 A1:D1 单元格合并后居中。

2．使用公式计算"金额"列数据，不保留小数位数（金额=单价×数量）。

3．为 D2 单元格添加批注"单位：元"。

4．设置 D 列列宽为 18。

5．将"单价"列小于 1500 的数据条件格式设置为"浅红填充色深红色文本"。

6．以"金额"主要关键字升序排列。

7．利用"名称"和"金额"列数据创建一幅三维饼图，以表名为图表标题。

8．设置 A2:D11 区域套用表格格式为"蓝色，表样式中等深浅 13"。

9．将 Sheet1 工作表重命名为"办公用品采购表"。

10．设置纸张大小设置为 A4，方向为横向。

11．以原文件名保存工作簿。

第 13 题　打开"..\操作题\Excel\第十三套\Excel13.xlsx"文件，按下列要求完成操作

1．将 A1:G1 单元格合并后居中。

2．将 A1 单元格的字体设置为黑体、29 号字、加粗。

3．使用函数将日期列中为"6 月 23 日"的"备注"设置为"需住宿"，否则为"不住宿"。

4．设置"票价"列数据单元格格式为"货币型整数""人民币符号"。

5．设置所有单元格数据对齐方式为水平居中。

6．使用条件格式将票价小于 100 的单元格设置为"绿填充色深绿色文本"。

7．设置 A2:G17 区域内外边框为"蓝色双实线"。

8．筛选出终点为"成都"的信息。

9．为 A1 单元格添加批注"员工名单"。

10．设置上下页边距均为 3 厘米。

11．以原文件名保存工作簿。

第 14 题　打开"..\操作题\Excel\第十四套\Excel14.xlsx"文件，按下列要求完成操作

1．将 A1:D1 单元格合并后居中。

2．将 A1 单元格字体设置为黑体、18 号、加粗。

3．使用函数计算出"平均工资"，并填入 C13 单元格中。

4．设置 C13 单元格格式为"数值型""保留两位小数"。

5．设置所有单元格数据对齐方式为水平居中。

6．使用函数计算出学历为"博士""硕士""本科"的人数，分别将结果填入 F5、F6、F7 单元格中。

7．设置 A2:D13 区域外边框为"红色单实线"，内框为"黑色单实线"。

8．设置上下页边距均为 3 厘米、纸张大小为 A4、纸张方向为横向。

9．以原文件名保存工作簿。

第 15 题　打开"..\操作题\Excel\第十五套\Excel15.xlsx"文件，按下列要求完成操作

1．将 A1:I1 单元格合并后居中。

2．使用函数计算出"总计"列数据。

3．设置所有单元格中的数据为水平居中对齐。

4．设置 I 列列宽为 18。

5．将"产量（kg）"行小于 60 000 的数据条件格式设置为"浅红填充色深红色文本"

（不含"总计"）。

6. 为 A3 单元格添加批注"单位：Kg"。

7. 利用"种类"和"产量"的数据创建一幅柱形图（不含"总计"）。

8. 设置工作表 A2:I3 区域套用表格格式为"蓝色，表样式中等深浅 2"。

9. 将 Sheet1 工作表重命名为"蔬菜产量表"。

10. 设置纸张大小为 A4，方向为横向。

11. 以原文件名保存工作簿。

第 16 题　打开"..\操作题\Excel\第十六套\Excel16.xlsx"文件，按下列要求完成操作

1. 将 A1:D1 单元格合并后居中。

2. 将 A1 单元格的字体设置为黑体、18 号、加粗。

3. 使用函数计算出"全年总量"，并填入 B15 单元格中。

4. 使用公式计算各月"所占百分比"（所占百分比=月份销量/全年总量）。

5. 设置所占百分比列数据为"百分比格式""保留两位小数"。

6. 使用函数在"备注"列中将各月销售数据大于 500 的标记为"销量好"。

7. 设置 A2:D15 区域内外边框为"红色双实线"。

8. 以"2019 年"的数据为主要关键字升序排列（不含"全年总量"）。

9. 将 Sheet1 工作表重命名为"销量表"。

10. 设置上下页边距均为 3.5 厘米。

11. 以原文件名保存工作簿。

第 17 题　打开"..\操作题\Excel\第十七套\Excel17.xlsx"文件，按下列要求完成操作

1. 将 A1:F1 单元格合并后居中。

2. 字体设置为黑体、18 号、加粗。

3. 使用函数计算出"奖牌总数"，并填入 E 列中。

4. 根据奖牌总数列数据，使用函数计算出"排名"并填入 F 列中。

5. 使用条件格式将"金牌"数小于 20 的单元格设置为"绿填充色深绿色文本"。

6. 在 A9 单元格中输入文字"最小值"，并使用函数计算获得金牌最小的数量值。

7. 设置 A2:F9 区域内外边框为"红双实线"。

8. 以"排名"为主要关键字升序排列。

9. 将 Sheet1 工作表重命名为"运动会成绩表"。

10. 设置上下页边距均为 3 厘米。

11. 以原文件名保存工作簿。

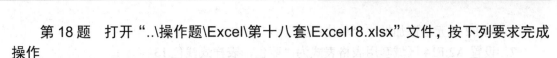

第 18 题　打开 "..\操作题\Excel\第十八套\Excel18.xlsx" 文件，按下列要求完成操作

1．将 A1:E1 单元格合并后居中。

2．使用公式计算"销售额"列数据，并将单元格格式设置为"货币""人民币符号""小数位数保留 2 位"（销售额=单价×数量）。

3．使用函数计算出"销售排名"并将结果填入 E 列对应的单元格中。

4．各列调整为适合的列宽。

5．为 C2 和 D2 单元格添加批注"单位：元"。

6．利用"图书名称"和"销售额"数据创建一幅三维簇状柱形图，并添加图表名称。

7．为 A2:E9 单元格添加最细黑色实线内外边框。

8．将 Sheet1 工作表重命名为"销售情况表"。

9．设置纸张大小为 A4。

10．以原文件名保存工作簿。

第 19 题　打开 "..\操作题\Excel\第十九套\Excel19.xlsx" 文件，按下列要求完成操作

1．将 A1:F1 单元格合并后居中。

2．字体设置为微软雅黑、24 号、加粗。

3．使用公式计算出"总成绩"，并填入 E 列中（总成绩=初赛成绩×20%+复赛成绩×20%+决赛成绩×60%）。

4．使用函数计算出"成绩排名"并填入 F 列中。

5．使用条件格式将"总成绩"大于 90 分的单元格设置为"绿填充色深绿色文本"。

6．设置"总成绩"列的单元格格式为"数据型""保留两位小数"。

7．设置 A2:F10 区域内外边框为黑色双实线。

8．以"成绩排名"为主要关键字升序排列。

9．为 Sheet1 工作表重命名为"统计表"。

10．设置上下页边距均为 3 厘米。

11．以原文件名保存工作簿。

第 20 题　打开 "..\操作题\Excel\第二十套\Excel20.xlsx" 文件，按下列要求完成操作

1．在第 1 行前插入一个空白行，在 A1 单元格中输入文字"销售表"。

2．将 A1:F1 单元格合并后居中；字体设置为微软雅黑、26 号字、加粗。

3．使用公式计算"销售额"并将结果填入 F 列相应的单元格中（销售额=单价×数量）。

4．设置所有单元格数据对齐方式为水平居中。

5．使用条件格式将"销售额"大于 500 000 的单元格设置为"绿填充色深红色文本"。

6．为 F2 单元格添加批注"单位：元"。

7．设置 A2:F14 区域套用表格表式为"蓝色，表样式浅色 13"。

8．以"季度"为主要关键字升序排列。

9．插入居中页眉，内容为"销售表"。

10．设置上下页边距均为 3 厘米，纸张大小为 A4，纸张方向为横向并以原文件名保存。

☆5　演示文稿部分习题☆

第 1 题

1．设置幻灯片主题为"环保"。

2．设置主标题为"夜跑""华文行楷""60 号字"。

3．为第 2 张幻灯片的文本设置超链接，分别连接到相应的幻灯片。

4．将第 4 张幻灯片设置为"图片与标题"版式，在右侧占位符中插入"当前试题"文件夹中的"夜跑.jpg"图片。设置图片高为"7 厘米"，保持纵横比且水平对齐。

5．修改第 5 张幻灯片文本项目符号为"砖石型项目符号"，字体为"14 号"，调整文本框位置为"水平居中"。

6．设置第 3 张幻灯片的文本内容"动画效果"为"缩放"、字体为"18 号"且文本框位置为"水平居中"。

7．以原名保存文档。

第 2 题

1．设置幻灯片主题为"游泳"。

2．设置主标题为"有氧运动——游泳"、字体为华文楷体、字号为 54 号字。

3．将第 2 张幻灯片设置为"比较"版式，在右侧占位符中插入"当前试题"文件夹中的"游泳.jpg"图片，设置图片高为"7 厘米"且保持纵横比。

4．为第 2 张幻灯片中文本设置超链接，分别连接到相应的幻灯片。

5．将第 5 张幻灯片文本转换为 Smartart 网格矩阵，更改颜色为"彩色-个性色"并适当调整大小。

6．设置所有幻灯片切换效果为"立方体"。

7．以原名保存文档。

第 3 题

1．新建幻灯片版式为"标题幻灯片"，输入"马拉松典故"，设置幻灯片的主题为"水汽尾迹"。

2．设置第 2 张幻灯片的标题的艺术字样式为"填充：白色；轮廓：蓝色，主题色 5；阴影"，字号为"60""加粗"。

3．设置第 2 张幻灯片中的文本为竖排显示，并在右侧插入"当前试题"文件夹中的"典故.jpg"图片，设置图片高为 9 厘米且保持纵横比。

4．为第 3 张幻灯片文本添加箭头项目符号，在右侧插入"当前试题"文件夹中的"准备.jpg"图片，设置图片高为 9 厘米且保持纵横比。

5．设置第 3 张幻灯片中图片的动画效果为"擦除"，方向为"自下而上"，开始方式为"上一个动画之后"。

6．设置所有幻灯片的切换效果为"推入"。

7．以原名保存文档。

第 4 题

1．设置幻灯片的主题为"水滴"。

2．将主标题"游泳"转化为 2 行 2 列艺术字，设置字体为华文行楷，字号为 120。

3．将第 1 张幻灯片的背景设置为"当前试题"文件夹中的"游泳.jpg"图片。

4．将第 2 张幻灯片设置为"空白"版式。

5．为第 3 张幻灯片添加动作按钮"转到主页"。

6．将第 3 张幻灯片中的文本转换为 Smartart 方形重点列表，更改颜色为"彩色-个性色"。

7．以原名保存文档。

第 5 题

1．设置幻灯片的主题为"肥皂"。

2．设置副标题为"轮滑社"，字号为 32，字体为幼圆。

3．修改第 3 张幻灯片中项目标号为"加粗空心方形项目符号"，设置字体字号分别为幼圆、24 号。设置文本内容首行缩进为 1.27 厘米行间距为 1.5 倍行距，字体字号分别为幼圆、20 号。

4．在第 4 张幻灯片中插入"当前试题"文件夹中的"轮滑.jpg"图片，设置图片高为 13 厘米，保持纵横比，格式为"柔滑边缘矩形"。进入效果为"幼圆扩展"，效果选项为"放大"。

5．设置第 2 和第 5 张幻灯片中的文本字体字号分别为幼圆、20 号，行距为 1.5 倍，悬挂缩进为 1.27 厘米。

6．添加幻灯片编号，标题幻灯片除外。

7．以原名保存文档。

第 6 题

1．在幻灯片母版中设置幻灯片模板背景格式为"图片"或"纹理填充"，在图片源中选择"插入"，设置"当前试题"文件夹中的"滑雪.jpg"图片的透明度为"80%"。

2．设置幻灯片主标题为"滑雪"、字体为华文彩云，字号为 66、文本效果为"发光，主题色：5 磅；灰色，主题色 3"。

3．设置第 2 张幻灯片的版式为"竖排标题与文本"，设置文本框中的行间距为固定值 45 磅。

4．将第 3 张幻灯片中的文本转换为 Smartart"垂直 V 形列表"流程图，更改颜色为"渐变范围-个性色 1"。

5．为第 3 张幻灯片中 Smartart 垂直 V 形列表流程图设置逐个飞入动画效果，效果选项为"自上而下"，效果中的 Smartart 动画为"一次按级别"。

6．除首页幻灯片以外，为所有幻灯片添加页脚为"极限运动项目"。

7．以原名保存文档。

第 7 题

1．设置幻灯片的主题为"回顾"，设置"变体"为"纸张"。

2．在幻灯片母版视图首页插入"当前试题"文件夹中的"大运会 logo.jpg"图片，设置其高度为 5 厘米且保持纵横比，通过裁剪的方式将图片左右区域的白色部分去掉。将 logo 放到幻灯片母版页面的右上角，并保证幻灯片母版中的每一页都有 logo。

3．在幻灯片母版中插入版式，保留标题。在页面左边插入文本占位符，右边插入图片占位符，命名该版式为"标题内容图表"。

4．在幻灯片普通视图中将第 2 页幻灯片的版式设置为"标题内容图表"，设置文本字体为华文细黑，行距为 1.5 倍行距，首行缩进为 1.27 厘米，插入饼状图。在数据表中设置标题为"球类运动奖品数占比"，且"分类和数量"为"球类运动，26；其他运动，243"。

5．在第 2 张幻灯片后新建第 3 张幻灯片，设置为"仅标题"版式，输入标题"球类运动金牌情况"。在幻灯页面中插入柱状图，在柱状图的数据源中输入如下内容生成柱状图。

金牌数量分部	
羽毛球	6
篮球	2
乒乓球	7
网球	7
排球	2
水球	2

6．清除第 4 张幻灯片文本字体现有的所有格式设置，设置为华文细黑、行距为 1.5 倍行距，首行缩进为 1.27 厘米。

7．设置除第 1 张幻灯片无切换效果外，其余幻灯片切换为"切入"。

8．设置幻灯片放映方式为"观众自行浏览（窗口）"。

第 8 题

1．设置幻灯片的主题风格为"徽章"。

2．设置副标题为"篮球部落"，字体为华文新魏，字号为 30。

3．调整页面目录在页面中间，设置"目录"两个字为幼圆，字号为 50 号，字号为加粗。在页面中插入 SmartArt 图形"垂直曲线列表"，样式为"彩色-个性色"，字体为幼圆，字号为 26 号，调整图形到页面中间。为目录设置超链接，分别连接到相应的幻灯片。

4．在第 3 张幻灯片中设置标题字体为幼圆，字号为 50 号，文本内容为"宋体"，字号为"18 号"，文本段落为"1.5 倍行距"，首行缩进为"1.27 厘米"，调整文本到适当的位置。在文本框的右边插入"当前试题"文件夹中的"篮球.jpg"图片，设置进入方式为"轮子"，开始方式为"上一个动画同时"。

5．设置第 4 和第 5 张幻灯片中的标题字体为幼圆，字号为 50 号，文本框内容的动画效果为"浮入"且按"相反顺序"，组合文本"按第一级段落"上浮。设置开始方式为"上一个动画之后"，字体为宋体，字号为 16 号，行间距固定值为 25 磅。

6．为幻灯片添加脚注"篮球部落"，在页面左下角插入当前日期，标题幻灯片中不显示。

7．保存幻灯片。

第 9 题

1．设置幻灯片主题为"地图集"，变体颜色为"蓝色"，标题转换为"填充：黑色，文本色 1；边框：白色，背景色 1；清晰阴影：白色，背景色 1"，字号为 60 号、加粗。设置副标题为"羽毛球比赛介绍"，字体为"宋体，字号为 24 号"，文本格式为"发光：8 磅；青绿，主题色 2"。

2．设置第 2 张幻灯片版式为"两栏内容"，插入"当前试题"文件夹中的"羽毛球.jpg"图片。设置其宽度为"16 厘米"且保持纵横比。设置文本内容字体为"华文细黑""16 号"，段落行间距为"固定值 24 磅"。

3．将第 3 张幻灯片中的文本转换为 SmartArt 图形"射线列表"，在图形的左边插入"羽毛球 1.jpg"图形。

4．在第 3 张幻灯片中设置返回主页的超链接，单击"羽毛球 1.jpg"即可返回幻灯首页。

5．设置幻灯片左右的切换为推入，自动换片的时间为"5 秒"，放映类型为在"展台浏览（全屏幕）"。

第 10 题

1．在文件夹中新建一个 PowerPoint 演示文稿，命名为"羽毛球场地.pptx"。

2．打开新建的"羽毛球场地.pptx"演示文稿，单击页面中心插入一张幻灯片。

3．在页面中插入"当前试题"文件夹中的"羽毛球场地.png"图片并保持插入其纵横比。

4．根据图片使用绘图工具插入图形的方式绘制羽毛球场地，绘制出的图形和图片比例一致。

第 11 题

1．设置幻灯片的主题为"红利"，标题为微软雅黑、60 号、文本居中，副标题为微软雅黑、24 号。在页面中插入"当前试题"文件夹中的"林丹.jpg"图片，设置其高度为 9.2

厘米，调整图片位置在页面的右下脚与背景齐平。

2．设置第 2 张幻灯片的版式为"两栏内容"，并将文本分别放入两栏内容之中。设置字体为微软雅黑，名称字号为 18 号，内容为 16 号。即"中文名：林丹"的"中文名"字号为 18 号，"林丹"为 16 号。设置段落间距为 0 磅，固定值为 30 磅。

3．设置第 3 张幻灯片中所有的文本为微软雅黑、16 号，字体方向为"堆积"。所有文本框高度设置为 13 厘米、宽度为 5 厘米，然后按照时间的先后顺序设置 2002 年～2014 年按从右至左顺序排列文本内容。

4．设置文本内容"02 年-14 年"的文本框进入方式为"飞入"，效果选项为"从左至右"，开始方式为"上一动画之后"。然后为"02 年-14 年"文本框添加退出动画，效果为"飞出"。效果选项为"从左至右"，开始方式为"上一动画之后"。

5．设置"15 年-20 年"文本框内容在幻灯页面以外的左侧。设置线路动画"直线"，效果选项为"右"，开始方式为"上一动画之后"，调整线路长短是页面依次呈现的各年内容。

6．设置所有的幻灯片的切换方式为"擦除"，效果选项为"自底部"，自动换片的时间为 10 s。幻灯片放映为"演讲者放映（全屏幕）"，放映选项为"循环放映，按 ESC 键终止"。

第 12 题

1．设置幻灯片的主题为"徽章"，颜色为"蓝色暖调"。

2．设置第 2 张幻灯片目录，插入 SmartArt 图片"水平多层次结构"。更改颜色为"彩色-个性色"，"目录"两个字的显示方向为"旋转 90 度"并设置目录能够链接到每一张对应的幻灯中。

3．设置第 3～6 张幻灯片中的所有标题为微软雅黑、40 号、加粗，第 3 张幻灯片的段落固定值为 30 磅。

4．设置第 3 张幻灯片版式为"两栏内容"，在右边插入"当前试题"文件夹中的"成都地标.png"图片，设置图片高度为 9 厘米且约束横纵比。

5．在第 4 张幻灯片中将表格中的数据通过柱状图实现，并设置柱状图标的标题为"2018 年-2019 年产业增加值对比（单位：亿元）"。调整柱状图大小，将图放置在页面的右上角与表格对齐。将 2016 年～2019 年地区 GDP 通过折线图实现，设置标题为"GDP 增长曲线（单位：亿元）"。调整折线图大小，放置在页面的右下角与左边文本框对齐。

6．设置第 5 张幻灯片中的表格背景为"无"，添加表格框线为"黑色""1.5 磅"。在页面中插入"当前试题"文件夹中的"成都最具幸福感城市.jpg"图片，设置其高度为 16 厘米且约束横纵比，图片样式为"金属椭圆"。

7．设置第 6 张幻灯片表格背景为"无"，添加表格框线为"黑色""1 磅"。在页面中插入"当前试题"文件夹中的"成都行政分区.jpg"图片，设置其高为度为 10 厘米，样式为"映像圆角矩形"并放置在右边的适当位置。

第 13 题

1．设置幻灯片的主题为"主要事件"，标题为微软雅黑、80 号、加粗、居中。

2．设置第 2 张幻灯片中的标题为宋体、54 号、阴影、加粗，版式为"两栏内容"，文本内容为微软雅黑、18 号，段落行间距为固定值 45 磅。在右边插入"当前试题"文件夹中的"国旗.jpg"图片。

3．设置标题幻灯片中副标题"中华人民共和国首都"为华文行楷、30 号、黑色、文字 1。

4．设置第 3 和第 4 张幻灯的标题格式和第 2 张一致，设置幻灯片的文本为微软雅黑、14 号，段落行间距为 35 磅、段前和断后都为 0 磅。在页面的右边插入"当前试题"文件夹中的"地区划分.jpg"图片，设置其高度为"10 厘米"且约束横纵比。

5．设置第 3 张幻灯片中文本进入方式为"浮入"，效果选项为"上浮"，文本动画"按第一级段落"相反顺序，开始方式为"与上一动画同时"。设置图片进入动画为"形状"，效果选项为"缩小"，开始方式为"与上一动画同时"。

6．设置第 4 张幻灯片文字转换为表格格式，按照从上往下的方式每 10 张一组。设置表格样式为"浅色样式 1-强调 1"，单元格中的内容为"左中对齐"，字体字号分别为微软雅黑、12 号。

第 14 题

1．设置幻灯片主题为"红利"，颜色为"红色"。

2．在标题幻灯片中插入"当前试题"文件夹中的"维多利亚港.jpg"图片，调整其高度为"9.1 厘米"，和背景红色区域刚好重叠。设置图片进入方式为"直线"，效果选项为"靠左"，开始方式为"与上一动画同时"，持续时间 5 s。

3．在幻灯片母版中除"标题幻灯片"版式以外，所有版式中插入"当前试题"文件夹中的"香港区徽.png"图片。设置其高为度为 5 厘米且保持横纵比，将图片放置在右上角并与边缘相切。

4．在第 2 张幻灯片中插入 SmartArt 图形"垂直曲线列表"，将文本录入其中并更改颜色为"彩色-个性色 1"。

5．设置第 3～5 张幻灯片版式为"两栏内容"，左边的文本为华文细黑、16 号、1.5 倍行距，并将文本内容由简体转变为繁体。在第 3 张页面的右边插入"当前试题"文件夹中的"香港区旗.png"图片，在第 4 张页面的右边插入"当前试题"文件夹中的"香港回归.jpg"图片，在第 5 张页面的右边插入"当前试题"文件夹中的"行政区划分.jpg"图片。

6．设置第 4 张幻灯片中的图片样式为"柔滑边缘矩形"，第 5 张幻灯片中的图片样式为"居中矩形阴影"。

7．设置除了首页幻灯片以外的所有幻灯片的切换效果为"百叶窗"，自动换片的时间为"5 s"。

8．设置幻灯片放映选项为"循环播放"。

第 15 题

1．设置幻灯片的主题为"电路"。

2．设置第 2 和第 3 张幻灯片版式为"两栏内容"，文本为微软雅黑、18 号且加阴影。分别插入对应的 Windows 图片，设置高度为 8 厘米且保持纵横比例。

3．设置第 4 张幻灯中的 3 个文本框中的文本为微软雅黑、18 号，文本框排列对齐方式为"垂直居中"且形状与轮廓颜色为"深红"。设置文本进入方式为"弹跳"，开始方式为"上一动画之后"。设置幻灯片中的图片进入方式为"翻转式由远及近"，动画开始方式为"上一动画之后"，进入后为图片添加强调动画"放大/缩小"。

4．将第 5 张幻灯片中的文本内容录入到 SmartArt 的图中，SmartArt 选择流程图中的"交错流程"。设置图形高度为 12 厘米且保持纵横比。设置 SmartArt 图形进入动画为"擦除"，效果选项设置为"自上而下"，SmartArt 动画中的组合图形设置为"逐个"，开始方式设置为"上一动画之后"。

5．除了首页幻灯版式外，在其他版式中插入"当前试题"文件夹中的"logo.png"图片，设置其高度为"5 厘米"且保持横纵比。

6．设置幻灯片脚注为"计算机 IT 部落"，文本为微软雅黑、白色、阴影、加粗、12 号，首页不显示脚注。

第 16 题

1．设置幻灯片的主题为"环保"，背景为"样式 6"，颜色为"绿色"。

2．设置幻灯片首页副标题"中国现代四大发明之一"为华文隶书、24 号。

3．取消第 2 张幻灯片文本框中的项目符号，设置文本为文琥珀、28 号，行间距为 50 磅，段前和段后为 0 磅。设置文本框的高度和宽度分别为 6 厘米和 16 厘米，进入方式为"浮入"。添加强调动画"字体颜色"效果选项为"红色"，所有动画的开始方式均为"上一动画之后"。

4．在第 2 张幻灯片中插入"当前试题"文件夹中的"原理.png"图片，设置其高度为 3 厘米且保持横纵比，调整图片到文本框下面且水平居中。设置进入方式为"飞入"，效果选项为"自底部"，开始方式为"与上一动画同时"。

5．设置第 3、4 张幻灯片文本框高度和宽度分别为 11 厘米、13 厘米，文本为华文隶书、16 号。根据页面内容在这两张幻灯片的右边插入"当前试题"文件夹中的"开锁.jpg"和"锁车.png"图片，设置其高度为 8 厘米且保持横纵，设置图片样式为"简单框架，黑色"。

6．设置所有的幻灯片切换为"分割"，效果选项为"中央向左右展开"，自动换片时间为"5 s"。

7．设置自动循环放映。

第 17 题

1．设置版式为"电路"，字体颜色为"蓝色暖调"。

2．设置首页幻灯片的副标题的内容为"项目负责人"。

3．设置幻灯片母版中的版式字体格式，其中"标题和内容"版式的标题为黑体、阴影、加粗；其中的"标题幻灯片"版式的主标题为黑体、阴影、加粗、56 号，副标题为微软雅黑、阴影、加粗。

4．设置第 3 张幻灯片内容转化为 SmartArt 图形"连续块状流程图"，更改颜色为"彩色-个性色"。设置进入方式为"擦除"，效果选项为"从左至右"。采用 SmartArt 动画"逐个"输出，设置开始方式为"上一动画之后"。

5．设置第 4 张幻灯片中的内容转化为 SmartArt 图形，图形选择流程中的"圆形重点日程表"，更改颜色为"彩色-个性色"。设置进入方式为"浮动"，效果选项为"上浮"。采用 SmartArt 动画"逐个"输出，设置开始方式为"上一动画之后"。

6．设置第 5 张幻灯片中的 3 幅饼状图，设置进入动画为"缩放"，动画开始方式为"上一动画之后"。

7．设置第 6 张幻灯片内容转化为 SmartArt 图形"连续图片列表"，更改颜色为"彩色-个性色"。设置进入方式为"飞入"，效果选项为"自底部"。采用 SmartArt 动画"逐个"输出，设置开始方式为"上一动画之后"。

8．设置第 7 张幻灯片左边的文本内容为 SmartArt 图形"目标图列表"并适当调整其高度和宽度为 11 厘米和 13 厘米，设置第 8 张幻灯片中的为本为"基本维恩图"。更改图形的颜色为"深色 2 轮廓"，设置字体填充和轮廓都为"黑色"。

9．设置第 9 张幻灯片图形进入方式为"飞入"，效果选项为"按类别"。开始方式为"与上一动画同时"，持续时间为 2 s，修改图表中的 3 幅扇形图飞入的方向分别为自左侧、自底部、自右上部。

10．设置第 10 张幻灯片中柱形图为饼状图，样式为"样式 11"。

第 18 题

1．设置幻灯片的主题为"画廊"，背景图片为"当前试题"文件夹中的"孔雀东南飞.jpg"，所有的幻灯片都设置该背景图片。

2．设置幻灯片母版"标题与内容"版式中的标题字为华文行楷、36 号、阴影，内容字体为隶书、24 号、阴影。

3．设置每一页的幻灯的切换效果为"淡入/淡出"，效果选项为"平滑"，声音为"风铃"，持续时间为 1 s，自动换片时间为 5 s，幻灯片放映方式为"循环播放"。

4．在首页幻灯片中插入"当前试题"文件夹中的音频文件"背景乐.mp3"，设置开始方式为"自动"，播放方式为"循环播放，直到停止"和"跨幻灯片播放"。

5．以原名保存文档。

第 19 题

1．设置幻灯片样式为"环保"，设置背景格式为"图片或纹理填充"，在图片源中插入在"当前试题"文件夹中的"背景图片.jpg"图片。

2．为第 1 张幻灯片添加副标题"视频观赏"并超链接到第 3 张幻灯片。

3．设置幻灯片母版"标题幻灯片"版式中标题的为黑体、60 号、加粗、阴影，副标题为黑体、28 号、阴影，"标题和内容"版式中的标题为黑体、44 号、阴影。

4．设置第 2 张幻灯片内容转化为 SmartArt 图形"基本蛇形流程"，设置 SmartArt 图形中的文字为华文彩云、32 号、加阴影。设置动画为"擦除"，开始方式为"上一动画之后"，SmartArt 动画为"逐个"输出。设置前 3 个文本内容和两个箭头效果选项为"自左侧"，后 3 个文本内容和两个箭头效果选项为"自右侧"，中间箭头效果选项为"自顶部"

5．在第 3 张幻灯片中插入"当前试题"文件夹中的视频文件"中国风景.mp4"，设置开始播放方式为"自动"全屏播放方式为"循环播放"且"播放完毕后返回开头"。

5．设置所有幻灯片切换效果为"立方体"，第 1 张和第 2 张幻灯片自动换片时间为 5 s。

6．以原名保存文档。

第 20 题

1．设置幻灯片的主题为"丝状"，在变体中设置颜色为"灰度"，设置背景格式为"图片或纹理填充"。插入"当前试题"文件夹中的"Mate40pro.jpg"图片，设置向上偏移为"0%"，透明度为"80%"并用到所有的幻灯片中。

2．设置幻灯片母版"标题幻灯片"版式中的标题为华文彩云、54 号、红色文本填充、蓝色文本轮廓，文本阴影为"透视右上"，副标题文本为幼圆、28 号，文本阴影为"透视左下"。设置幻灯片母版"标题与内容"版式中的标题格式为华文彩云、40 号、红色文本填充、蓝色文本轮廓，文本阴影为"透视右上"，设置内容中的一级标题为幼圆、20 号、阴影，段落行间距为 1.5 倍。

3．设置第 2～第 4 张幻灯片中的文本框为"停止根据此占位符调整文本"，并设置第 2 和第 3 张幻灯片中的内容文本框线性动画为"直线向上"且开始方式为"上一动画之后"，动画持续时间为 5 s。

5．在第 5 张幻灯片中插入"华为 Mate40 宣传片.mp4"，设置视频的高度为 13 厘米且约束横纵比例。设置视频播放为"自动"全屏播放，方式为"循环播放"且播放完毕后返回开头。

6．设置幻灯片切换为"推进"，前 4 张幻灯设置自动换片时间为"5 s"。

7．以原名保存文档。

✡6 计算机网络部分习题 ✡

第 1 题

1．设置主页为"www.svtcc.edu.cn"。

2．设置网页保存在历史记录中的天数为"20"。

3．设置退出时删除浏览历史记录。

第 2 题

1．设置浏览器主页为"jw.svtcc.edu.cn"。

2．启用"弹出窗口阻止"程序，并添加 jw.svtcc.edu.cn 为允许的网站。

3．通过代理连接使用 HTTP 1.1。

第 3 题

1．设置浏览器主页为使用空白页。

2．设置 Internet 的安全级别为"高"。

3．使用 SSL 2.0 和 SSL 3.0。

第 4 题

1．设置浏览器主页为"www.svtcc.edu.cn"。

2．设置网页保存在历史记录中的天数为"10"。

3．设置局域网为"使用自动配置脚本"。

第 5 题

1．设置浏览器主页为"jw.svtcc.edu.cn"。

2．设置退出时删除浏览的历史记录和密码。

3．设置如果 Internet Explorer 不是默认的 Web 浏览器，则给出提示。

第 6 题

1．退出时删除浏览的历史记录和 Cookie。

2．设置 HTML 编辑器为"记事本"。

3．设置关闭多个选项卡时发出警告。

第 7 题

1．设置退出时删除浏览的历史记录和表单数据。

2．设置网页保存在历史记录中的天数为"20"。

3．设置"不将加密的页存盘"。

第 8 题

1．设置默认主页为"www.svtcc.edu.cn"。

2．设置如果 Internet Explorer 不是默认的 Web 浏览器，则给出提示。

3．设置 Internet 临时文件从不检查所存网页的较新版本。

第 9 题

1．设置默认浏览器的主页为"www.svtcc.edu.cn"。

2．设置高级安全选项"关闭浏览器时清空'Internet 临时文件'文件夹"。

3．设置 HTML 编辑器为"Word"。

第 10 题

1．设置启用选项卡浏览并打开新选项卡后打开空白页。
2．设置退出时删除浏览的历史记录和密码。
3．检查存储页面较新版本设置为"每次访问网页时"。

第 11 题

给小明发送一封工作邮件。
1．小明的邮箱地址为"xiaoming@svtcc.edu.cn"。
2．主题为"下星期工作计划"。
3．邮件内容为"请查收"。
4．在"当前试题"文件夹中建立并添加一个"具体内容.txt"文档作为附件发送。
发送邮件并保存参数后退出邮箱。

第 12 题

给毕业设计指导教师李老师发送自己的毕业论文。
1．李老师的邮箱地址为"lixiang@svtcc.edu.cn"。
2．邮件的主题为"XXX 的毕业论文"。
3．邮件的内容为"毕业论文初稿已完成"。
4．设置邮件列表中每页显示 30 封邮件。
发送邮件并保存参数后退出邮箱

第 13 题

给小明发送一封邮件。
1．小明的邮箱地址为"xiaoming@svtcc.edu.cn"。
2．邮件的主题为"周末一起逛街吧"。
3．邮件内容为"周末上午 10 点在交院后街见"。
4．添加抄送邮箱地址为"zhaoming@svtcc.edu.cn"。
发送邮件并保存参数后退出邮箱。

第 14 题

给李雷发送一封邮件。
1．李雷的邮箱地址为"lilei@svtcc.edu.cn"。
2．邮件的主题为"周末一起郊游"。
3．邮件内容为"本周六上午 9 点在交院大门口等你一起郊游"。
4．设置邮箱文字字体为"中号"，并显示邮件大小。

发送邮件并保存参数后退出邮箱。

第15题

给 Jerry 发送一封邮件。

1．Jerry 的邮箱地址为"Jerry@svtcc.edu.cn"。

2．邮件主题为"下一步学习安排"。

3．邮件内容为"具体内容见附件"。

4．在"当前试题"文件夹中建立并添加一个"学习计划.txt"文档作为附件发送。

发送邮件并保存参数后退出邮箱。

第16题

给林处长发送一封邮件。

1．林处长的邮箱地址为"tan@svtcc.edu.cn"。

2．邮件的主题为"培训名单"。

3．邮件内容为"附件中为拟参加培训教师名单，请您查看"。

4．在"当前试题"文件夹中建立并添加一个"2020年培训名单.xlsx"作为附件发送。

发送邮件并保存参数后退出邮箱。

第17题

给同学小明发送一封邮件。

1．小明的邮箱地址为"xiaoming@svtcc.edu.cn"。

2．同时抄送给另一名同学周，邮箱地址为"xiaozhou@svtcc.edu.cn"。

3．邮件的主题为"恭喜考取职业资格证"。

4．邮件内容为"晚上我们一起出去庆祝一下"。

发送邮件并保存参数后退出邮箱。

第18题

给同事发送一封邮件。

1．收件人的邮箱地址为"xiaoming@svtcc.edu.cn"。

2．添加抄送的邮箱地址为"tan@svtcc.edu.cn"。

3．邮件主题为"方案有变"。

4．邮件内容为"因为不可预料原因将方案修改后执行"。

发送邮件并保存参数后退出邮箱。

第19题

给百度公司发送一封求职邮件。

1．百度公司的邮箱地址为 master@baidu.com。

2．邮件主题为"求职"。

3．邮件内容为"我的求职简历请查收"。

4．将"当前试题"文件夹中的文件"小明的个人简历.docx"作为附件发送。

发送邮件并保存参数后退出邮箱。

第 20 题

给朋友发送一封邮件。

1．收件人的邮箱地址为"xiaoming@svtcc.edu.cn"。

2．邮件主题为"一起去爬山"。

3．邮件内容为"星期天早十点一起去崇州爬街子古镇的康道"。

4．设置邮件自动保存到"已发送"中。

发送邮件并保存参数后退出邮箱。

第 21 题

1．设置网页标题为"中国·都江堰"，居中对齐。字体为"隶书"，大小为"60 px"。

2．插入一个 3 行 1 列的表格，设置边框粗细、单元格边距、单元格间距均为"0"，表格居中对齐。

3．设置第 1 行单元格的宽为"820 px"，背景色为"#FFFFCC"。插入"都江堰.txt"文件，设置字体为"楷体"，大小为"24 px"，颜色为"#CC3300"，首行缩进 2 个字符。设置上下边距为"20 px"，左右边距为"40 px"。在新建 CSS 规则中命名为"a"。

4．在第 2 行单元格中插入水平线，宽为"100%"高为"2 px"、居中对齐、上下间距为"10 px"，颜色为"#06C"。

5．在第 3 行单元格中插入图像鼠标经过，原始图像为"1.jpg"，鼠标经过图像为"2.jpg"。设置图像大小宽为"960 px"，高为"340 px"。

第 22 题

1．设置网页背景色为"#7ECABA"，标题为"九寨沟"且居中对齐，字体为"华文行魏"、颜色为"#FFF"、大小为"48 px"、背景颜色为"#1A264C"、行高为"80 px"。

2．插入一个 4 行 2 列的表格，设置表格宽为"1200 px"，边框粗细为"0"且单元格间距为"0"，单元格边距为"30"。居中对齐，背景色为"#FFF"。

3．在第 1 行第 1 列中输入文字"大美不言 因人而彰"，大小为"36 px"。在第 2 行第 1 列输入文字"走进九寨沟，处处皆美，步步生美"，设置大小为"24 px"，颜色为"#666"，首行缩进两个字符。在第 3 行第 1 列插入水平线，宽为"100%"，高为"1 px"。在第 4 行第 1 列插入"九寨沟.txt"文件中内容"九寨沟的海子，才能如此秀美，晶莹剔透……"，设置大小为"20 px"，颜色为"#333"，首行缩进 2 个字符。

4．将第 1 行第 2 列、第 2 行第 2 列、第 3 行第 2 列合并，插入图片"1.jpg"。

5．设置第 4 行第 2 列背景色为 "#152248"，插入 "九寨沟.txt" 文件中的文本 "天地山水之美......"。设置字体为 "楷体"，文本颜色为 "#FFF"，首行缩进 2 个字符，左右边距为 "20 px"。

第 23 题

1．设置网页关键字为 "重庆美食"，居中对齐。

2．插入一个 3 行 4 列的表格，居中对齐，并设置边框粗细、单元格边距、单元格间距均为 "0"。

3．将第 1 行的第 1 列～第 3 列单元格合并，并插入 "1.jpg" 图片。

4．将第 2 行第 1 列拆分为两个列，分别在第 2 行单元格内输入超链接文字 "重庆名菜""重庆小吃""重庆特产""重庆老字号""重庆美食街"。设置字体颜色为 "#FFFFFF"，鼠标滑过颜色为 "#FFFF00"，无下画线，居中对齐并且单元格背景颜色为 "#FF8181"。

5．将第 3 行单元格合并，插入 "重庆美食.txt" 文件。设置字体大小为 "14 px"，首行缩进 "2 px"。设置边距为 "15 px"，边框为 "虚线""1 px" 且颜色为 "#FF8181"。

第 24 题

1．设置网页关键字为 "海螺沟"，标题为 "海螺沟"。设置字体为 "楷体"，大小为 "60 px"，颜色为 "#F60" 且居中对齐。

2．插入一个 6 行 1 列的表格，设置边框粗细、单元格边距、单元格间距均为 "0"，表格居中对齐。

3．将第 1 行第 1 列拆分成 2 列。

（1）通过 Dreamweaver CS6 在第 1 行第 1 列插入日期，设置插入的日期选项为 "储存时自动更新日期"，插入日期的显示格式如下。

- 星期显示格式：在弹出的 "日期" 下拉菜单中选择第 3 个选项。
- 日期显示格式："年，月，日"。
- 时间显示格式：在弹出的 "时间" 下拉菜单中选择第 2 个选项。

（2）在第 1 行第 2 列中插入表单文本，然后插入一个按钮，名为 "搜索" 且右对齐。

4．在第 2 行单元格中插入 "1.jpg" 图片，在第 3 行中插入一条水平线且居中对齐。

5．在第 4 行中插入 "海螺沟.txt"，设置其中的 "海螺沟景区位于..." 字体为 "楷体"，大小为 "18 px"，首行缩进 2 个字符且字体颜色为 "#06F"。

6．在第 5 行单元格中插入鼠标经过图像，原始图像为 "2.jpg"，鼠标经过图像为 "3.jpg"。设置图像大小宽为 "450 px"，高 "280 px" 且居中对齐。

第 25 题

1．设置网页背景颜色为 "#FFFFCC"。

2．设置网页关键字为 "乐山大佛"，网页标题为 "乐山大佛"。设置字体为 "隶书"，大小为 "50 px"，颜色为 "#633" 且居中对齐。

3．插入一个 3 行 2 列表格。

（1）在第1行第1列中插入日期，设置插入日期的格式为弹出的下拉菜单从上至下的第2个选项，设置储存时自动更新日期。

（2）在第1行第2列中插入选择表单，设置标签为"景区列表"，列表选项为"乐山大佛""灵宝塔""凌云禅院""海师洞""九曲—凌云栈道""巨型睡佛""东方佛都"。

4．将第2行第1列和第2行第2列单元格合并，插入"乐山大佛.txt"文件中的"乐山大佛地处四川省乐山市，岷江、青衣江、大渡河…"。设置字体为"隶书"，大小为"18 px"，颜色为"#333"且首行缩进两个字符。

5．在第3行第1列和第3行第2列中分别插入图片"1.jpg"和"2.jpg"，设置图片宽为"300 px"，高为"194 px"。

第 26 题

1．设置网页背景颜色为"#063"，关键字和标题均为"大熊猫"，字体为"华文彩云"，大小为"60 px"，颜色为"#FFFFFF"且居中对齐。

2．插入一个2行3列的表格。

（1）在第1行第1列插入日期，设置插入日期的格式为弹出的下拉菜单从上至下的第2个选项，设置插入的日期选项为"储存时自动更新日期"。

（2）在第1行第2列中插入文本域表单，长度为10。插入一个按钮，名为"搜索"。

3．在第2行第1列设置表格背景颜色为"#F90"，插入项目列表，内容为"大熊猫秦岭亚种，大熊猫指名亚种，白色大熊猫，棕色大熊猫，黑色熊猫"。设置编号为"小写英文字母"，左右间距为"20px"。

4．在第2行第2列中插入"大熊猫.txt"文件中的"大熊猫（学名：Ailuropoda melanoleuca，英文名称：Giant panda），属于食肉…"，设置字体为"隶书"，大小为"18 px"，颜色为"白色"，首行缩进两个字符且左右间距为"10 px"。

5．将第2行第3列拆分为两个单元格，将图片"3.jpg"和"4.jpg"图片分别插入两个单元格内并设置图片大小宽为"300 px"，高为"210 px"。

第 27 题

1．设置网页背景颜色为"#CC9900"，网页关键字为"黄龙"，标题为"黄龙"。设置字体为"隶书"，大小为"60 px"，颜色为"#FFFFFF"且居中对齐。

2．插入一个3行2列的表格，设置表格边框粗细为"0"，单元格间距为"0"，单元格边距为"30"且居中对齐。

3．将第1行和第2行的第1列单元格合并，设置单元格宽为"600 px"，将"黄龙.txt"文件中的"黄龙沟是一条由南向北，逐渐隆起的钙华…"插入到单元格中。设置字体为"隶书"，大小为"24 px"，颜色为"#FFFFFF"，首行缩进2个字符，上下左右间距为"20 px"且顶端对齐。

4．在第1行第2列中插入图片"1.jpg"，设置其宽和高均为"400 px"。在第2行第2列中插入图片"2.jpg"，设置其宽为"400 px"，高为"265 px"。在第3行第2列中插入图片"3.jpg"，设置其宽和高均为"400 px"。

5．在第 3 行第 1 列中插入文本表单，标签为"姓名"。插入单选按钮组，标签分别为"男"和"女"。插入文本区域，标签为"申请说明"。插入两个按钮，名称分别为"提交"和"重置"。

第 28 题

1．设置网页背景颜色为"#990000"，关键字和标题均为"成都"。设置字体为"隶书"，大小为"60 px"，颜色为"#FFFFFF"且居中对齐。

2．插入一个 3 行 0 列的表格，设置表格边框粗细和单元格间距均为"0"，单元格边距为"0"且居中对齐。

3．设置第 1 行单元格的宽为"800 px"，将"成都.txt"文件中的"成都（Chengdu），简称蓉，是四川省省会。1993 年被国务院确定为西南地区的..."插入到单元格中。设置字体为"隶书"，大小为"18 px"，颜色为"#FFFFFF"。设置首行缩进 2 个字符，左右间距为"20 px"。

4．在第 2 行中插入一条水平线，宽为"100%"，居中对齐且无阴影。

5．在第 3 行中插入图片"1.gif"，设置其宽为"600 px"，高为"314 px"。

第 29 题

1．设置网页关键字和标题均为"三星堆古遗址"，字体为"隶书"，大小为"60 px"，颜色为"#006"，网页背景色为"#FFC"。

2．插入一个 4 行 1 列的表格宽为"800 px"，在第 1 行单元格插入日期。设置插入的日期选项为"储存时自动更新日期"，设置插入日期的显示格式如下。
- 星期显示格式为弹出的下拉菜单中的第 2 个选项。
- 日期显示格式为弹出的下拉菜单中的第 2 个选项。
- 时间显示格式为弹出的下拉菜单中的第 2 个选项。

3．插入一个两行单元格，在其中插入"1.jpg"图片，设置其宽为"600 px"，高为"400 px"。

4．在第 3 行中插入"三星堆.txt"文件，设置字体为"隶书"，大小为"18 px"，颜色为"#F33"且首行缩进 2 个字符。

5．在第 4 行中输入文字"发表评论"，在文字下方插入行并在单元格中完成如下设置。

（1）输入文字"姓名："，插入一个文本域。

（2）输入文字"邮件"，并设置发送电子邮件超链接，E-mail 为"trip@beibao.com"。

（3）输入文字"保存个人信息"，插入单选按钮，输入文字"是"。然后插入单选按钮，设置初始状态为"已选择"，输入文字"否"。

（4）插入一个文本域。

（5）插入一个按钮。

第 30 题

1．设置文本"四川名菜——夫妻肺片"的格式为"标题 1"，字体为"华文仿宋"，字型为"粗体"，居中对齐且颜色为"#F00"。在文本后插入一个命名锚记，设置其名称为"this"。

2．插入一个 2 行 1 列的表格，在第 1 行中插入图像"1.jpg"，并设置图像的替换文本为"夫妻肺片"。

3．在第 2 行中插入"四川名菜——夫妻肺片.txt"文件，设置文本"夫妻肺片（Pork lungs in chili sauce）是一道四川成都名菜..."的字体为"隶书"，颜色为"#333"且首行缩进两个字符。在文本"...'夫妻肺片'被评为'中国菜'四川十大经典名菜。"后输入文本"返回"并设置链接，链接锚记为"#this"。已访问链接颜色为"#9933CC"，下画线样式为"始终无下画线"。

4．插入一个 1 行 1 列的表格，设置边框粗细为"1"，宽为"468 px"，高为"131 px"，边框颜色为"#CCCCCC"并完成如下设置。

（1）插入一个文本域，设置初始值为"网友"。

（2）插入一个复选框，设置初始状态为"已选择"，输入文字"匿名发表"。

（3）插入一个复选框，设置初始状态为"已选择"，输入文字"隐藏 IP 地址"。

（4）插入一个文本区域，设置字符宽度为"60 px"，行数为"7"。

（5）插入一个按钮，设置名为"提交评论"。

（6）插入一个按钮，设置名为"查看所有评论"。

5．插入日期，设置插入的日期选项为"储存时自动更新日期"，设置日期的显示格式如下。

（1）星期显示格式在弹出的下拉菜单中选第 3 个选项。

（2）时间显示格式在弹出的下拉菜单中选第 3 个选项。

（3）日期显示格式在弹出的下拉菜单中选第 2 个选项。

6．设置日期字体为"黑体"，颜色为基本颜色表中的第 1 行第 7 个。